普通高等教育电气电子类工程应用型"十二五"规划教材

可再生能源发电

孙冠群　孟庆海　编著

机械工业出版社

全球环境问题和能源危机促进了可再生能源发电的大发展，本书针对国内大中专院校相关专业开设的或预开设的可再生能源发电（或新能源发电）课程的需要，同时兼顾工程技术人员的需求编写而成。除水力发电之外的可再生能源发电的主要形式，在本书都得到了体现，并且根据当前国内外发展现状，重点突出的发电形式具体包括风力发电及其控制、太阳能发电及其控制、海洋能发电、生物质能发电、地热能发电。书中还介绍了可再生能源发电的电能储存方法。

本书可作为国内各本科及专科院校电气工程及其自动化、自动化等专业的教学用书，也可作为可再生能源发电运行和装备制造领域的工程技术人员的培训或自学用书。

本书配有电子课件，欢迎选用本书作教材的老师发邮件至 jinacmp@163.com 索取，或登录 www.cmpedu.com 注册下载。

图书在版编目（CIP）数据

可再生能源发电/孙冠群，孟庆海编著．—北京：
机械工业出版社，2015.2
普通高等教育电气电子类工程应用型"十二五"
规划教材
ISBN 978 - 7 - 111 - 49113 - 2

Ⅰ.①可… Ⅱ.①孙…②孟… Ⅲ.①再生能源 - 发
电 - 高等学校 - 教材 Ⅳ.①TM619

中国版本图书馆 CIP 数据核字（2015）第 002763 号

机械工业出版社（北京市百万庄大街22号　邮政编码100037）
策划编辑：吉　玲　责任编辑：吉　玲　崔利平　刘丽敏
版式设计：赵颖喆　责任校对：张莉娟
责任印制：刘　岚
北京京丰印刷厂印刷
2015 年 2 月第 1 版·第 1 次印刷
184mm×260mm·15 印张 ·362 千字
标准书号：ISBN 978 - 7 - 111 - 49113 - 2
定价：33.00 元

前　言

　　一提到能源，马上就会联想到日益枯竭的石油、高度污染的煤炭……这些如石油、煤炭等化石能源的大量使用，给地球带来了大气污染、温室效应、酸雨等问题，而这些问题涉及的是人类在地球上的生存问题。

　　可再生能源是指在自然界中可以不断得到补充或能在较短周期内再产生，取之不尽、用之不竭的能源，如风能、太阳能、海洋能、生物质能、地热能、水力能等，这些能源没有以石油和煤炭为代表的化石能源带给人类的生存负担。

　　所以，自进入 21 世纪以来，可再生能源发电在全球各国得到了极大的重视和快速的发展，在我国以风力发电、太阳能发电为代表的可再生能源发电形式尤其得到重视和发展。近些年来，全国各高校陆续开设可再生能源发电（或称新能源发电）课程，但所需对口的教材并不多；另外，由于风力发电、太阳能发电等的并网和大量相关装备设计制造，使得很多电力行业运行维护和相关产品制造业的工程技术人员也有这方面知识的需求。基于以上两点，编者组织编写了本书。

　　本书内容包括了风力发电及其控制、太阳能发电及其控制、海洋能发电、生物质能发电、地热能发电，以及可再生能源发电的电能储存。另外，水力发电在世界上许多国家得到大规模利用，虽然可视为一种可再生能源发电方式，但技术相对成熟，所以并没有列入本书。

　　感谢欧阳湘晋高工、陈卫民副教授、郭永洪副教授、蔡慧副教授等在编者编写过程中给予的支持和帮助。感谢中国计量学院电气工程及其自动化专业 101、102 班部分同学绘制了部分插图。

　　鉴于编者水平所限，书中不妥之处在所难免，欢迎读者批评指正。

编　者

目　　录

第1章 绪 论

关键术语：

自然资源、能源、一次能源、二次能源、可再生能源、非再生能源、常规能源、新能源、环境污染、可再生能源发电。

学过本章后，读者将能够：

理解有关能源的基本概念；

能熟练地向周围的人描述常规能源给人类造成的危害；

理解大力发展可再生能源发电的意义。

引例

如图1-1所示，地球上的冰川在融化，海平面在上升，高温及干旱在持续。

a) 冰雪融化中无处藏身的北极熊

b) 高温带来干旱—颗粒无收

图1-1 当今的生态

生态环境的恶化是工业化带来的恶果，造成生态环境恶化的首要罪魁祸首是化石能源的利用，尤其是煤炭、石油的利用。它们造成空气污染，随时相伴的雾霾天。图1-2为部分实景照片。

a) 燃煤发电厂

b) 雾霾中的城市

图1-2 火电厂与雾霾中的城市

新型可再生能源的利用，则不会产生如上这些恶果，如图 1-3 所示。

a) 风力发电场　　　　　　　　　　　　　　b) 屋顶太阳能发电装置

图 1-3　可再生能源发电

以风能和太阳能为代表的可再生能源的发电技术，技术上也日趋成熟。

1.1　能源及其分类

一提到能源，马上就会联想到日益枯竭的石油、高度污染的煤炭……，以及国内外日益高企的能源价格。能源已影响到国际政治、经济和军事问题，是大多数国家政府所持续关注的重大问题，当然也是深入影响各国人民日常生活的问题。

什么是能源呢？首先我们先从资源说起。

在一定时期和地点，在一定条件下具有开发价值，能够满足或提高人类当前和未来生产生活的自然环境因素的总和，称为自然资源，简称资源。地球上的自然资源一般包括气候资源、水资源、矿物资源、生物资源、能源等。

能源就是在一定条件下可以转换为人类利用的某种形式能量的自然资源，简单地讲，能源就是能量的来源，即能够提供能量的自然资源及其转化物。从物理学的观点看，能量可以简单地定义为做功的能力。广义而言，任何物质都可以转化为能量，但不同物质转化为能量的数量、转化的难易程度是不同的。人们通常所讲的能源主要是指比较集中而又比较容易转化的含能物质，譬如煤炭、石油、天然气、太阳光、风、电力等。

下面从不同角度对能源进行分类并阐述。

1.1.1　一次能源与二次能源

根据能源的生产方式不同，能源划分为一次能源和二次能源。

一次能源是指各种以原始形态存在于自然界而没有经过加工转换的能源，包括煤炭、石油、天然气以及水能、风能、太阳能、海洋能、生物质能、地热能等。

而二次能源是指直接或间接由一次能源转化加工而产生的其他形式的能源，如电能、煤气、汽油、柴油、焦炭、酒精、沼气等。除了少数情况下一次能源能够以原始形态直接使用外，更多的情况是根据不同目的对一次能源进行加工，转换成便于使用的二次能源。随着科学技术水平的不断提高和现代社会需求的增长，二次能源在整个能源消费中的比例正不断扩大。其中，电能因清洁安全、输送快速高效、分配便捷、控制精确等一系列优点，成为迄今为止人类文明史上最优质的能源，电能已占全球能源终端消费比例的 26% 左右（2012 年），并继续呈增加趋势。

1.1.2 可再生能源与非再生能源

根据是否可以再生，一次能源可以分为可再生能源和非再生能源。可再生能源是指在自然界中可以不断得到补充或能在较短周期内再产生，取之不尽、用之不竭的能源，如风能、太阳能、海洋能、生物质能、地热能等。随着人类的利用而逐渐减少的能源称为非再生能源，如煤炭、石油、天然气、核能等，它们经过亿万年形成而在短期内无法恢复再生，用掉一点便少一点。当前全球的能源消费中非再生能源占主流。

水力虽然可视为一种可再生能源，但利用其发电的技术相对成熟，没有列入本书的内容。如无特别说明，本书所说的可再生能源，指风能、太阳能、海洋能、生物质能和地热能。

1.1.3 常规能源与新能源

根据开发利用的广泛程度不同，能源可分为常规能源和新能源。常规能源是指开发利用时间长，技术成熟，已经大规模生产并得到广泛使用的能源，如煤炭、石油、天然气、水力和核能等，目前这五类能源几乎支撑着全世界的能源消费。所谓新能源，就是目前还没有被大规模利用、正在积极研究开发的能源，或是采用新技术和新材料，在新技术基础上系统地开发利用的能源。新能源是相对于常规能源而言的，在不同的历史时期和科技水平下，新能源的含义也不同。当今社会新能源主要指风能、太阳能、海洋能、生物质能、地热能等，并且基本都属于可再生能源。

核能利用技术十分复杂，核裂变发电技术已经广泛使用，而可控核聚变反应正处于试验阶段，所以，目前主流的观点是将核裂变能看成常规能源，而将核聚变能视为新能源。

针对以上三种对能源的分类方法，表 1-1 给出了常见能源的分类。

表 1-1 常见能源的分类

类 别		可再生能源	非再生能源
一次能源	常规能源	水能	煤炭、石油、天然气、核能（核裂变）
	新能源	风能、太阳能、海洋能、生物质能、地热能	核能（核聚变）
二次能源		焦炭、煤气、电力、氢、蒸汽、酒精、汽油、柴油、重油、液化气、电石等	

另外，从环境保护的角度出发，能源还可以分为污染型和清洁型的。清洁型能源还有广义和狭义之分。狭义的清洁能源仅指可再生能源，包括水能、风能、太阳能等，它们消耗以后不产生或很少产生污染物，并能很快得到补充或恢复。广义的清洁能源除可再生能源外，还包括在生产和消费过程中低污染或无污染的能源，如低污染的天然气，利用洁净能源技术处理过的洁净煤和洁净油等化石能源，以及核能等。

本书将聚焦于可再生能源中的新能源类型。

1.2 能源与环境

1.2.1 常规能源对环境的影响

任何一种常规能源的开发利用都会给环境造成一定的影响。以化石燃料为代表的常规能源造成的环境问题尤为严重，主要表现在以下几方面。

1. 大气污染

化石燃料的利用过程会产生一氧化碳（CO）、二氧化硫（SO_2）、氮的氧化物（NO_x）等有害气体，不仅导致生态系统的破坏，还会直接损害人体健康。在很多国家和地区，因大气污染造成的直接和间接损失已经相当严重。例如火力发电厂为何远离人口稠密区？原因之一是因为火电厂燃煤造成有害气体；中国北方农村为何肺癌发病率高？其中之一也是源于冬季燃煤取暖造成的大气污染非常严重。

2. 温室效应

大气中二氧化碳（CO_2）的浓度增加一倍，地球表面的平均温度将上升 1.5~3℃，在极地可能会上升 6~8℃，结果可能导致海平面上升 20~140cm，将给许多国家造成严重的经济和社会影响。由于大量化石能源的燃烧，大气中 CO_2 浓度不断增加，每 100 万大气单位中的 CO_2 数量，在工业革命前为 280 个单位，1988 年为 349 个单位，现在还要更高，并在持续增加中。

2013 年居住在中国中东部地区的人们应该对那个夏天的气温记忆犹新，杭州，这座宜居的"天堂"，当年最高气温已高于历史上有气象记录以来的最高温度的 2℃ 以上。试想一下，也许，未来将有一种人类的迁徙，像候鸟一样，夏季要向地球的南北两极迁移，也将新添一种自然灾害，姑且叫它"热灾"。

3. 酸雨

化石能源燃烧产生的大量 SO_2、NO_x 等污染物，通过大气传输，在一定条件下形成大面积酸雨，改变酸雨覆盖区的土壤性质，危害农作物和森林生态系统，改变湖泊水库的酸度，破坏水生生态系统，腐蚀材料，造成重大经济损失。酸雨还导致地区气候改变，造成难以估量的后果。例如我国重庆，因其地理位置的特点，尤其受到酸雨的危害，给农业生产等带来明显的损失。

若再考虑能源开采、运输和加工过程中的不良影响，则损失将更为严重。平均每开采一亿吨煤，伤亡人数为 15~30 人，可能造成 2000m^2 土地塌陷。全球平均每年塌陷的土地有 20 多万 km^2。

核能的利用虽然不会产生上述污染物，但也存在核废料问题。世界范围内的核能利用，将产生成千上万吨的核废料。如果不能妥善处理，放射性的危害或风险将持续几百年。

1.2.2 世界能源与环境问题

世界人口从 1900 年的 16 亿到 2013 年的 72 亿，增加了 4.5 倍，而能源消耗却增加了 18 倍，并且继续在持续增加中。由此可以看出，人类对能源的依赖越来越强烈。

目前，全世界石油、煤炭、天然气这些化石能源在世界能源消费结构中所占的份额仍然很高，合计高达87%以上，我国更是高达92%（2013年）。如果没有新的替代能源充分发展利用，按目前的消耗情况估算，21世纪人类又将面临新的能源危机。另一方面，人类大量使用化石燃料，令环境污染日益严重，生态平衡惨遭破坏，直接危机人类的生存与发展。照此趋势，作者也大胆推测，未来诸如人类的季节性迁移、大面积区域的无人区（不适宜人类生存），以及常见的水灾、旱灾之外的热灾，绝非耸人听闻。

稍显幸运的是，人类，包括世界各国政府，已经在慢慢意识到并逐步发展减缓环境恶化的产业政策。早在1987年，挪威前首相布伦特兰首次提出了可持续发展的概念，今天已被世界上大多数国家认可。可持续发展，就是"满足当代人的需求，又不损害子孙后代满足其需求的能力的发展"，毋庸置疑，这是正确的指导方针。

1.3　可再生能源发电的意义

能源是人类赖以生存的基础，是现代社会的命脉。能源对于现代社会的重要性如同粮食对于人类的重要性，没有粮食，人类就不能生存；没有能源，现代社会将陷入瘫痪。因此，人类进化的历史，也是一部不断向自然界索取能源的历史。伴随着能源的开发利用，人类社会逐渐地从远古的刀耕火种走向现代文明。从主要的能源使用情况来看，人类社会已经经历了薪柴时代、煤炭时代和石油时代三个能源时期，并正在步入可再生能源时期。

目前，煤炭、石油和天然气三大传统化石能源仍然是世界经济的三大能源支柱。而这三大支柱是不可再生的。根据世界上通行的能源预测，石油将在未来40年左右枯竭，天然气将在60年左右枯竭，煤炭也只能用100多年。可见，能源是现代社会的"粮食"，这当中目前占主体的化石能源日益枯竭！

那么，在人口众多的我国，能源形势更为严峻，并且2/3的能源消耗为更高污染的煤炭，人均能源拥有量仅为世界平均值的一半。我国能源形势的特点主要还有：第一，能源分布极不合理，煤炭、石油、天然气主要集中在三北地区，水资源主要集中在南方地区，而人口密集、经济发达的东部沿海地区能源严重匮乏，因此，造成了我国"北煤南运"、"西电东送"的不合理格局，既产生了大量的能源运输损耗，又增加了运输成本。第二，我国的能源结构不合理，煤炭比重过大造成严重环境污染，能源效率也很低下。第三，近年来，全球新增的能源消耗中，一半为我国的新增用量，我国的能源压力甚大。因此，除了前面提到的环境问题之外，日益枯竭的化石能源也是我国大力开发可再生能源的重要原因，迫在眉睫。

电能是迄今为止人类历史上最优质的能源，它不仅易于实现与其他能量（如机械能、热能、光能等）的相互转换，而且容易控制与变换，便于大规模生产、远距离输送和分配，同时还是信息的载体，在现代人类生产、生活和科研活动中发挥着不可替代的作用。全世界总发电量中，排名第一的是燃烧煤炭发电，这种方式造成的环境污染也是最为厉害的，因此，可再生能源发电便成为可再生能源开发利用的主要方式。

可再生能源发电的优点是，没有或很少有污染，可以循环使用，分布广泛，随处可得；其中风力发电和太阳能光伏发电不需要水，对于干旱缺水地区是尤为突出的优点，而火力发电（包括核电）需要大量的水。表1-2也给出了不同发电方式下CO_2排放量的对比。可见以风力发电和太阳能发电为代表的可再生能源发电方式的多方面优势。

表 1-2 不同发电方式下 CO_2 排放量的对比

燃煤发电	燃油发电	液化天然气发电	风力、太阳能发电
246.3	188.4	128.9	0

在全球范围内，迄今为止，可再生能源发电的发展经历了三次高潮，其中欧洲(尤其是丹麦、德国)、美国等发达国家和地区走在了世界前列。当中欧洲领跑风力发电和太阳能发电这两种最主要的可再生能源发电形式。2010 年中国赶超美国成为世界第一的风电装机大国，德国多年来一直是世界最大的太阳能发电利用市场，但 2014 年中国也取代德国成为最大的太阳能发电市场。

虽然全球范围内可再生能源发电装机容量快速发展，但在整个发电量中只占很小的比例，在可开发的全部可再生能源中的比例也很低，据 2012 年统计，可再生能源仅占全球能源消耗总量的 2.4%(不含水电，后续无特别指出的话，所述可再生能源发电均不包括水电)，虽然远高于 2002 年的 0.8%，但发展空间仍然非常巨大。

在我国，风电方面至 2020 年将规划建成至少 7 处千万千瓦级的风电场，其中 6 处在陆地，1 处为大型海上风电场。太阳能光伏发电也自 2005 年起进入井喷式发展期，我国现为世界第一大光伏电池生产国，总装机容量也超越了德国。其他诸如生物质发电、地热发电、海洋能发电等可再生能源发电形式也处于积极发展期。但我国的可再生能源发电在总发电量中也是占很小的比例，发展前景巨大。

小结

能源就是能量的来源。从不同角度可分为一次能源与二次能源，可再生能源与非再生能源，常规能源与新能源。

常规能源造成环境污染，长此以往将给人类带来更大的灾难。必须遏制常规能源的消耗。大力发展可再生能源利用形式，首推利用可再生能源发电，因为电力是仅有的清洁安全、快速高效、控制精确的二次能源。

阅读材料

火电厂引发的环境问题

火电厂生产电能的全过程中，各种排放物对环境的影响超过一定限度而造成环境质量的劣化。这些排放物包括燃料燃烧过程排出的尘粒、灰渣、烟气，电厂各类设备运行中排出的废水、废液等。

火电厂污染物，分为固体的、液体的和气体的几类，主要有以下 5 种。

1)尘粒：包括降尘和飘尘。主要是燃煤电厂排放的尘粒。中国火电厂年排放尘粒约 600 万 t。尘粒不仅本身污染环境，还会与二氧化硫、氧化氮等有害气体结合，加剧对环境的损害。其中尤以 $10\mu m$ 以下飘尘对人体更为有害。一般燃煤电厂的飞灰尘粒中，小于 $10\mu m$ 的大约占 30%。当前在我国大部分地区经常出现的雾霾天气，就是因为空气中存在的小于 $10\mu m$ 的漂浮颗粒物(一般称为 PM10、PM2.5)造成的。

2）二氧化硫（SO_2）：煤中的可燃性硫经在锅炉中高温燃烧，大部分氧化为二氧化硫，其中只有 0.5% ~5% 再氧化为三氧化硫。在大气中二氧化硫氧化成三氧化硫的速度非常缓慢，但在相对湿度较大、有颗粒物存在时，可发生催化氧化反应。此外，在太阳光紫外线照射并有氧化氮存在时，可发生光化学反应而生成三氧化硫和硫酸雾，这些气体对人体和动、植物均非常有害。大气中二氧化硫是造成酸雨的主要原因。

3）氧化氮（NO_x）：火电厂排放的氧化氮中主要是一氧化氮，占氧化氮总浓度的 90% 以上。一氧化氮生成速度随燃烧温度升高而增大。它的含量百分比还取决于燃料种类和氮化物的含量。煤粉炉氧化氮排量为 $(440 ~ 530) \times 10^{-6}$；液态排渣炉则为 $(800 ~ 1000) \times 10^{-6}$。二氧化氮刺激呼吸器官，能深入肺泡，对肺有明显损害。一氧化氮则会引起高铁血红蛋白症，并损害中枢神经。

4）废水：火电厂的废水主要有冲灰水、除尘水、工业污水、生活污水、酸碱废液、热排水等。除尘水、工业污水一般均排入灰水系统。中国每年灰水排放量有几十亿吨，其中相当部分 PH 超标。个别电厂灰水中还有氟、砷超过标准，还有部分灰水悬浮物超标。

酸碱废液主要来自锅炉给水系统。不同的锅炉给水处理系统排出的酸碱废液量不同。阴、阳离子处理系统要排出 40% 左右的酸碱，移动床排出 20%。

热排水主要是经过凝汽器以后排出的循环水，一般排水温度要比进水温度高 8℃。如热水排入水域后超过水生生物承受的限度，则会造成热污染，对水生生物的繁殖、生长均会产生影响。

5）粉煤灰渣：是煤燃烧后排出的固体废弃物。其主要成分是二氧化硅、三氧化二铝、氧化铁、氧化钙、氧化镁及部分微量元素。粉煤灰既是"废弃物"也是"资源"。如不很好处置而排入江河湖海，则会造成水体污染；乱堆放则会造成对大气环境的污染。

虽然多年来我国采取了各种技术改造措施，降低了火电厂对环境的污染危害，但大部分治标不治本，或者带来了二次污染。譬如采用更高的烟囱，虽然火电厂周边空气质量好转，但确带来了高空中有害物质更大面积的扩散；某些技改措施虽然收到了明显效果，譬如脱硫装置，除增加了电厂运营成本之外，也大多存在二次污染问题。

所以说，燃煤火力发电厂为千家万户带来光明的同时，确也极大地破坏着我们的环境。

目前，我国正在下大力气淘汰小型的、落后的燃煤发电机组，因为这些单位发电量造成的污染量最大。同时严格审批新建火电厂。最新统计数字带来的可喜变化是，在 2014 年上半年我国新增的发电装机容量中，可再生能源发电装机量已经首次超过燃煤火电装机量。

习 题

1. 总结你所了解的能源种类，并根据对人类及环境的影响程度，列出对人类生产生活负面影响小的能源种类。

2. 结合自己对身边相关事物的了解，简述可再生能源发电的意义。

第 2 章 风力发电及其控制

关键术语：

    风速、风能密度、风向、风力机、定桨距、变桨距、恒速、变速、风能利用率、叶尖速比、失速控制、变桨控制、偏航系统、笼型异步发电机、直驱永磁同步发电机、双馈异步发电机、输出功率、MPPT 控制、并网方法、低电压穿越、风力发电场。

学过本章后，读者将能够：

    了解风的形成及风资源分布，掌握风速、风向、风能密度基本概念；

    可自信地描述常见风力发电系统的结构及基本原理；

    熟悉常见风力机的类型、工作原理、力学及数学分析方法；

    理解何为失速控制、变桨控制、偏航控制，以及恒速、变速运行；

    熟悉三种常见风力发电机的结构、发电原理及各自特点；

    理解三类常见风力发电机组的运行及输出功率特性，了解 MPPT 控制方法；

    理解常见风力发电机组的并网条件及并网方法，了解相关安全防护措施；

    理解低电压穿越的基本概念和意义，了解低电压对发电机组的不良影响；

    了解陆地和近海风力发电场的选址、地点选择等技术。

引例

    在历史上，一提到风，印象中往往伴随着的是灾难，仅有的利用风力的例子也仅限于帆船、风车等少数特定的几种。

    今天，风有了一个巨大的用处，它是绿色环保的代名词。这就是风力发电。并且，只要风速达到一定程度，不管是山坡、平地、草原，还是河海岸边、海上湖中，或是偏远野外强风无电的乡村、海岛，都可以建设风力发电设施发电。它不会造成大气污染、没有废水排放，温室效应也与它无关，它是一种纯天然绿色的可再生能源。图 2-1 为运行中的风力发电设施。

a) 平地风电场   b) 山坡风电场

图 2-1　风力发电设施

c) 海岸风电场

d) 近海风电场

e) 野外通信设施自备风力发电装置

f) 电网达不到的偏远乡村风电设施

图 2-1　风力发电设施(续)

2.1　风及风能资源

2.1.1　风的形成

众所周知，地球从地面直至数万米高空被厚厚的大气层包围着。由于地球的自转、公转运动，地表的山川、沙漠、海洋等地形差异，以及云层遮挡和太阳辐射角度的差别，虽说是阳光普照，但地面的受热并不均匀。不同地区有温差，外加空气中水蒸气含量不同，就形成了不同的气压区。

空气从高气压区域向低气压区域的自然流动，称为大气运动。在气象学上，一般把空气的不规则运动称为紊流，垂直方向的大气运动称为气流，水平方向的大气运动称为风。

风，按照形成原因，有信风、海陆风和山谷风等几种。

1) 信风。赤道附近地区，受热多，气温高；两极附近，太阳斜射，受热少，气温低。由于热空气比冷空气密度小，赤道附近的热空气上升，两极地区的冷空气下降，留下的"空缺"相互填补，就形成了热空气在高空从赤道流向两极、冷空气在地面附近从两极流向赤道的现象。由于地球本身自西向东旋转，大气环流在北半球形成东北信风，在南半球形成东南信风。

2) 海陆风。大陆与海洋的热容量不同。白天，在太阳照射下陆地温度比海面高，陆地上的热空气上升，海面上的冷空气在地表附近流向沿岸陆地，这就是海风。夜间，陆地比海洋冷却得快，相对温度较高的海面上的空气上升，陆地上较冷的空气沿地面流向海洋，这就是陆风。沿海地区，陆地与海洋之间的这种海陆风，方向是交替变化的，这是由昼夜温度变化造成的。

3) 山谷风。白天受太阳照射的山坡朝阳面受热较多，形成热空气；地势低凹的山谷处受热较少，则山谷内冷空气从山谷流向山坡，形成谷风。夜间，山坡降温幅度大，上方的空气密度增大，沿山坡向下流动，形成山风。山谷风是在靠山地区与山坡地形有关的风，对于平原地区感受此风的人来说，也可以称其为平原风。

一般来说，在晴朗而且昼夜温差较大的沿海地区，白天吹来海风，夜晚则有陆风吹向海上。大型湖泊附近也有类似的情况。在山区，白天谷风从谷底向山上吹，晚上山风从山上向山下吹。

大陆与海洋的热容量差别，还会形成季节性的气压变化。以我国的华北地区为例，冬季内陆气温低，多形成高气压区，空气流向东南方向的海洋低气压区，所以在冬季多刮西北风。而夏季正好相反，我国大部分地区常刮东南风。

2.1.2 风的描述

风的方向多变，大小也随时随地不同。一般常用风向、风速、风能密度等参数来描述风的情况。

1) 风向。风向就是风吹来的方向。例如，大气从南向北流动形成的风，就称为南风。观测风向的仪器，目前使用最多的是风向标，它可以在转动轴上自由转动，头部总是指向风的来向。

2) 风速。风速就是单位时间内空气在水平方向上移动的距离。通常所说的风速，是指一段时间内的风速的算术平均值。

离地高度不同，风速也不一样。一般在几千米高度范围以内，随着高度的增加，风会逐渐增大。

在日常生活中，经常用风级来描述风的大小。风级是根据风对地面或海面物体产生影响而引起的各种现象，并按风力的强度等级对风力大小的估计。1805 年英国人蒲福（Francis Beaufort）提出了风速的等级，这就是国际著名的"蒲福风级"。蒲福风级的定义和描述见表 2-1。

表 2-1 蒲福风级的定义和描述

蒲福风级	名称	风速/(m/s)	表现形式
0	无风	0 ~ 0.2	零级无风炊烟上

（续）

蒲福风级	名称	风速/(m/s)	表现形式
1	软风	0.3 ~ 1.5	一级软风烟稍斜
2	轻风	1.6 ~ 3.3	二级轻风树叶响
3	微风	3.4 ~ 5.4	三级微风树枝晃
4	和风	5.5 ~ 7.9	四级和风灰尘起
5	清劲风	8 ~ 10.7	五级清风水起波
6	强风	10.8 ~ 13.8	六级强风大树摇
7	疾风	13.9 ~ 17.1	七级疾风步难行
8	大风	17.2 ~ 20.7	八级大风树枝折
9	烈风	20.8 ~ 24.4	九级烈风烟囱毁
10	狂风	24.5 ~ 28.4	十级狂风树根拔
11	暴风	28.5 ~ 32.6	十一级暴风陆罕见
12	飓风	>32.6	十二级飓风浪滔天

天气预报中常听到的几级风的说法，实际上是指离地面 10m 高度的风速等级。

3）风能和风能密度。风中流动的空气所具有的能量（动能），称为风能。

风能可以按下式计算

$$W = \frac{1}{2}mv^2 = \frac{1}{2}\rho S v^3 \tag{2-1}$$

式中，m 为空气质量，单位为 kg；ρ 为空气密度，单位为 kg/m³，常温标准大气压力下，可取为 1.225kg/m³；S 为气流通过的面积，单位为 m²；v 为风速，单位为 m/s；W 为风能，单位为 W。

可见，风能的大小与气流通过的面积、空气密度和风速的立方成正比。

风能密度，就是单位面积上流过的风能。可以用下式计算

$$E = \frac{W}{S} = \frac{1}{2}\rho v^3 \tag{2-2}$$

2.1.3　世界风能资源

蕴含着能量的风，是一种可以利用的能源，是可再生的过程性能源。由于风是由太阳热辐射引起的，所以风能也是太阳能的一种表现形式。

到达地球的太阳能，大约有 2% 转化为风能，但其总量仍是相当可观的。有专家估计，地球上的风能，大约是目前全世界能源总消耗量的 100 倍，相当于 1.08 万亿 t 煤炭蕴藏的能量。

据世界气象组织估计，全球大气中蕴藏的总的风能功率（即单位时间内获得的风能）约

为 10^{14} MW，其中可被开发利用的风能约有 35 亿 MW。全球的风能折算为电能，相当于 2.74 万亿 kW·h 的电量，其中可利用的风能相当于 200 亿 kW·h 电能，比地球上可开发利用的水电总量大 10 倍。

地球陆地表面，距地面 10m 高处平均风速高于 5m/s 的面积约占 27%。其地域分布见表 2-2。

表 2-2　世界风能资源分布表

地区	陆地面积 /(10^3 km²)	风力为 3~7 级地区所占比例/(%)	风力为 3~7 级地区所占面积/(10^3 km²)
北美	19 339	41	7876
拉丁美洲和加勒比	18 482	18	3310
西欧	4742	42	1968
东欧和独联体	23 047	29	6738
中东和北非	8142	32	2566
撒哈拉以南非洲	7255	30	2209
太平洋地区	21 354	20	4188
中国	9597	11	1056
中亚和南亚	4299	6	243
总计	116 257	27	30 154

可见，地球风能资源不但极为丰富，而且分布在几乎所有的地区和国家。尤其是西北欧西岸、非洲中部、阿留申群岛、美国西部沿海、南亚、东南亚、我国西北内陆和沿海地区，风能资源比较丰富。

如果这些地方都用来建设风电场，则每平方千米的风力发电能力最大可达 8MW，总装机容量可达 2.4 亿 MW。当然这是不现实的。据分析，在陆地上风力大于 5m/s 的地区，只有 4% 左右的面积有可能安装风力发电机。以目前的技术水平，每平方千米的风能发电量为 330MW 左右，平均每年发电量的合理估计为 200 万 kW·h 左右，远远超过当前全球能源消耗总量。

2.1.4　我国风能资源

我国幅员辽阔，季风强盛，风能资源分布广，总量也相当丰富。据有关研究估计，全国平均风能密度约为 100W/m²，全国风能总储量约 48 亿 MW，陆上和近海区域 10m 高度可开发和利用的风能资源储量约为 10 亿 kW，其中有很好开发利用价值的陆上风资源大约有 2.53 亿 kW，大体相当于我国水电资源技术可开发量的一半左右。

中国气象局风能太阳能资源评估中心，公布了我国陆地的平均风速分布和有效风功率密度分布情况，分别如图 2-2 和图 2-3 所示。

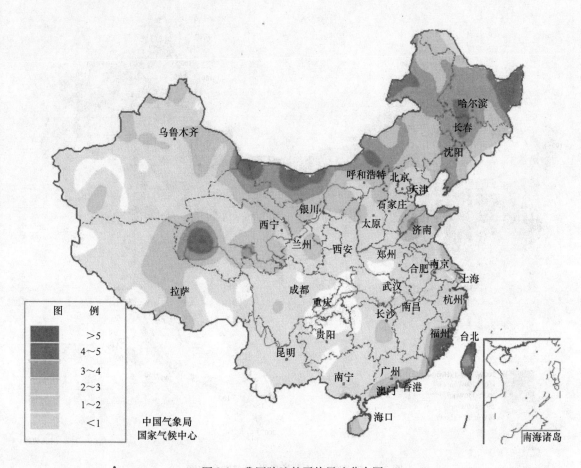

图 2-2　我国陆地的平均风速分布图

风能资源的利用，取决于风能密度和可利用风能年累计小时数。按照有效风能密度的大小和 3 ~ 20m/s 风速全年出现的累积小时数，我国风能资源的分布可划分为 4 类区域。

1. 风能丰富区

风速 3m/s 以上超过半年、6m/s 以上超过 2200h 的地区为风能丰富区。这些地区有效风能密度一般超过 200W/m²，有些海岛甚至可达 300 W/m² 以上。

"三北"地区（东北、华北和西北）是我国内陆风能资源最好的区域，如西北的新疆达坂城、克拉玛依，甘肃的敦煌、河西走廊；华北的内蒙古二连浩特、张家口北部，东北的大兴安岭以北。

某些沿海地区及附近岛屿也是我国风资源最为丰富的地区，如辽东半岛的大连，山东半岛的威海，东南沿海的嵊泗、舟山、平潭一带。其中，平潭一带年平均风速为 8.8m/s，是全国平地上最大的。此外，松花江下游的地区，风能资源也很丰富。

2. 风能较丰富地区

一年内风速在 3m/s 以上超过 4000h、6m/s 以上超过 1500h 的地区为风能较丰富地区。该区域风力资源的特点是有效风能密度为 150 ~ 200W/m²，3 ~ 20m/s 风速出现的全年累积时间为 4000 ~ 50 000h。

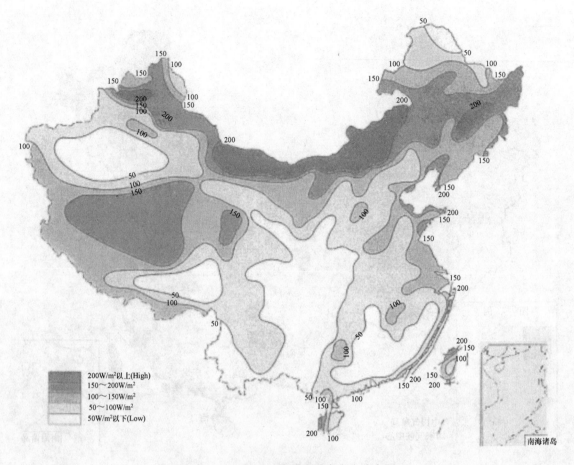

图 2-3　我国陆地的有效风功率密度分布图

　　这类地区包括从汕头到丹东一线靠近东部沿海的很多地区(如温州、莱州湾、烟台、塘沽一带),图们江口-燕山北麓-河西走廊-天山-阿拉山口沿线的"三北"地区南部(如东北的营口,华北的集宁、乌兰浩特,西北的奇台、塔城),以及青藏高原的中心区(如班戈地区、唐古拉山一带)。其实青藏高原风速不小于3m/s的时间很多,之所以不是风能丰富区,是由于这里海拔高,空气密度较小。

　　3. 风能可利用区

　　一年内风速在6m/s以上达1000h、3m/s以上超过3000h的地区为风能可利用区。该区域有效风能密度为50~150W/m²,3~20m/s风速年出现时间为2000~4000h。该区域在我国分布范围最广,约占全国面积的50%。如新疆的乌鲁木齐、吐鲁番、哈密,甘肃的酒泉,宁夏的银川,以及太原、北京、沈阳、济南、上海、合肥等地。

　　以上三类地区,都有较好的风能利用条件,总计约占全国总面积的2/3左右。

　　4. 风能贫乏区

　　平均风速较小或者出现有效风速的时间较少的地区为风能贫乏区。包括属于全国最小风能区的云贵川和南岭山地,由于山脉屏障使冷暖空气都很难侵入的雅鲁藏布江和昌都区,以及高山环抱的塔里木盆地西部地区。

根据全国气象台风能资料的统计和计算，我国陆地风能分区与占全国陆地面积的百分比见表 2-3。

表 2-3　我国陆地风能分区与占全国陆地面积的百分比

指标	丰富区	较丰富区	可利用区	贫乏区
年有效风能密度/（W/m²）	>200	150～200	50～150	<50
年风速超过 3m/s 累计小时数/h	>5000	4000～5000	2000～4000	<2000
年风速超过 6m/s 累计小时数/h	>2200	1500～2200	350～1500	<350
占全国陆地面积的百分比（%）	8	18	50	24

根据全国气象台风能资料的统计和计算，我国风能资源较丰富地区的风能资源折算为发电功率状况见表 2-4，其中内蒙古、新疆、黑龙江和甘肃等四省区的风能资源最为丰富。

表 2-4　风能资源比较丰富的省区

省　区	风能资源/（10⁴kW）	省　区	风能资源/（10⁴kW）
内蒙古	6178	山东	394
新疆	3433	江西	293
黑龙江	1723	江苏	238
甘肃	1143	广东	195
吉林	638	浙江	164
河北	612	福建	137
辽宁	606	海南	64

2.2　风力发电系统结构原理

根据所发电能是否并入电网，风力发电系统可分为并网型和离网型两大类。图 2-4 所示为并网型风力发电系统的简要组成，主要由风力机、齿轮箱（可选）、发电机、电力电子接口（可选）、变压器等构成。风力机将风中的动能转换为机械能，驱动发电机运转，由发电机将机械能转换为电能，通过电力电子接口进行频率、电压变换，再经变压器升压，然后与电网并联。

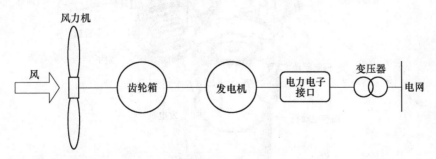

图 2-4　并网型风力发电系统的简要组成

其中，齿轮箱又叫增速器，起增速作用，使发电机工作在较高转速，这有利于减小发电机的体积和重量。由于大容量风力机的转速一般较低，每分钟几十转的速度，通常需经过三级增速，将转速增高到 1000r/min 以上。但是，多级增速齿轮箱不仅需要经常性维护，而且故障率较高，是风力发电系统中较薄弱的环节之一。因此，近年发展起来的低速直驱风力发电系统中便没有齿轮箱，可靠性得到明显提高。但是，在低速直驱风力发电系统中，发电机因工作在很低的转速，其体积大，质量重。以某一 3MW 低速直驱永磁同步发电机为例，其直径达 6m，重达 87t。随着风力发电机容量的进一步增大，其体积和重量更加惊人，给发电机的制造、运输和安装等提出了严峻挑战。因此，近年又出现了所谓的半直驱风力发电系统，即采用一级增速齿轮箱，将转速增高近 10 倍，既保证了齿轮箱有较高的可靠性，又提高了发电机转速，从而降低发电机的体积和重量，是一种折中方案。

发电机是将机械能转换为电能的装置，是风力发电系统的核心部件。理论上，任何一种发电机都可以用于风力发电，包括直流发电机、异步发电机、同步发电机、永磁发电机、开关磁阻发电机等。但目前在大容量并网型风力发电系统中常用的主要是笼型异步发电机、双馈异步发电机和永磁同步发电机，将在后文中详述。

电力电子接口的主要作用是对发电机输出电能的频率、波形、电压等进行变换与控制，以保证输出电能的质量。对不同类型的发电机，电力电子接口的功能与作用也不同。例如，对异步发电机，电力电子接口其实就是一个软启动器，实现异步发电机的软并网；而对于低速直驱永磁发电机，电力电子接口既要对发电机输出的电能进行频率和电压的变换，还要对发电机的转矩等进行控制。

变压器的作用主要是升高电压。

除了图 2-4 中所示的主要部件之外，现代并网型风力发电系统通常还有变桨系统、偏航系统、制动装置、测风装置等，图 2-5 给出了一台水平轴风力发电机组的基本结构。

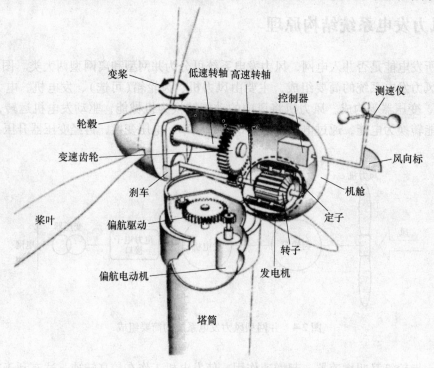

图 2-5　水平轴风力发电机组的基本结构

图 2-6 所示为典型的并网型变速变桨距控制双馈异步风力发电机系统的原理。

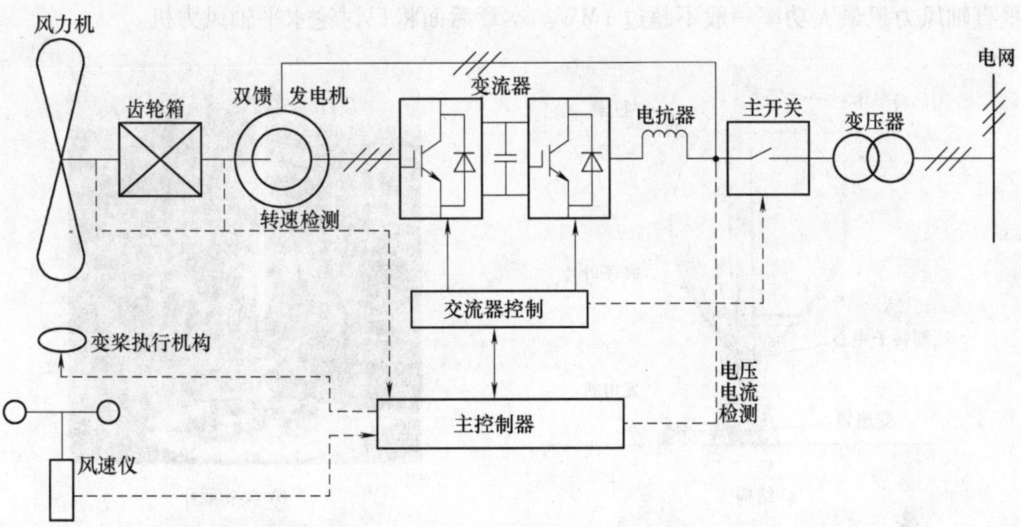

图 2-6　并网型变速变桨距控制双馈异步风力发电机系统的原理

　　离网型风力发电系统通常由风力机、发电机和电力电子接口等主要部分构成。因离网型风力发电系统的容量一般较小，通常在几百瓦至几十千瓦之间，风力机转速较高，可直接驱动发电机，故一般没有齿轮箱；发电机发出的电能经电力电子接口变换后直接供给负载，因此，也没有变压器，结构上要简单许多。

2.3　风力机及其控制

2.3.1　风力机的基本类型

　　风力机是将风的动能转换为可用机械能的机械装置，它通常由一个在风的升力或阻力作用下可自由旋转的转子组成。根据风力机转子结构形式、安装方式、运行模式等的不同，风力机可分为不同类型。例如，根据转子轴的位置，风力机可分为水平轴风力机和垂直轴风力机两大类；对水平轴风力机，依据风力机转子装在塔架的是迎风侧还是下风侧，可分为迎风型和顺风型等；根据风力机桨距角是否可以调整，分为定桨距风力机和变桨距风力机；根据风力机的转速是否可以改变，又可分为恒速风力机和变速风力机等。

1. 垂直轴风力机与水平轴风力机

　　垂直轴风力机有多种翼型，图 2-7a 所示为达里厄（Darrieus）型，是垂直轴风力机中最为典型的一种。其转轴垂直安装，转子叶片绕转轴旋转，故名"垂直轴风力机"。垂直轴风力机最突出的优点，是它的发电机与传动系统可以放在地面，减轻了对塔架的要求；另外，它可以从任意方向的风中吸收能量，故不需要偏航和对风系统，使系统得以简化。但是，垂直轴风力机的缺点也很明显，首先是它的安装高度受限，只能在低风速环境下运行，风能利用率较低；其次，虽然它的发电机和传动系统放在地面，但维护并不容易，常需将风力机转子移开；再则，它需要用拉索固定塔架，拉索在地面会延伸很远，占用较大地面空间，如图

2-7b 所示。因此，在大容量并网型风力发电系统中，垂直轴风力机应用很少。目前，已知的垂直轴风力机最大功率一般不超过 1MW。本章后面将只讨论水平轴风力机。

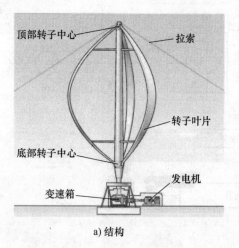

a) 结构

b) 实物照片

图 2-7　达里厄型垂直轴风力机

　　目前，绝大多数并网型风力发电机组都采用水平轴风力机，如图 2-8a 所示。风力机转子安装在风力较强而湍流较小的塔顶，在塔顶部同时还装有机舱，舱内装有齿轮箱和发电机等，风力机转子通过转轴与齿轮箱和发电机轴相连，风力机的转轴处于水平状态，故名"水平轴风力机"。

　　水平轴风力机有多种不同机型。就叶片数量来说，有单叶、双叶、三叶以及多叶等，目前在大容量风力机中最常见的是三叶。水平轴风力机的转子可安装在上风方向（也称迎风型），也可在下风方向（也称顺风型）。顺风型的好处是可以自动对准风向，不需要偏航系统，但是，风要先经过塔架才吹到风轮，受塔影效应的影响较大。此外，实践经验表明，当风向突然改变时，风轮很难及时调整方向。因此，迎风型风力机更为常见。

　　迎风型水平轴风力发电系统必须由偏航机构来转动风力机转子及机舱，正常运行时，使风力机转子正对来风方向，以便能捕获尽量多的风能。对于小容量的风力机，偏航系统很简单，但对于大容量风力机，偏航系统较为复杂。

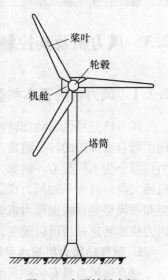

图 2-8　水平轴风力机

2. 定桨距风力机与变桨距风力机

　　早期的风力机多为定桨距风力机，就是桨叶与轮毂之间是固定安装，桨叶不可以绕其轴线转动。其优点是结构简单、成本低，其缺点是功率控制性能差、风能利用率低。因此，定桨距风力机正在被变桨距风力机取代。变桨距风力机的桨叶相对轮毂可自由转动，从而改变桨距角。变桨距风力机的好处是很容易控制风力机从风中吸收的功率，因此，功率调节性能好，但它需要一套专门的变桨机构（有液压伺服变桨机构和电伺服变桨机构，将在后续详细讲解），结构和控制都较复杂，成本较高。

3. 恒速风力机与变速风力机

恒速风力机是指在正常运行时其转速是恒定不变的。早期的风力发电机系统多采用异步发电机或同步发电机，定子绕组直接与电网相连，因此，发电机的转速由电网的频率所决定，无法调节，它虽然控制较简单，但风能利用率较低。随着电力电子等技术的发展，出现了双馈异步发电机，通过控制转子绕组中电流的频率，可以在不同转子转速下仍保持定子绕组输出频率的恒定，因此，它允许风力机转速在较大范围改变，故称为变速恒频发电机。近年来新出现的低速直驱永磁同步发电机也是变速恒频发电机，因为它是经由全容量电力电子功率变换器向外输出电能，其输出频率由逆变器决定，因此允许风力机转速在很大的范围内改变。

变速风力机具有以下的优点。

1）提高风能利用效率：在额定风速以下区间，可以随风速的变化成比例地调节风力机转速，实现最大功率跟踪（MPPT），提高风能利用效率。

2）减小机械应力：可以通过改变转子速度，吸收阵风能量，使风力发电系统具备一定的"弹性"，从而减小力矩波动和机械应力。

3）改善电能质量：通过风力系统的"弹性"作用，减小输出功率的波动，提高电能质量。

4）降低噪声：在低功率时可使风力机工作在低速，降低噪声。

风力机是恒速还是变速，并不取决于风力机本身，而是取决于与之相连的发电机。

2.3.2　风力机的工作原理

当风经过风轮平面时，桨叶上将受到推力和转矩的作用，其中推力方向与风轮旋转平面垂直，转矩使风轮旋转。由于桨叶的参数（攻角、弦长等）沿着桨叶长度是变化的，因此，桨叶上每一点所受到的推力和转矩也是变化的。桨叶所受到的总推力和总转矩应是各点推力和转矩的积分。为便于分析，在桨叶上取半径为 r、长度为 δ_r 的微元，称为叶素，如图 2-9 所示。随着风轮旋转，叶素将扫掠出一个圆环。下面以图 2-10 所示的翼型为例来分析叶素的受力情况。

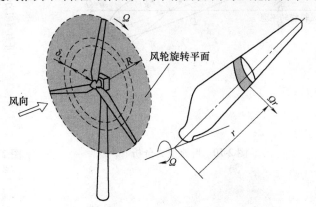

图 2-9　叶素扫掠出的圆环

图 2-10 中，翼型的最前点（A 点）称为前缘，最后点（B 点）称为后缘，A、B 之间的连线称为弦线，其长度为几何弦长，常用 C 表示。翼型上面的弧面 ACB 称为上表面，翼型下面的弧面 ADB 称为下表面。

u 为叶素旋转线速度矢量，其值等于叶素所处的风轮半径与风轮旋转角速度的乘积，即 $u = \Omega r$；v 为风速矢量，w 为合成风速矢量。

合成风速矢量 w 与叶素弦线之间的夹角 α 称为攻角（也称仰角），叶素弦线与风轮旋转平面之间的夹角 β 称为桨距角，合成风速矢量 w 与旋转平面的夹角为 ϕ，它们满足

$$\alpha = \phi - \beta \tag{2-3}$$

风力机静止时，因旋转线速度 u 为 0，故 $w = v$，$\phi = 90°$。

当空气流过翼型时，在与气流平行的方向受到阻力 F_D。同时，因翼型上表面气流速度较快，压力较小，而下表面气流速度较慢，压力较大，翼型受到向上合力 F_L，称为升力，它垂直于气流方向，如图 2-10 所示。单位长度叶素所受升力和阻力可表示为

$$F_L = \frac{\rho C}{2} w^2 C_L(\alpha) \tag{2-4}$$

$$F_D = \frac{\rho C}{2} w^2 C_D(\alpha) \tag{2-5}$$

式中，ρ 为空气密度（约为 $1.225\mathrm{kg/m^3}$）；C 为叶素弦长；w 为合成风速。C_L 和 C_D 分别为叶素升力系数和阻力系数，它们都是量纲为 1 的数。

C_L 和 C_D 是攻角 α 的函数。因为叶素弦长 C 和桨距角 β 随叶片长度而变化，即它们还是叶素旋转半径 r 的函数。图 2-11 所示为翼型典型的升力系数和阻力系数与攻角 α 之间的关系曲线。可见，在小攻角范围内，升力系数 C_L 近似呈一直线，随攻角线性增加；而阻力系数 C_D 近似为一常数，变化很小。当攻角增大到临界值 α_{cr} 时，升力系数达到最大值 C_{Lmax}，其后突然下降，这一现象称为失速。而阻力系数过了临界攻角 α_{cr} 以后快速增大。

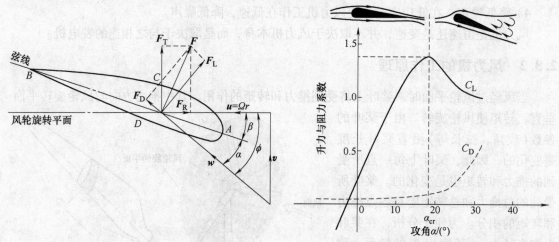

图 2-10　叶素受力分析　　　　　　　图 2-11　翼型典型的升力系数和阻力系数与
攻角 α 之间的关系曲线（失速现象）

升力 F_L 和阻力 F_D 可分解为平行于旋转平面的切向旋转力 F_R 和垂直于旋转平面的轴向推力 F_T，显然，切向旋转力 F_R 产生旋转力矩而做功。此转矩的大小可表示为

$$\tau_r = F_R r = \frac{\rho c}{2} w^2 r [C_L(\alpha)\sin\phi - C_D(\alpha)\cos\phi] \tag{2-6}$$

而轴向推力 F_T 即为作用于风力机上的气动载荷，必须由风轮、塔架和基础承受，其大小为

$$F_T = \frac{\rho c}{2} w^2 [C_L(\alpha)\cos\phi + C_D(\alpha)\sin\phi] \tag{2-7}$$

由图 2-10 所示叶素受力图中可以看出，升力和阻力的轴向推力分量方向相同，二者相

加，共同形成轴向推力 F_T；而它们的切向旋转力分量方向相反，升力的切向分量产生有用的力矩，而阻力的切向分量产生阻力矩。因此，为获得高风能转换效率，希望升力要大，阻力要小，即升阻比 $C_\mathrm{L}/C_\mathrm{D}$ 越大越好。失速时，升阻比会突然下降。

分别对式(2-6)和式(2-7)沿叶片长度积分，可得到整个风轮所受到的旋转力矩 T_r 和轴向推力 F_T'，通常可用量纲为一的转矩系数 C_Q 和推力系数 C_T 来表示，经适当数学处理可得

$$T_\mathrm{r} = \frac{1}{2}\rho\pi R^3 C_\mathrm{Q}\,\boldsymbol{v}^2 \tag{2-8}$$

$$F_\mathrm{T}' = \frac{1}{2}\rho\pi R^2 C_\mathrm{T}\,\boldsymbol{v}^2 \tag{2-9}$$

式中，转矩系数 C_Q 和推力系数 C_T 均是 λ 和 β 的函数。其中

$$\lambda = \frac{\Omega R}{v} \tag{2-10}$$

称为叶尖速比，R 为风力机叶尖半径。由 T_r 可得风力机的功率为

$$P = T_\mathrm{r}\Omega = \frac{1}{2}\rho\pi R^3 C_\mathrm{Q}\,\boldsymbol{v}^2\Omega = \frac{1}{2}\rho\pi R^2 C_\mathrm{Q}\lambda\,\boldsymbol{v}^3 \tag{2-11}$$

令 $C_\mathrm{Q}\lambda = C_\mathrm{P}$，则风力机功率可表示为

$$P = \frac{1}{2}\rho\pi R^2 C_\mathrm{P}\,\boldsymbol{v}^3 = \frac{1}{2}C_\mathrm{P}\rho A\,\boldsymbol{v}^3 \tag{2-12}$$

式中，A 为风力机转子扫掠面积，$A = \pi R^2$。

2.3.3　风能利用系数

气流中的功率为

$$P_\mathrm{air} = \frac{1}{2}\rho A\,\boldsymbol{v}^3 \tag{2-13}$$

对比式(2-12)与式(2-13)可得 C_P 的另一表示形式为

$$C_\mathrm{P} = \frac{P}{P_\mathrm{air}} \tag{2-14}$$

它表示风力机所捕获的功率与风功率之比，因此称之为风能利用系数。由常识可知，风力机并不能吸收扫掠面积上的全部风功率，只能吸收其中的一部分，因此，风能利用系数 C_P 是一个小于 1 的系数。

根据空气动力学原理可以证明，风力机风能利用系数极限为

$$C_\mathrm{Plimit} = \frac{16}{27} = 0.593 \tag{2-15}$$

这也称为贝兹极限(Betz Limit)。也就是说，任何一个风力机，从风中吸收的功率绝不会超过叶轮扫掠面积上风功率的 59.3%。

对于一个给定的风力机，其风能利用系数 C_P 并不是一个常数，而是桨距角和叶尖速比的函数，即 $C_\mathrm{P} = f(\beta,\ \lambda)$。当桨距角 β 一定时，C_P 随着风力机叶尖速比 λ 的变化而改变。由于 C_P 和 λ 均为量纲为一的物理量，因此可以用来描述任意大小的风力机特性。图 2-12 所示为一典型风力机风能利用系数与叶尖速比的关系曲线及不同桨距角时的风能利用系数。由

图可见，只有当叶尖速比为 λ_{opt} 时，风能利用系数为最大，表示从风中吸收的风功率最多。当叶尖速比偏离该最佳值时，C_P 迅速减小，风力机吸收的风功率下降。如果在风速改变时成比例地改变风力机转速 Ω，使叶尖速比维持在 λ_{opt} 附近，则可保持较高的风能利用率。这正是变速风力机应用日益广泛的原因。

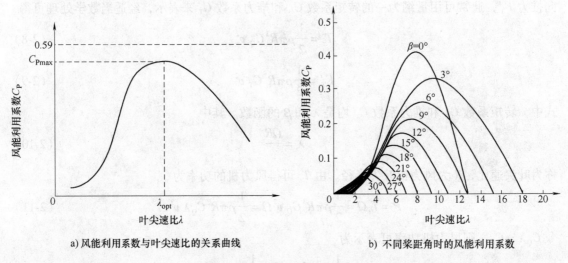

a) 风能利用系数与叶尖速比的关系曲线　　　　　b) 不同桨距角时的风能利用系数

图 2-12　风能利用系数

　　风力机的风能利用系数取决于风力机翼型、叶片数等参数。图 2-13 给出了不同叶片数时风力机的风能利用系数的对比。由图可见，单叶风力机的 C_P 峰值较小，但曲线宽而平坦，λ 在一定范围内变化时，C_P 基本不变，说明 C_P 对 λ 不敏感；随着叶片数量的增加，C_P 的峰值增大，但曲线变得尖而窄，C_P 值对 λ 越来越敏感。当叶片数大于 3 以后，C_P 峰值基本不再增加，但曲线变得更尖、更窄。因此，三叶风力机的风能利用系数曲线是相对最优的，既有较大的峰值，曲线又较为平坦。这正是三叶风力机获得广泛应用的重要原因之一。图 2-14 所示为一台实际三叶水平轴风力机照片。

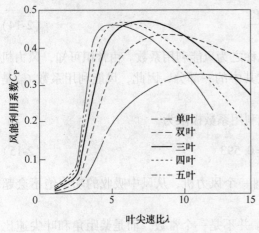

图 2-13　具有不同叶片数时风力机的
　　　　　风能利用系数的对比

图 2-14　三叶水平轴风力机

由式(2-12)可见，风力机的功率与转子半径的二次方成正比，与风速的三次方成正比。

因此，风力机半径越大，塔架越高（对应的风越大），功率越大，经济性越好。目前，国际上商业化运行的风力发电机组最大功率已达 10MW。

2.3.4　风力机的功率控制

风力机的综合性能通常用功率曲线来描述，如图 2-15 所示，它描述了风力机的功率与

风速之间的关系。当风速小于切入风速（现代风力机的切入风速通常为 3m/s 左右）时，因风速太小，其功率不足以补偿系统的损耗，因此，风力机处于停机状态；大于切入风速以后，风力机起动，风力机的输出功率近似随风速的三次方增加，直至达到额定风速v_N；当风速大于等于额定风速时，通过适当的措施限制风力机输出功率增加，使其保持在额定功率，以避免风力发电系统过载而损坏；当风速过大，超过切出风速时，风力机

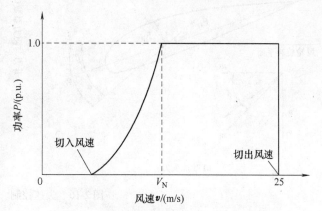

图 2-15　风力机的功率与风速之间的关系

必须停机。现代大型风力机的切出风速一般在 25m/s 左右或略大。

在额定风速v_N之前的功率控制将在后续详细讲述，而在额定风速v_N与切出风速之间，可采用下面的措施控制风力机吸收的功率。

1. 失速控制

对于定速定桨距风力机，桨叶的桨距角是固定不变的。它利用叶片的气动特性，使其在高风速时产生失速来限制风力机功率。如图 2-16a 所示，当风速由v_0增大到v_1，因 u 恒定，故 ϕ 角增大，同时因 β 恒定，故攻角随之由α_0增大到α_1。一旦攻角 α 大于临界值，则叶片上侧的气流分离，形成阻力，对应的阻力系数增大，而升力系数有所减小，如图 2-16b 所示。升力F_L和阻力F_D的改变，导致作用在叶片上的轴向推力F_T增加，切向旋转力F_R略有减小，结果是气动力矩和功率减小，称之为失速。

失速控制的功率曲线如图 2-17a 所示，可见，实际功率曲线与理想功率曲线存在明显差异。这是由于风力机转速恒定，在额定风速以下区间，只能在某一个风速下使叶尖速比 λ 有最佳值（图中 E 点），输出功率等于理想功率，风能利用效率最大，在其他点叶尖速比 λ 偏离最佳值，因此从风中吸收的功率均小于理想功率；而在额定风速以上区间时，由于失速调节性能较差，也只能在某一风速（图中 F 点）使风力机吸收的功率等于额定功率，而当风速小于或大于该风速时，输出功率均低于额定功率。

由以上分析可知，定桨距失速型风力机的主要优点是结构简单、造价低；但它的缺点也很明显，主要是：功率调节性差、输出功率波动大、风能利用率低，气动载荷大等。因此，定桨距风力机正逐步被变桨距风力机所取代。

2. 主动失速控制

所谓主动失速控制，就是在风速达到额定风速及以上时，通过人为地调节桨距角 β，使风力机加深失速。如图 2-16 所示，当风速由v_0增大到v_1，因 u 恒定，故 ϕ 角增大，此时通

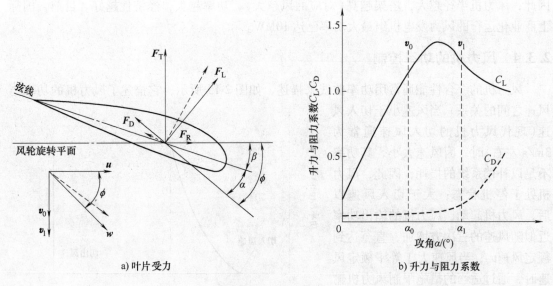

a) 叶片受力　　　　　　　　　　　　　　b) 升力与阻力系数

图 2-16　失速控制

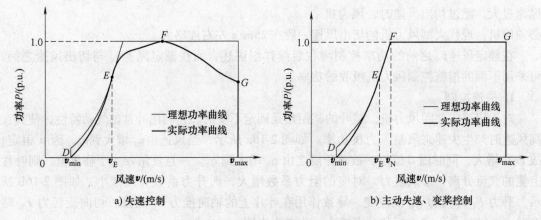

a) 失速控制　　　　　　　　　　　　　　b) 主动失速、变桨控制

图 2-17　不同控制方式下的功率曲线

过执行机构使桨距角 β 减小，则攻角 $\alpha = \phi - \beta$ 快速增加，加强了风力机的失速，达到快速调节风力机功率的目的。与失速控制类似，此时升力减小，阻力增加，导致作用于风力机转子平面上的轴向推力 F_T 增大，切向旋转力保持不变，因而气动力矩和功率维持在额定值。图 2-17b 所示为主动失速控制时的功率曲线，可见，功率曲线与理想功率曲线吻合较好，尤其是在额定风速以上时，风力机的功率被稳定地控制在额定值。

主动失速控制的优点是：功率调节性能好，控制较简单（相对于后面的变桨控制）；缺点是：作用在转子平面上的轴向推力增大，风力机气动载荷加重。

3. 变桨控制

对于变桨距风力机，当风速大于额定风速后，可通过变桨机构使叶片绕其轴线旋转，增大叶素弦线与旋转平面之间的夹角，即桨距角 β，减小攻角 α，使风力机的功率保持不变。如图 2-18a 所示，设风速由 v_0 增大到 v_1，由于定速风力机的转速不变，即 u 不变，因此相对风速与旋转平面的夹角 ϕ 增加，此时通过变桨机构使桨距角 β 增大，攻角由 α_0 减小到 α_1，则由图 2-18b 可知，升力系数减小，而阻力系数仍维持在较小数值。因此，可以认为，控制器通过调节升力 F_L，使作用在转子平面上的切向旋转力 F_R 维持不变，从而保证了风力机的功率不变。同时，由图中可见，作用在转子平面上的轴向推力 F_T 减小。因此，变桨控制不仅可控制风力机的功率恒定，而且可减小风力机的气动载荷。

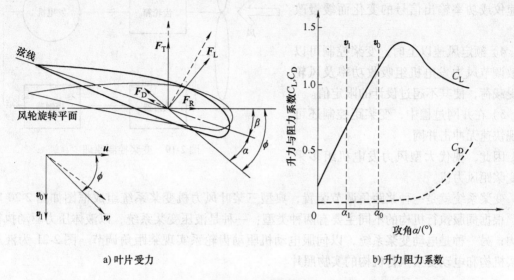

a) 叶片受力　　　　　　　　　b) 升力阻力系数

图 2-18　变桨控制

变桨控制时的功率曲线与主动失速控制的功率曲线基本相同，如图 2-17b 所示。

变桨控制的优点是：功率调节性能好，气动载荷小；缺点是：需要复杂的控制机构，增加了风力发电系统的复杂性。

需要指出的是，主动失速控制与变桨控制虽然都是通过调节桨距角来调节风力机的功率，但它们之间存在以下明显差异。

1）调节方向不同：主动失速控制是减小桨距角，增大攻角，使失速加深；而变桨控制是增大桨距角，减小攻角，限制吸收风功率。因此，二者的桨距角调节方向相反。

2）调节频率不同：变桨控制的桨距角可连续调节，其变桨机构较复杂；而主动失速控制的桨距角只能改变很少的几步，且精度不高。

3）轴向推力变化规律不同：主动失速控制时，风轮轴向推力 F_T 增加；而变桨控制时 F_T 随之减小，故气动载荷减小。

2.3.5　变桨系统

变桨就是使桨叶绕其安装轴旋转，改变桨距角，从而改变风力机的气动特性。图 2-19 给出了变桨控制原理，它是通过检测发电机的输出电功率作为控制器的输入量，根据所设定的控制策略来调节桨距角。

改变桨距角的主要作用如下：

1）风轮开始旋转时，采用较大的正桨距角可以产生一个较大的起动力矩。

2）风轮停止时，经常使用 90° 的桨距角，使风轮刹车制动时，空转速度最小。在 90° 正桨距角时，叶片称为"顺桨"。

3）额定风速以下时，为尽可能捕捉较多的风能，因而没有必要改变桨距角。然而，恒速风力发电机组的最佳桨距角随风速的变化而变化，因此，桨距角随风速仪或功率输出信号的变化而缓慢改变。

4）额定风速以上时，变桨控制可以有效调节风力发电机组吸收功率及风轮所受载荷，使其不超过设计的限定值。

5）在并网过程中，变桨距控制还可实现快速无冲击并网。

因此，现代大型风力发电机组多采用变桨距风力机。

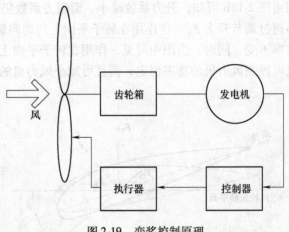

图 2-19　变桨控制原理

变桨系统就是一种桨距角调节装置，典型三桨叶风力机变桨系统组成框图如图 2-20 所示。根据伺服执行机构的不同主要有两种类型：一种是液压变桨系统，以液体压力驱动执行机构；另一种是电动变桨系统，以伺服电动机驱动齿轮系实现桨距角调节。图 2-21 为液压变桨机构和电动变桨执行机构的实物照片。

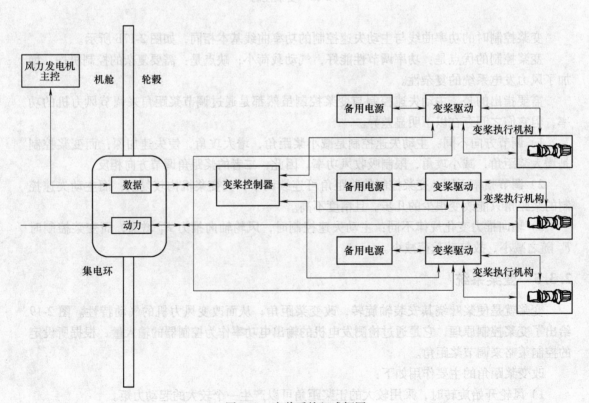

图 2-20　变桨系统组成框图

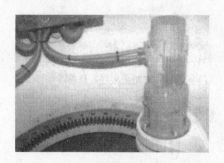

a) 液压变桨机构　　　　　　　　　　　　　b) 电动变桨执行机构

图 2-21　变桨机构

在现有的大型风力机中，一个风轮上三个叶片的桨距角是同步改变的，即三个叶片的桨距角同时增大或同时减小，任何时候它们的桨距角相同。这称为同步变桨或集中变桨(Collective Pitch Control)。

但是，由于湍流、风切变和塔影效应等的影响，风轮扫掠平面上不同方位的受力并不均匀，因此会引起俯仰弯矩、偏航弯矩等附加载荷。此外，大型风力机直径达百米甚至更大，风速随风轮方位角变化而变化，使风力机各叶片在实际运行时受到的气动力周期性变化，这将影响风力机输出功率的平稳，并且造成各个风轮叶片上受到的载荷不同，进而增加叶片的疲劳载荷，影响风力发电机组的使用寿命。要降低这些附加载荷，较为行之有效的办法就是使用独立桨距调节技术。

所谓独立变桨(Individual Pitch Control)，就是在传统的同步变桨距的基础上，给每个叶片叠加一个独立的桨矩信号，使三个叶片具有不同的桨距角从而具有不同的空气动力学特性，以补偿风的不均匀性引起的俯仰载荷和偏航载荷等。通过独立变桨控制，可以大大减小风力机叶片载荷及转矩的波动，进而减小传动机构和齿轮箱的疲劳度以及塔架的振动。根据国内外相关研究结果，采用独立变桨可使叶片载荷减小 10% ~ 25%，主轴载荷减小 20% ~ 40%，塔架和偏航轴承载荷也可减小。

需要指出的是，独立变桨技术的实现有利于对叶根载荷和风速等物理量的精确测量。另外，独立变桨会使变桨执行机构频繁动作，这既增加了变桨电动机的负荷，又增加了控制系统的能量消耗，进而降低了风力发电机组的净输出功率。

2.3.6　偏航系统

众所周知，风速的大小和风的方向随时间总是不断变化的，为保证风力机稳定工作，必须有一种装置使风力机随风向变化自动绕塔架中心线旋转，保持风力机与风向始终垂直。这种装置叫做偏航系统，也叫迎风装置。

偏航系统可以分为被动偏航系统和主动偏航系统，被动偏航系统的偏航力矩由风力产生，下风向风力发电系统和安装尾舵的上风向风力发电系统的偏航属于被动偏航。图 2-22a 所示为尾舵偏航的风力机，常见于小型风力发电机组。尾舵偏航的优点是风轮能自然地对准风向，不需要特殊控制，结构简单。为获得满意的偏航效果，尾舵面积与叶轮扫掠面积需满足一定的关系。

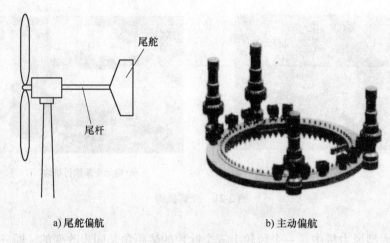

a) 尾舵偏航	b) 主动偏航

图 2-22　偏航系统

主动偏航系统应用液压伺服机构或者电动机与齿轮构成的电伺服机构来使风力机对风,多见于大型风力发电系统,如图 2-22b 所示。

主动偏航系统本质上是一个自动控制系统,图 2-23 所示为主动偏航系统组成框图,主要由控制器、功率放大器、伺服机构以及偏航计数器等部分组成。在风轮的前部或机舱一侧装有风向仪,当风力发电机组的航向与风向仪指向偏离时,计算机开始计时,当时间达到一定值时,即认为风向已改变,控制器发出调向指令,经功率放大后驱动伺服机构,使风力机调向,直至偏差消除。偏航计数器是记录偏航系统旋转圈数的装置,当偏航系统连续在同一方向旋转圈数达到一定值时,会造成机舱与塔底之间的连接电缆扭绞,需进行自动解缆处理。

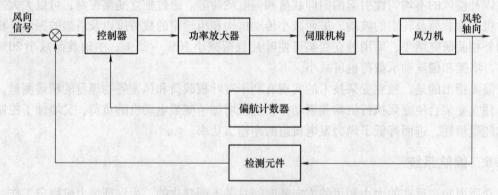

图 2-23　主动偏航系统组成框图

偏航系统有时也可用来调节风力机的功率,将风力机航向偏离风向一定角度,使风力机捕获的功率减小。

2.4　风力发电机

目前,风力发电机广泛采用笼型异步发电机、双馈(绕线转子)异步发电机和同步发电机，直流风力发电机已经很少应用，这里不作介绍。发电机的选型与风力机类型以及控制系统的控制方式直接有关。当采用定桨距风力机和恒速恒频控制方式时，应选用异步发电机。为了提高风电转换效率，异步发电机常采用双速型，可以采用双绕组双速型，但更多采用单绕组双速型。采用变桨距风力机时，应采用笼型异步发电机或双馈异步发电机。采用变速恒频控制时，应选用双馈异步发电机或同步发电机。同步发电机中，一般采用永磁同步发电机，为了降低控制成本，提高系统的控制性能，也可采用混合励磁（既有电励磁、又有永磁）的同步发电机。对于直驱式风力发电机组，一般采用低速（多极）永磁同步发电机。

- 风力发电机
  - 笼型异步发电机
    - 恒速异步发电机
    - 单绕组双速异步发电机
    - 双绕组双速异步发电机
  - 同步发电机
    - 永磁同步发电机
    - 电励磁同步发电机
    - 混合励磁同步发电机
  - 双馈（绕线转子）异步发电机
  - 直流发电机

图2-24　风力发电机的分类

风力发电机的分类如图2-24所示。

2.4.1　笼型异步发电机

1. 定桨距风电机组与笼型异步发电机

所谓定桨距就是风力机风轮的桨叶与轮毂之间为刚性连接，桨叶的迎风角度不能随风速的变化而变化。定桨距风电机组由于结构简单、控制方便而得到了较为广泛的应用。

定桨距风电机组需要配套的发电机具有恒转速特性，并网运行的异步发电机能够满足这一要求。采用异步发电机并网运行有一系列优点：笼型异步发电机的结构简单、价格便宜；不需要严格的并网装置，可以较容易地与电网连接；异步发电机并网运行时，转速近似是恒定的，但允许在一定范围内变化，因此可吸收瞬态阵风能量。

采用异步发电机的主要缺点是需要从电网吸收感性无功电流来励磁，加重了电网对感性无功功率的负担，因此，常需要对异步发电机进行无功补偿。

在低风速运行区域，定桨距风电机组还面临着系统效率低下的问题。这种效率低下反映在两个方面，一方面是定桨距风力机的转速不能随风速的变化而自动调整，使风轮在低风速时的风能-机械能转换效率很低；另一方面，异步发电机轻载时的机械能-电能转换效率也很低，这样一来，使得整个风电机组在低风速区域的效率十分低下。为了充分利用低风速区域的风能，常采用双速异步发电机。双速异步发电机常做成4/6极，在高风速区域，发电机在4极下运行；在低风速区域，发电机在6极下运行。这种发电机变极运行方案不仅使风力机的风能-机械能转换效率大幅提高，也使发电机效率能够保持在较高水平。

2. 笼型异步发电机的结构特点

笼型异步发电机的结构简单、运行可靠、控制方便。结构上主要由定子和转子两部分构成，定子与转子之间有一个不大的气隙。定子主要由定子铁心、定子绕组、机座、端盖组成；转子主要由转子铁心、转子绕组、转轴组成。

1）定子铁心。一般用0.5mm后的硅钢片冲制叠压而成；是主磁路的一部分，其槽中嵌放定子绕组。

2）定子绕组。用扁铜绝缘线或圆铜漆包线绕制而成；其感应电动势通过电流产生定子旋转磁场而产生；向电网输出电功率。

3）机座。用铸钢或厚钢板焊接后加工而成；用于固定定子铁心及防护水和沙尘等异物进入发电机内部。

4）端盖。用铸钢或厚钢板焊接加工而成；用于安装轴承、支撑转子和防护笼型异步发电机。

5）转子铁心。一般用 0.5mm 厚硅钢片冲制叠压而成；是主磁路的一部分，槽中嵌放转子绕组。

6）转子绕组。由铸铝或铜制导条和端环构成笼型短路绕组，用于感应转子电动势、流过转子电流、产生电磁转矩。

7）转轴。支撑转子旋转、输出机械转矩。

8）气隙。储存磁场能量，转换和传递电磁功率和电磁转矩；保证转子正常旋转。

目前，笼型异步发电机大多采用双速型，可以制成双绕组双速型，也可制成单绕组双速型。所谓双绕组双速就是在定子铁心槽中嵌放两套相互独立的绕组，一套为 4 极绕组，另一套为 6 极绕组。在高风速区域，4 极绕组工作，发电机输出的功率较大；在低风速区域，切换到 6 极绕组工作，发电机输出的功率较小。也就是说，表面上双绕组双速电机是一台发电机，实际上是两台额定功率和额定转速不同的发电机切换运行。显然，对于其中的每一个转速的固定架而言，其有效材料和空间都没有得到充分利用，因此，双绕组双速异步发电机的经济性较差，也很难获得理想的运行特性。

所谓单绕组双速就是在定子铁心中只嵌放一套绕组，构成了 1 种极数的异步发电机，但是，当按照一定规律将其中一半线圈反向，而线圈在发电机槽中的空间位置原封不动，就可以使这套绕组变成另一种极数的发电机。这种将一半线圈反向连接，因而将发电机从 4 极改变为 6 极（或反之）的变极方法称为反向法变极，可以方便地通过改变绕组的外部接线来实现。与双绕组双速发电机相比，单绕组双速发电机的有效材料利用率高、体积小、重量轻、变速特性良好，得到了广泛的应用。单绕组双速异步发电机的缺点是 6 极时感应电动势的波形稍差，即电动势中的谐波含量稍大，因此供电质量稍差，这里不作详细分析。

双速发电机的转子均为笼型绕组，这是因为笼型绕组的极数是不固定的，能够随定子极数的改变而改变，当定子绕组进行极数切换时，转子的极数也随之自动进行了切换。

3. 笼型异步发电机的运行原理与特性

讲到运行原理，可以从大家十分熟悉的起重机用异步电动机的运行说起。假定有一台起重机用异步电动机，接额定电压、额定频率的电网，进行提升或下放重物运行，如图 2-25a 所示。当起重机吊重物做提升运行时，异步电机的驱动转矩 T 与重物力矩 T_L 的方向相反，并且 $T \geq T_L$，显然，异步电机运行于电动机状态。当起重机下放重物时，情况就要稍微复杂一些，我们来重点分析一下这种状态。起重机吊着重物准备从高处下放到地面，电动机起动以后，在电动机驱动转矩和重物的双重作用下，重物快速下落，当异步电机转速加速到同步转速之前，始终处于电动机运行状态。随着重物下落速度的加快，异步电机转速很快超过了同步速度，这时，由于转子导体与气隙旋转磁场相对运动的方向改变，使转子感应电动势和转子电流的方向改变，定子电流的方向也随之改变，即从原来从电网吸收有功电流改为向电网发出有功电流，这时，异步电动机自动改为异步发电机运行，将重物下落的机械能转换成电能回馈给电网。由于转子电流方向改变，电磁转矩的方向也随之改变，即从原来电动机运行时的驱动性质改变为现在发电机运行的制动性质。

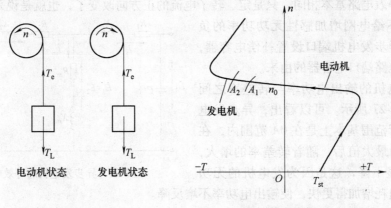

a) 起重机的下放重物运行　　　　　　　b) 风力发电机的电动起动过程

图 2-25　风力发电机运行原理

风力异步发电机从电动起动到发电运行的过程与起重机下放重物的过程非常相似。电动起动是指风力电机组从静止状态起动时，把异步发电机当作电动机接到电网上驱动风力机旋转。起初，在电动机驱动转矩和风力机的双重作用下，风电机组快速起动，在异步电机转速加速到同步转速之前，始终处于电动机运行状态。随着机组转速的升高，异步电机转速很快超过了同步速度，这时，在风力机的作用下，异步电机从电动机状态自动转变为发电机状态。

表面上看，风力发电机与起重机没有关系，然而，从以上分析可以看出，它们的运行原理、能量转换过程以及运行状态的转换过程等却十分相似。二者均满足表 2-5 所示的异步电机的基本运行状态。

表 2-5　异步电机的基本运行状态

参　数	电动机运行	同步运行	发电机运行
转速 n	$0 < n < n_0$ （0 < 转速 < 同步转速）	$n = n_0$	$n > n_0$ （转速 > 同步转速）
转差率 s	$0 < s < 1$	$s = 0$	$s < 0$
能量及转换方向	电能→机械能	电磁功率 = 0	机械能→电能
电磁转矩性质	驱动性质	电磁转矩 = 0	制动性质

由表 2-5 可以看出，转差率 s 是异步电机的一个重要参量，根据它的数值可以判定电机的运行状态。转差率的定义如下：

$$s = \frac{n_0 - n}{n_0} \tag{2-16}$$

当异步电机的转速大于同步转速，即 $n > n_0$ 时，转差率 s 为负值，因此，电机处于发电机运行状态。对于风力发电机，把从风力机输入的机械能转换成电能输出给电网，同时，发电机产生的制动性质的电磁转矩与风力机驱动性质的机械转矩相平衡，以便维持风电机组的稳定运行。

风力异步发电机分析计算时，需要利用其等效电路，如图 2-26 所示。该等效电机与异步电动机的等效电路基本相同，只是定、转子电流的正方向改变了，也就是说采用了发电机惯例。为了不给电网增加感性无功功率的负担，通常在异步发电机端口设置补偿电容器，这就是等效电路端口电容器的由来。

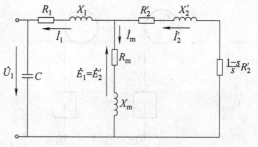

图 2-26　异步发电机的等效电路

异步发电机的输出电功率与转差率之间的关系如图 2-27 所示。可以看出，异步发电机的正常运行范围基本上是在 $0A$ 范围内，在 A 点附近达到最大值后，随着转差率的增大，输出功率明显下降，这是因为发电机的无功电流和内部损耗增加得更快，使输出电功率不增反降。

双速异步发电机的应用较为广泛，性能也更为优良。图 2-28 所示为双速异步发电机输出功率随风速变化的关系曲线，可以看出，根据风速适时进行变极切换，可以使低速区域的风-电转换效率大幅度提高。

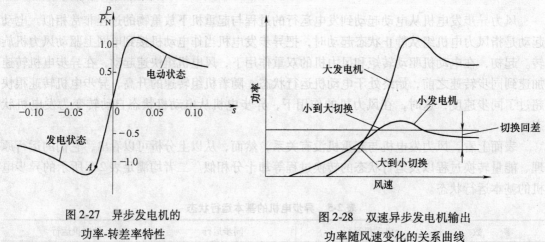

图 2-27　异步发电机的
功率-转差率特性

图 2-28　双速异步发电机输出
功率随风速变化的关系曲线

2.4.2　同步发电机

1. 同步发电机与变速恒频风电机组

对于大、中容量的发电机，同步发电机的性能明显优于异步发电机，主要表现在以下几个方面：

1）异步发电机必须从电网吸收感性无功电流来励磁，加重了电网在无功功率上的负担，如果采用电力电容器作功率因数补偿，则需要经过精心的计算，否则存在发生谐振的可能，那是相当危险的；而同步发电机可以通过调节励磁来调节功率因数，功率因数可以等于 1，也可以超前，甚至可以专门做调相机使用。

2）异步发电机的效率较低，除了励磁损耗较大（励磁电流占额定电流的 20% 以上）之外，转差率较大时转子的转差损耗很大（近似与转差率成比例）；而同步发电机的励磁损耗很小（占额定功率的 1% 左右），特别是采用永磁体励磁时更是省去了励磁损耗，使发电机的效率明显提高。

3）作为并网运行的发电机，异步发电机供电质量的可控性不如同步发电机。例如，异步发电机的励磁电流不能调节，而同步发电机通过调节励磁电流可以实现电压调节、无功功率调节、强励等功能。

同步发电机在水轮发电机、汽轮发电机、核能发电等领域已经获得了广泛应用，然而，早期应用于风力发电时却并不理想。同步发电机直接并网运行时，转速必须严格保持在同步转速，否则就会引起发电机的电磁振荡甚至失步，同步发电机的并网技术也比异步发电机的要求严格得多。然而，由于风速的随机性，使发电机轴上输入的机械转矩很不稳定，风轮的巨大惯性也使发电机的恒速恒频控制十分困难，不仅并网后经常发生无功振荡和失步等事故，就是并网本身都很难满足并网条件的要求，而发生较大的冲击甚至并网失败。这就是长时间以来，风力发电中很少应用同步发电机的原因。

近年来，直驱式风力发电机组的应用日趋广泛。直驱式风电机组采用低速永磁同步发电机，省去了中间变速机构，由风力机直接驱动发电机运行。采用变桨距技术可以使桨叶和风电机组的受力情况大为改善，然而，要想使变桨距控制的响应速度能够有效地跟随风速的变化是困难的。为了使机组转速能够快速跟踪风速的变化，以便实行最佳的叶尖速比控制，必须对发电机的转矩实施控制。随着电力电子技术和计算机控制技术的发展，这一直驱式风力发电变速恒频控制的关键技术已经得到解决，只需在发电机与电网之间接入变流器，使发电机与电网之间解耦，就允许发电机变速运行了。图 2-29 所示为变速恒频控制的直驱式永磁同步发电机组原理图。

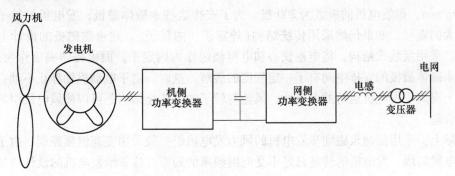

图 2-29　变速恒频控制的直驱式永磁同步发电机组原理图

2. 结构特点

同步发电机的定子结构与异步发电机基本相同，转子结构则与异步发电机明显不同。

同步发电机的转子分为电励磁转子和永磁转子两类。电励磁转子包括铁心和绕组，铁心用钢板叠压而成，是主磁路的一部分，用于套装或嵌放励磁线圈；绕组用圆铜漆包线或扁铜绝缘线绕制，通过凸极（或隐极）式磁极结构，绕组中通以励磁电流产生主磁场。永磁转子包括铁心和永磁体，铁心用钢板叠压而成，是主磁路的一部分，用于贴附或内置永磁体；永磁体用永磁材料（钕铁硼、铁氧体等）加工而成，产生主磁场，磁极结构一般有表面式或内置式磁极结构。

气隙长度一般比异步发电机稍大。

另外，也有混合励磁同步发电机、反装式永磁同步发电机，混合励磁同步发电机兼有电励磁和永磁体励磁的同步发电机；反装式永磁同步发电机是永磁体磁极作为外转子，而电枢铁心和绕组作为内定子的永磁同步发电机。

同步发电机与异步发电机结构上的差别反映了它们工作原理的不同。异步发电机的转子转速总是异于定子旋转磁场转速，这样一来，转子导体才能"切割"旋转磁场，发生电磁感应，产生感应电动势和电磁转矩，实现机电能量转换。这也是"异步发电机"名称的由来。

同步发电机则不同，为了使转子转速与定子旋转磁场的转速相同（同步），转子磁极必须是与定子具有相同极数的独立磁极。对于电励磁转子，这个磁极由励磁绕组中通入励磁电流产生；对永磁转子，则直接由永磁体产生。

小容量永磁风力发电机普遍采用铁氧体永磁，也可采用钕铁硼永磁，后者的价格要高些。大容量永磁发电机则主要采用钕铁硼永磁，这是因为对于大容量风电机组来说，钕铁硼永磁的价格因素已经不是主要问题，其优良的磁性能才是需要着重考虑的。

永磁发电机的磁极结构大体上可分为表面式和内置式两种。所谓表面式磁极结构就是将加工好的永磁体贴附在转子铁心表面，构成永磁磁极；而内置式磁极结构则是将永磁体置入转子铁心内部事先开好的槽中，构成永磁磁极。低速永磁同步发电机普遍采用表面式磁极结构，从对电枢磁场影响的角度来看，与电励磁时的隐极式磁极结构相类似。

为了提高永磁发电机的可控性，可以制成混合励磁同步发电机，这种发电机既有永磁体励磁，又设置了一定的励磁绕组，使其可控性大为改善。对于风力发电机来说，这种发电机的可控性能是十分可贵的。

低速永磁同步发电机的极数很多，例如，当电网频率为50Hz时，假定发电机的额定转速为30r/min，则发电机的极数为200极。为了安排这些永磁体磁极，发电机的转子必须具有足够大的直径，如果仍然采用传统结构（外定子、内转子），则永磁磁极的设计上会有一定困难。采用反装式结构，将电枢铁心和电枢绕组作为内定子，而永磁体磁极作为外转子，可以使永磁体磁极的安排空间有了一定程度的缓解，这时，由于电动机轴静止不动，也在一定程度上提高了发电机运行的可靠性，风轮与转子的一体化结构还可以使风电机组的结构更为紧凑合理。

实际上，采用低速永磁同步发电机的风力发电机组一般采用变速恒频控制，由于发电机已经与电网解耦，发电机的转速已经不受电网频率的约束，这就给发电机的设计增加了很大的自由度。

3. 运行原理与特性

与异步发电机不同，同步发电机是一种双边激励的发电机。其定子（电枢）绕组接到电网以后，定子（电枢）电流流过定子绕组产生定子磁动势，并建立起定子（电枢）旋转磁场；转子励磁绕组中通入直流励磁电流建立转子主磁场，或者由永磁体直接产生主磁场。由于转子以同步速度旋转，转子主磁场也将以同步速度旋转。发电机稳定运行时，定、转子旋转磁场均以同步速度旋转，二者是相对静止的，依靠定、转子磁极之间的磁拉力产生电磁转矩，传递电磁功率。

定、转子相对应的 N、S 极之间的磁拉力可以比喻成定子合成磁场 B 与转子主磁场 B_0 之间由一组弹簧联系在一起，B 与 B_0 相对位置不固定，似有弹簧连接。当发电机空载时，弹簧处于自由状态，未被拉伸，这时 B 与 B_0 的轴线重合，电磁功率为0；当发电机负载后，B 与 B_0 的轴线之间就被拉开了一个角度，从而产生了电磁功率。负载越大，B 与 B_0 的轴线之间被拉开的角度越大，同步发电机从机械功率转换成电功率的这部分功率就越大，这部分转换功率称为同步发电机的电磁功率，与电磁功率对应的转矩称为电磁转矩。B 与 B_0 之间的夹角称为功率角 θ，是同步发电机的一个重要参数。显然，弹簧被拉伸的长度是有一定限度的，同样，随着功率角 θ 的增大，同步发电机电磁功率的增加也有一定的限度，超过了这个限度，同步发电机的工作就变得不稳定，甚至引起飞车，称为同步发电机的失步。

　　同步发电机的等效电路如图 2-30 所示。与等效电路对应的向量图如图 2-31 所示。

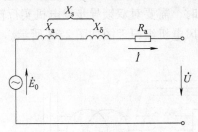

图 2-30　同步发电机的等效电路

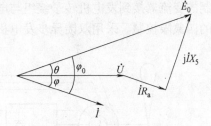

图 2-31　同步发电机的向量图

　　以上两图中，$\dot{E}_0$ 称为励磁电动势，对永磁发电机也称为永磁电动势，是由转子主磁场在电枢绕组中感应的电动势，单位为 V；$\dot{U}$ 为发电机的输出相电压，单位为 V；$\dot{I}$ 为发电机的输出相电流，单位为 A；X_s 称为同步电抗，是同步发电机的一个重要参数，它综合表征了同步发电机稳态运行时的电枢磁场效应(X_a)和电枢漏磁场效应(X_σ)，并且 $X_s = X_a + X_\sigma$，单位为 Ω；R_a 为电枢绕组的每相电阻，单位为 Ω。

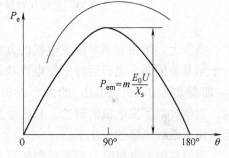

图 2-32　同步发电机的功角特性

　　前面介绍的电磁功率 P_e 与功率角 θ 之间的关系称为功角特性，是同步发电机并网运行时的重要特性。功角特性可表示成式(2-17)，对应的特性曲线如图 2-32 所示。

$$P_e = m\frac{E_0 U}{X_s}\sin\theta \qquad (2-17)$$

式中，m 为相数。

　　可以看出，同步发电机的电磁功率 P_e 与功率角 θ 的正弦成比例变化，在 $\theta = 90°$ 时，电磁功率出现最大值 P_{em}，显然 $P_{em} = m\dfrac{E_0 U}{X_s}$。进一步分析可知，当 $\theta < 90°$ 时，发电机的运行是稳定的，功率角 θ 越小，运行越稳定，功率角 θ 越接近 $90°$，运行的稳定性越差；当 $\theta > 90°$ 时，发电机的运行是不稳定的，可能导致发电机失去同步。为了保证发电机运行的稳定性，一般取额定运行时的功率角为 $30° \sim 40°$，以便在任何情况下，发电机都能运行在稳定运行区域并具有足够的过载能力。

2.4.3　双馈(绕线转子)异步发电机

1. 变速恒频风电机组与双馈(绕线转子)异步发电机

由同步发电机的介绍可知，为了使机组转速能够快速跟踪风速的变化，必须对发电机的转矩实施控制，为此，只需在发电机与电网之间接入变流器，使发电机与电网之间解耦，就允许发电机变速运行了。这时，由于变流器通过的是发电机的全部输出功率，因此，变流器的容量较大、成本较高。

当变速恒频风电机组不需要大范围的变速运行，而只需要在较窄的范围内实现变速控制时，可选择双馈（绕线转子）异步发电机，发电机的定子绕组直接与电网相连，用于变速恒频控制的变流器接到发电机转子绕组与电网之间。这时，需要对双馈异步发电机实行转数和转矩的四象限控制。采用双馈异步发电机的变速恒频风电机组原理图如图 2-33 所示。

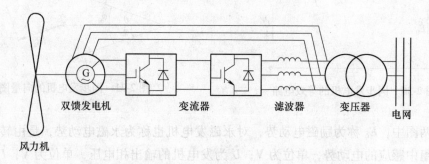

图 2-33　采用双馈异步发电机的变速恒频风电机组原理图

实际上，采用双馈异步发电机的方案在原理上与异步电动机串极调速相类似，当电机运行于第 II 象限时，电机运行于发电机状态，其电磁转矩为制动性质；当调节转子附加电动势 $\dot{E}_\text{f}$（即变流器的电机侧电压）的大小或相位时，就改变了发电机的转子电流和电磁转矩，同时，也就改变了发电机的转速。只要令变流器的电机侧电压跟踪风速变化，发电机的转速就可以快速跟踪风速的变化了。

采用双馈发电机时，需要控制的只是转差功率 sP_e，而转差功率一般不超过发电机额定功率的 1/3，使变速恒频双馈异步发电机组的控制成本大为降低，这也是双馈异步发电机在大型发电机组中的应用日益广泛的主要原因。

2. 结构特点

双馈（绕线转子）异步发电机的定子结构与笼型异步发电机基本相同。二者在结构上的区别主要表现在转子绕组结构的不同，前者为绕线转子绕组，后者为笼型转子绕组。绕线转子绕组的结构与定子绕组没有区别，也是用绝缘导线绕制成线圈后嵌入转子铁心槽中，其相数和极数都与定子绕组相同。为了改善转子的动、静平衡，常采用波绕组，三相绕组大多采用 Y 联结。

为了使三相转子绕组与外部控制电路（回馈变频器等）相连接，需要在非轴伸端的轴上装设三个集电环，将转子绕组的三个出线端分别接到三个集电环上，再通过电刷引出。

双馈（绕线转子）异步发电机的基本结构如下。

1）定子。与笼型异步发电机相同。

2）转子。包括铁心和绕组。铁心用钢板叠压而成，是主磁路的一部分，用于嵌放转子线圈。绕组用圆铜漆包线或扁铜绝缘线绕制，通过转子电流感应转子电动势。

3）集电环。由铜环与绝缘材料构成，与电刷配合使转子绕组与外部控制电路相连接。

4）电刷装置。由电刷、刷握、刷架、汇流排等构成，与集电环配合使转子绕组与外部控制电路相连接。

集电环和电刷是机组运行的薄弱环节，需要经常维护和检修。

3. 运行原理与特性

（1）运行状态与功率传递关系

双馈异步发电机的运行原理与笼型异步发电机基本相同，只是由于转子使用了绕线转子绕组，才使之可以实现双馈运行。所谓双馈就是电机的定子和转子都可以馈电的一种运行方式运行，而馈电一般是指电能的有方向传送。对于双馈异步发电机来说，定、转子的馈电方向都是可逆的，在定子边，当电能的传送方向为电机-电网方向时，电机为发电机运行，电能传送方向相反时为电动机运行；在转子边，在变流器的电机侧电压的控制下，电能传送的方向也是可逆的。因此，双馈异步发电机的运行状态可以用功率传递关系来加以说明，如图2-34 所示。图中，P 为发电机的输出功率、s 为转差率、sP 为转差功率，$\dot{U}_f$ 为变流器的电机侧电压。为了清楚起见，分析时不计发电机和变流器的损耗。

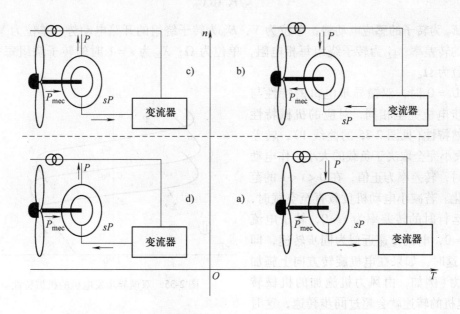

图 2-34　双馈异步发电机的运行状态和功率传递关系

可以看出，双馈异步发电机并网运行时，可以有 4 种运行状态。第Ⅰ象限（图2-34a、图2-34b）为电动机运行状态，其中，图2-34a 为亚同步电动机状态，在这种状态下，定子从电网输入电功率 P，其中，大部分 $(1-s)P$ 转换成机械功率 P_{mec} 从轴上输出，另一部分转差功率 sP 通过变流器馈入电网；图2-34b 为超同步电动机状态，在这种状态下，定子从电网输入电功率 P，转子通过变流器从电网输入转差功率 sP，二者之和 $(1+s)P$ 都转换成功率 P_{mec} 从轴上输出。处于电动机运行状态的风电机组实际上变成了一台巨大的风扇，需要消耗电网的电能，风电机组不应运行在这一状态。

第Ⅱ象限（图2-34c、图2-34d）为发电机运行状态，其中，图2-34c 为超同步发电机状态，在这种状态下，发电机从风力机输入机械功率 $P_{mec}=(1+s)P$，其中，大部分转换成电

功率 P 从定子馈入电网，另一部分转差功率 sP 通过变流器馈入电网；图 2-34d 为亚同步发电机状态，在这种状态下，发电机从风力机输入机械功率 $P_{mec} = (1 - s)P$，转子通过变流器从电网输入电功率 sP，二者之和 P 都转换成电功率从定子端口馈入电网。

理论上说，电机还可运行在第 Ⅳ 象限的电磁制动状态，这种状态时，定子从电网输入电功率 P，转子从轴上吸收机械功率 $(s - 1)P$，二者之和全部转换成转差功率 sP 通过变流器馈入电网。由于电磁制动运行时，转差率 $s > 1$，要求变流器容量大于发电机的额定容量，因此，一般不允许运行在这一状态。

（2）调速原理与特性

双馈异步发电机的定子绕组直接与电网相连，转子绕组通过集电环、电刷和变流器与电网相连。调节变流器的电机侧电压 $\dot{U}_f$ 的幅值或相位，就可以改变转子电流和电磁转矩，也就调节了发电机的转速。双馈异步发电机的转子电流 I_2（A）可表示成式（2-18）：

$$I_2 = \frac{sE_{20} - U_f}{\sqrt{r_2^2 + sX_{20}^2}} \tag{2-18}$$

式中，sE_{20} 为转子的感应电动势，单位为 V，E_{20} 为转子绕组的开路电动势，单位为 V；s 为发电机的转差率；r_2 为转子绕组每相电阻，单位为 Ω；X_{20} 为 $s = 1$ 时的转子绕组每相漏电抗，单位为 Ω。

当 $\dot{U}_f = 0$ 时，双馈异步电机的特性与笼型异步电机完全相同，对应的机械特性称为自然特性（见图 2-35 的曲线 1），转差率 s 的大小完全取决于负载的大小。作电动机运行时，转差率为正值，在 $0 < s < 1$ 的范围内变化。若减小电动机负载直至空载时，则空载运行时的转差率为 $s \approx 0$，转子电流亦为 $I_2 \approx 0$，电机转速近似为同步转速，即 $n \approx n_0$。这时，如果在电机旋转方向上施加一个外力（例如，由风力机施加的机械转矩），电机的转速就会超过同步转速，这时

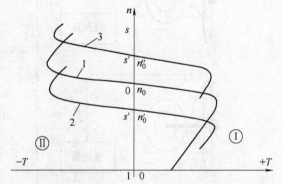

图 2-35　双馈异步发电机的机械特性

的转差率变为负值，异步电机变为发电机运行。所施加的外力越大（例如风速越大），转差率的绝对值越大，发电机的负载也越大。

下面着重分析变流器的电机侧电压 $\dot{U}_f \neq 0$ 时的情况。

电机作电动机运行时，当增大 U_f 而使转子电流 I_2 减小时［见式（2-18）］，由于电磁转矩减小，电动机的转速将有所下降，由于此时的机械特性曲线低于自然特性曲线，因此电机处于亚同步电动机运行状态（见图 2-35 的曲线 2）。若减小电动机的负载直至空载，则空载转速 $n_0' < n_0$（亚同步）。这时，如果在电机旋转方向上施加一个外力（例如，由风力机施加的机械转矩），电机的转速就会超过 n_0'，虽然这时电机的转差率仍然在 $0 < s < 1$ 的范围内，但由于机械特性曲线已经进入第 Ⅱ 象限，电机已经变为发电机运行，即运行于亚同步发电机状态。所施加的外力越大（例如，风速越大），转差率越小，发电机的负载也就越大。改变 U_f 就改变了 n_0'，也就改变了发电机的转速。U_f 的幅值越大，则发电机的转速越低。

当 U_f 的相位与上面的相位相反时，增大 U_f 的幅值(绝对值)而使转子电流 I_2 增大时，异步电动机的电磁转矩(驱动性质)将随之增大，使机组的转速上升，由于此时的机械特性曲线高于自然特性曲线，因此电机处于超同步电动机运行状态(见图 2-35 曲线 3)。若减小电动机的负载直至空载，则空载转速 $n_0'' > n_0$(超同步)。这时，如果在电机旋转方向上施加一个外力(例如，由风力机施加的机械转矩)，电机的转速就会超过 n_0''，这时，电机的机械特性曲线进入第 II 象限，电机变为发电机运行，即运行于超同步发电机状态，此时的转差率为负值，即 $s < 0$。所施加的外力越大(例如，风速越大)，转差率越小(绝对值越大)，发电机的负载也就越大。改变 U_f 的幅值(绝对值)就改变了 n_0''，也就改变了发电机的转速。U_f 的幅值(绝对值)越大，则发电机的转速越高。

由于变流器容量的限制，使双馈异步发电机的转速调节范围受到了限制。然而，这个调速范围已经基本满足了变速恒频风电机组对转速控制特性的要求，足够充分地体现出变速恒频机组的所有优点，正因如此，使变速恒频双馈异步发电机组的应用日益广泛。

2.5　风力发电机系统的运行与控制

风力发电机组的控制系统是一个综合控制系统，尤其是对于并网运行的风力发电系统，通过对电网、风况和运行数据的监测，对风力发电机组进行并网与脱网控制，以确保安全性和可靠性。在此前提下，控制系统不仅要根据风速和风向的变化对风力发电机组进行优化控制，以提高风能转换效率和发电质量，而且还要抑制动态载荷，降低机械疲劳，保证风力发电机组的运行寿命。

图 2-36 所示为一典型风力机的理想功率曲线，类似于图 2-15，其运行区间由切入风速和切出风速限定。当风速小于切入风速时，可利用的风功率太小，不足以补偿运行成本和损耗，因此风力机不起动；当风速大于切出风速时，风力机也必须停机以保护风力机不因过载而损坏。

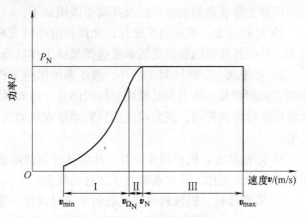

图 2-36　风力机的理想功率曲线

图 2-36 所示的理想功率曲线可分为三个区间，每个区间的控制目标是不同的。在低风速区(区间 I)，可利用的风功率小于额定功率，因此要最大可能地吸取风中的功率，故应使风力机运行在最大风能利用系数 C_{Pmax}；而在高风速区(区间 III)，控制目标是将风力机的功率限制在额定功率以下，避免过剩，因为此区间的可用风功率大于额定功率，所以风力机必须以小于 C_{Pmax} 的风能利用系数运行。区间 II 属于转换区间，此时，控制目标是通过控制风力机转子速度，将风力机的噪声保持在一个可接受的水平，并保证风力机所受的离心力在容许值之内，因此，区间 II 是恒转速区。

需要指出的是，在设计控制系统时，不能仅仅考虑使风力机追踪理想功率曲线，还需考虑风力机所受的机械载荷。二者常常是相互矛盾的，风力机功率跟踪理想功率曲线越紧，则机械载荷可能越小。因此，风力发电系统的控制是一个多目标最优控制。

综上所述，风力发电机组控制系统的主要目标和功能有：

1）在正常运行的风速范围内，保证系统稳定可靠运行。

2）在低风速区，跟踪最佳叶尖速比，实现最大功率点跟踪（MPPT），捕获最大风能。

3）在高风速区，限制风能的捕获，保持输出功率为额定值（详见 2.3.4）。

4）保证风力机转速在允许速度以下，抑制风力机噪声及风轮离心力。

5）抑制阵风引起的转矩波动，减小风力机的机械应力和输出功率的波动。

6）保持风力发电机组输出电压和频率的稳定，保证电能质量。

7）减小传动链的机械载荷，保证风力发电机组寿命。

2.5.1　基本控制内容

1. 风力发电机组的工作状态及其转换

风力发电机组有以下四种工作状态：①运行；②暂停；③停机；④紧急停机。可将每种工作状态看作是风力发电机组的一个活动层次，运行状态为最高层次，紧急停机状态为最低层次。

为了能够清楚理解风力发电机组在各种状态下控制系统是如何工作的，必须对每种工作状态做出精确定义，以便控制系统能够根据机组所处状态，按设定的控制策略对偏航、变桨、液压、制动系统等进行控制，实现不同状态之间的转换。

四种工作状态的主要特征及其简要说明如下：

1）运行状态。机械刹车松开，允许机组并网发电，机组自动偏航，液压系统保持工作压力，叶尖扰流器回收或变桨系统选择最佳工作状态，冷却系统处于自动状态。

2）暂停状态。机械刹车松开，液压系统保持工作压力，机组自动偏航，叶尖扰流器回收或变桨距顺桨，风力发电机组空转或停止，冷却系统处于自动状态。这个状态在调试风力发电机组时非常有用，因为调试的目的是要求风力发电机组的各种功能正常，而不一定要求发电。

3）停机状态。机械刹车松开，叶尖扰流器弹出或变桨距顺桨，液压系统保持工作压力，偏航系统停止工作，冷却系统处于非自动状态。

4）紧急停机。机械刹车与气动刹车同时动作，紧急电路（安全链）开启，控制器所有输出信号无效，控制器仍在运行和测量所有输入信号。

上述工作状态可以按既定的原则进行转换。为确保风力发电机组的安全运行，提高工作状态层次只能逐层地上升，而降低工作状态层次可以是一层或跨层。例如，如果风力发电机组工作状态要往更高层次转化，必须一层一层往上升，当系统在状态转换过程中检测到故障时，则自动转入停机状态。当系统在运行状态中检测到故障，并且这种故障是致命的，那么工作状态则直接进入紧急停机，不需要经过暂停和停机状态。

2. 风力发电机组的起动

当风速 $v > 3\text{m/s}$，但不足以将风力发电机组拖动到切入的转速，这时的风力机自由转动，进入待机状态。待机状态除了发电机没有并网，机组实际上已处于工作状态。这时控制系统已做好切入电网的一切准备，一旦风速增大，转速升高，发电机组即可起动。

风力发电机组的起动方式包括自起动、本地起动和远程起动。

1）自起动：风力发电机组的自起动是指风力机在自然风的作用下，不依靠其他外力的协助，将发电机拖动到额定转速。早期的定桨距风力发电机组不具有自起动能力，风力机要在发电机的协助下完成起动，这时发电机做电动机运行，通常称为电动机起动。直到现在，绝大多数定桨距风力机仍具有电动机起动功能。随着桨叶气动性能的不断改进，现代风力机大多数具有良好的自起动能力，一般当风速 $v > 4\text{m/s}$ 时，即可自起动。

自起动时，风力发电机组在系统上电后，首先进行自检，对包括电网、风况及机组参数等进行检测，在确认各项参数均符合有关规定且系统无故障后，安全链复位，然后起动液压泵，液压系统建压，在液压系统压力正常且风力发电机组无故障的情况下，执行正常启动程序。

2）本地起动：塔基面板起动。本地起动具有优先权，在进行本地起动时，应屏蔽远程起动功能。当机舱的维护按钮处于维护位置时，不能响应该起动命令。

3）远程起动：远程起动是通过远程监控系统对单机中心控制器发出起动命令，在控制器收到远程起动命令后，首先判断系统是否处于并网运行状态或者正在起动状态，且是否允许风力发电机组起动。若不允许起动，则对该命令不响应，同时清除该命令标志。若电控系统有顶部或底部的维护状态命令时，同样清除命令，对其不响应。当风力发电机组处于待机状态并且无故障时，才能响应该命令，并执行与本地起动相同的起动程序。在起动完成后，清除远程起动标志。

3. 偏航系统的运行

大中容量的迎风型风力发电机组多采用主动偏航控制，跟踪风向变化。风向瞬时变动频繁，但幅度不大，为避免偏航系统频繁动作，常设置一定的允许偏差（如 ±15°），如果在此容差范围内，就认为是对风状态，偏航系统不动作。

偏航控制系统主要包括自动偏航、手动偏航、90°侧风、自动解缆等功能。

1）自动偏航：在偏航系统收到中心控制器发出的自动偏航信号后，对风向进行连续数分钟的检测，若风向确定，且机舱处于不对风位置，松开偏航制动，起动偏航电动机，开始对风程序，使风轮轴线方向与风向基本一致。同时偏航计时器开始工作。

2）手动偏航：包括顶部机舱控制、面板控制和远程控制。

3）90°侧风：当风力机过速或遭遇切出风速以上的大风时，为了保护风力发电机组的安全，控制系统对机舱进行90°侧风偏航。此时，应使机舱走最短路径达到90°侧风状态，并屏蔽自动偏航指令。侧风结束后，应当抱紧偏航制动盘，当风向发生变化时，继续跟踪风向的变化。

4）自动解缆：是使发生扭转的电缆自动解开的控制过程。当偏航控制器检测到电缆扭转达到一定圈数时（如 2.5～3.5 圈，可根据需要设置），若风力机处于暂停或起动状态，则进行解缆；若正在运行，则中心控制器不允许解缆，偏航系统继续进行对风跟踪。当电缆扭转圈数达到保护极限（如 3～4 圈）时，偏航控制器请求中心控制器正常停机，进行解缆操作。完成解缆后，偏航系统发出解缆完成信号。

上述控制内容，只是控制系统的部分基本功能。为更好地实现全部控制目标与功能，必须对风力发电机组的稳态工作点进行精确控制。对不同类型的风力发电机组，其控制策略和控制内容是不同的。下面针对定桨距恒速风力发电机组、变桨距恒速风力发电机组以及变桨距变速风力发电机组来介绍各自的运行过程和控制策略。

2.5.2　定桨距恒速风力发电机组的运行与控制

1. 失速与制动

定桨距风力机的叶片与轮毂的连接是固定的，这一特点给定桨距恒速风力发电机组提出了两个必须解决的问题：一是当风速高于额定风速时，风力机的叶片必须能够自动地将功率限制在额定值附近，叶片的这一特性被称之为自动失速，为此，风力机的叶片必须具有良好的失速性能，有关失速调节风力机功率的原理已在前面做了介绍（见2.3.4小节），此处不再重复。二是运行中的风力发电机组在突然失去电网（突甩负载）的情况下，风力机的叶片自身必须具备制动能力，使风力发电机组在大风情况下完全停机。通过在叶片尖部安装叶尖扰流器成功地解决了上述问题。图2-37所示为叶尖扰流器的结构，叶尖可以旋转的部分称为叶尖扰流器。

图2-37　叶尖扰流器的结构

当风力机处于正常运行状态时，叶尖扰流器与叶片主体部分精密地合为一体，组成完整的叶片，起着吸收风能的作用。当需要制动时，叶尖扰流器被释放，并绕叶片轴线旋转80°~90°形成阻尼板产生制动阻力，由于叶尖扰流器离风力机中心最远，力臂很长，产生的阻力矩相当高，足以使风力机很快减速。

2. 安装角的调整

由式(2-12)风力机功率方程可知，风力发电机组的输出功率除与风速有关外，还与空气密度 ρ 有关。而定桨距风力机的功率曲线是在空气的标准状态下测得的，对应的空气密度 $\rho=1.225\text{kg/m}^3$。当温度与气压变化时，ρ 会跟着变化，一般当温度变化 ±10° 时，ρ 变化 ±4%；而桨叶的失速性能只与风速有关，只要风速达到了叶片气动外形所决定的失速调节风速，不论是否满足输出功率，桨叶的失速性能都要起作用，影响功率输出。因此，当气温升高时，空气密度就会降低，相应的输出功率就会减小；反之，输出功率就会增大，如图2-38所示。因此，在冬季和夏季，应对桨叶的安装角各做一次调整。类似地，海拔越高，空气密度越低，输出功率就越小，因此，同一型号的风力发电机组安装在不同海拔位置，其叶片安装角应做相应调整，以保证其输出功率满足要求。

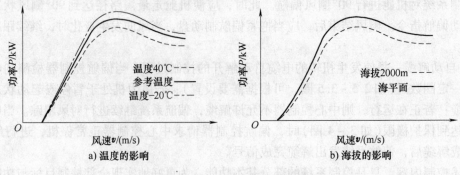

a) 温度的影响　　　　　　　　　　　b) 海拔的影响

图2-38　空气密度变化的影响

无论从实际测量还是理论计算所得的功率曲线都表明，定桨距风力机在额定风速以下的低风速运行时，不同的桨距角所对应的功率曲线几乎是重合的，但在高风速区，桨距角对最大输出功率（额定功率点）的影响十分明显，如图 2-39 所示。这就是定桨距风力机可以在不同的空气密度下调整桨叶安装角的依据。

2.5.3　变桨距恒速风力发电机组的运行与控制

1. 输出功率特性

图 2-40 给出了变桨距恒速风力发电机组的基本控制策略。在整个运行轨迹内，发电机的转速基本不变。当风速在额定风速以下时，控制器将风力机的叶片桨距角置于 0°附近，不做变化，可认为等同于定桨距风力发电机组，风力机运行于 DF 部分，发电机的功率根据叶片的气动特性随风速的变化而变化；当风速超过额定风速时，变桨机构开始工作，调整叶片桨距角，将发电机的输出功率限制在额定值附近，风力机运行于 F 点。对应的功率调节特性如图 2-17 所示，对比图 2-16a 和图 2-16b 可见，在相同的额定功率点，变桨距风力发电机组的额定风速比定桨距风力发电机组要低。对于定桨距风力发电机组，一般低风速区的风能利用系数较高，当风速接近额定功率点时，风能利用系数开始大幅下降。因为这时随着风速的升高，功率上升已趋缓，而过了额定功率点后，桨叶已开始失速，风速升高，功率反而有所下降。对于变桨距风力发电机组，由于桨矩可以控制，无需担心风速超过额定功率点后的功率调节问题，可以使得额定功率点仍然具有较高的风能利用系数。额定风速以下时，实际功率曲线与定桨距风力发电机组类似，只在风速为 v_E 时具有最大风能利用系数。

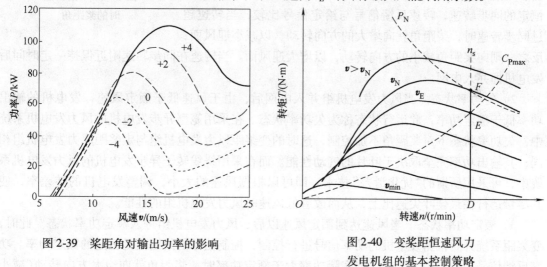

图 2-39　桨距角对输出功率的影响　　　图 2-40　变桨距恒速风力
发电机组的基本控制策略

由于变桨距风力发电机组的桨距角是根据发电机输出功率的反馈信号来控制的，它不受空气密度的影响，无论是温度或海拔引起的空气密度的变化，变桨距系统都能通过调节桨距角，使之获得额定功率输出。

变桨距风力发电机组在低风速时，桨距角可以转动到合适的角度，使风轮具有最大的起动转矩，因此，变桨距风力发电机组比定桨距风力发电机组更容易起动，故变桨距风力发电机组一般不再设计电动机起动的程序。

当风力发电机组需要脱网时，变桨距系统可以先转动叶片使功率减小，在发电机与电网断开之前，将功率减小至零，可避免在定桨距风力发电机组上每次脱网时所要经历的突甩负载的过程。

2. 运行状态

根据变桨距系统所起的作用，变桨距风力发电机组可分为三种运行状态：起动状态、欠功率状态和额定功率状态。每一种状态下的控制内容不同。

1）起动状态。变桨距风力机在静止时，桨距角为90°，如图2-41 所示。这时，气流对桨叶不产生转矩。当风速达到起动风速时，叶片向桨距角为0°方向转动，直至气流对叶片产生一定的功角，风轮开始起动，在发电机并网前，变桨距系统的桨距角给定值由发电机转速信号控制。转速控制器按照一定的速度上升斜率给出速度参考值，变桨距系统据此调整桨距角，进行速度控制。为了确保并网平稳，对电网产生尽可能小的冲击，变桨距系统可以在一定范围内，保持发电机的转速在同步转速附近，寻找最佳时机并网。

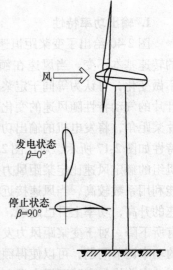

图2-41　不同状态时的桨距角

为了简化控制过程，早期的变桨距风力发电机组在转速达到发电机的同步转速之前，桨距角不加控制，而是以设定的变距速度将桨距角向0°方向打开，直到发电机转速上升到同步转速附近，变桨距系统才开始投入工作。转速给定值为恒定的同步转速，转速反馈信号与给定信号比较，当转速超过同步转速时，桨距角就向增大的方向转动，以减小迎风面；反之，则向桨距角减小的方向转动，以增大迎风面。当转速在同步转速附近保持一定时间后发电机即并入电网。

2）欠功率状态。当风力发电机组并入电网后，由于风速低于额定风速，发电机的输出功率低于额定功率，此运行状态称为欠功率状态。在采用笼型异步发电机的风力发电机系统中，欠功率状态下对桨距角不加控制，这时的变桨距风力发电机组与定桨距风力发电机组相同，其输出功率完全取决于叶片的气动性能。而在采用绕线转子异步发电机的风力发电机系统中，可采用所谓的"优化滑差"技术，即可以根据风速的大小，调整发电机的转差率，使其尽量运行在最佳叶尖速比上，从而改善低风速时风力发电机组的性能。

3）额定功率状态。当风速达到额定风速以后，风力发电机组进入额定功率状态。此时，变桨距系统开始根据发电机的功率信号进行控制，控制信号的给定值是恒定的额定功率。功率反馈信号与给定信号比较，当实际功率大于额定功率时，桨距角就向增大方向转动（减小迎风面积），反之则向桨距角减小的方向转动（增大迎风面积）。

变桨距恒速风力发电机组的控制框图如图2-42 所示。

2.5.4　变桨距变速风力发电机组的运行与控制

近年来，随着风力发电技术的发展，变桨距变速风力发电机组的应用日益普及，已成为大型并网风力发电机组的主流。

由式(2-12)可知，当风速一定时，风力机获得的功率将取决于风能利用系数 C_P。如果在任何风速下，风力发电机组都能在 C_{Pmax} 点运行，便可增加其输出功率。根据图2-12a，在

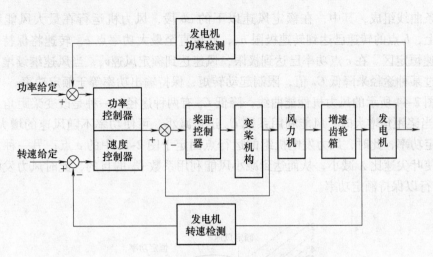

图 2-42　变桨距恒速风力发电机组的控制框图

任何风速下，只要使风力机的叶尖速比 $\lambda = \lambda_{opt}$，就可维持风力机在 C_{Pmax} 下运行。因此，风速变化时，只要调节风力发电机转速，使其叶尖速度与风速之比保持不变，就可获得最佳风能利用系数。这就是变速风力发电机组转速控制的基本目标。

然而，由于风速测量的不可靠性，实际的风力发电机组并不是根据风速变化来调整转速的。为了不用风速控制风力机，可以对风力机的功率表达式进行修改，以消除功率与风速的依赖关系。为此，若用转速代替风速，并按已知的 C_{Pmax} 和 λ_{opt} 计算 P_{opt}，则可导出功率是转速的函数，即最佳功率 P_{opt} 与转速的三次方成正比

$$P_{opt} = \frac{1}{2}\rho A C_{Pmax}\left(\frac{R}{\lambda_{opt}}\Omega\right)^3 \tag{2-19}$$

理论上，风力机的输出功率与风速三次方成正比，它是无限的。但实际上，由于受机械强度和其他物理性能的限制，输出功率是有限度的，超出这个限度，风力发电机组的某些部分便不能正常工作。因此，风力发电机组受到两个基本限制：

1）功率限制：所有电路及电力电子器件受功率限制。

2）转速限制：所有机械旋转部件的转速受机械强度限制。

1. 控制策略

图 2-43 所示是变桨距变速风力发电机组的基本控制策略。图中，由转矩 T_N、转速 n_N 和功率 P_N 的限制线画出的区域 $OadcC$ 为风力发电机组的安全运行区域，制定控制策略时必须保证风力发电机组的工作点不超出该安全运行区域。

对于变速风力发电机组，其运行轨

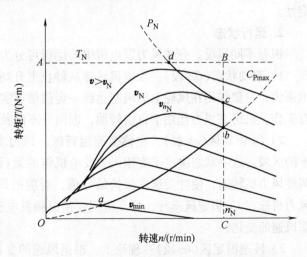

图 2-43　变桨距变速风力发电机组的基本控制策略

迹由若干条曲线组成，其中，在额定风速以下的 ab 段，风力机运行在最大风能利用系数 C_{Pmax} 曲线上，b 点的转速已达到转速极限 n_N，此后直至最大功率点 c，转速将保持不变，即 bc 段为转速恒定区。在 c 点功率已达到极限，风速达到额定风速 v_N，当风速继续增加，风力机必须通过某种途径来降低 C_P 值，限制起动转矩，保持输出功率等于额定功率。

根据图 2-44 所示的风力机性能曲线，降低 C_P 有两种途径：一种是改变桨距角，由图 2-44 可见，当桨距角增大时，风能利用系数 C_P 迅速减小，可使功率不随风速的增大而增大，稳定于额定功率，此时，风力发电机组的运行点固定于图 2-43 中的 c 点；另一种方法是降低转速，使叶尖速比 λ 减小，从而达到减小风能利用系数 C_P 的目的，此时风力发电机组沿着 cd 线运行以保持额定功率。

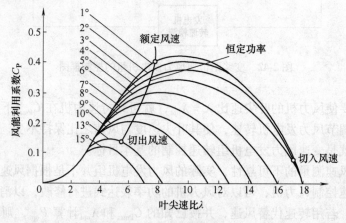

图 2-44　风力机性能曲线

对于变桨距变速风力发电机组，在高于额定风速时，变速能力主要用来提高传动系统的柔性，而发电机的输出功率的调节主要依靠变桨控制。由图 2-44 可见，当桨距角向增大方向变化时，C_P 值得到了迅速有效的调整，从而控制了由转速变化引起的反力矩及输出电压的变化。因此，加入变桨控制的变速风力发电机组，显著地提高了传动系统的柔性和输出稳定性。

2. 运行状态

根据不同风况，变速风力发电机组的运行可分为五个不同区间：

1）起动状态（Oa 段）：发电机转速从静止上升到切入速度。对于目前大多数风力发电机组来说，只要作用在风轮上的风速达到一定值便可实现起动。在切入速度以下，发电机并没有工作，机组在风力作用下自由转动，因而并不涉及发电机转速的控制。

2）C_P 恒定区（ab 段）：也称变速运行区。风力发电机组切入电网后运行在额定风速以下的区域，这一状态决定了变速风力发电机组的运行方式。在此区间内，随着风速的变化，调整风力机转速，使叶尖速比保持最佳值，对应的风能利用系数等于最大值 C_{Pmax}。为了使风力机能在 C_P 恒定区运行，必须应用变速恒频发电机，使风力发电机组的转速可控，以跟踪风速的变化。

3）转速恒定区（bc 段）：理论上，根据风速的变化，风力机可以在限定的任何转速下运行，以便最大限度地获取风能。但是，由于受到旋转部件机械强度的限制，风力发电机组的转速有一个极限，在到达额定功率以前，风力发电机组的转速保持恒定。

4）功率恒定区：风速高于额定风速时，风力发电机组受机械和电气极限的制约，转速和功率必须维持在额定值，因此，该状态运行区域称为功率恒定区。

5）切出区：当风速大于切出风速时，为保证风力发电机组的安全，需对机组进行制动减速控制，直至切出。

图 2-45 所示为以转速和风速为变量的风力发电机组输出功率等值曲线，图上示出了变速风力发电机组的控制路径。在低风速区，按恒定 C_P 的方式控制风力发电机组，直至转速达到极限，然后按恒定转速控制机组，直到功率达到额定功率，最后按恒定功率控制机组。

图 2-45 还示出了发电机转速随风速的变化关系。在 C_P 恒定区，转速随风速呈线性变化，斜率与 λ_{opt} 成正比。转速达到极限后，便保持不变。在功率恒定区，随着风速的增大，转

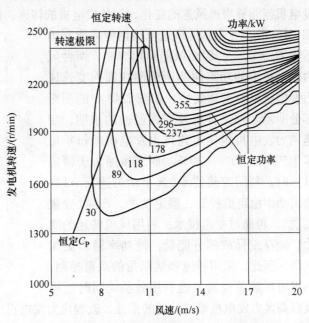

图 2-45　风力发电机组输出功率等值曲线

速不但不增大反而要减小，使 C_P 下降。为使功率保持恒定，C_P 必须与 $(1/v^3)$ 成正比。

图 2-46 所示为风力发电机组在三个工作区域的 C_P 值变化情况。在 C_P 恒定区，通过对风力发电机组的转速进行控制，保持最佳叶尖速比，风能利用系数 $C_P = C_{Pmax}$ 并保持恒定，如图 2-46a 所示，这时机组运行于最佳状态；随着风速增大，转速也增大，最终达到一个允许的最大值，这时只要功率低于允许的最大值，转速便保持恒定，进入转速恒定区，随着风速的进一步增大，叶尖速比偏离最佳值，C_P 值减小，但功率仍然增大，如图 2-46b 所示；达到功率极限后，机组进入恒功率区，这时随着风速的增大，通过减小转速和/或改变桨距角，使 C_P 值按 $(1/v^3)$ 的比例快速下降，如图 2-46c 所示。

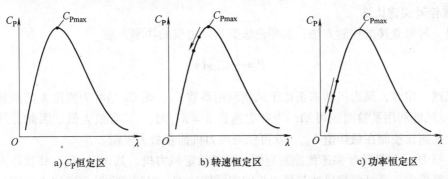

a) C_P 恒定区　　　　　　b) 转速恒定区　　　　　　c) 功率恒定区

图 2-46　三个工作区域的 C_P 值变化情况

3. 不同类型风力发电机组的比较

图 2-47 所示为不同类型风力发电机组的功率曲线对比。根据前面各节所述，低风速时，定速风力发电机组只能在某一点风能利用系数达到 C_{Pmax}，风能利用效率较低；而变速风力发电机组能够根据风速的变化，调整发电机的转速，保持最佳叶尖速比，实现最大功率点跟踪（MPPT），在很宽的风速范围内使风能利用系数 $C_P = C_{Pmax}$，因而风能利用率高。两种风力发电机组的功率曲线所围面积即为变速风力发电机组的变速效益，如图 2-47 中的阴影部分所示。理论分析及实践经验均表明，变速风力发电机组比定速风力发电机组每年可多生产电能 20% ~ 30%。而当风速大于额定风速时，利用变桨技术（含主动失速），可将输出功率稳定地控制在额定功率，产生"变桨效益"。再通过变速技术，利用风轮转速的变化，储存或释放部分能量，使功率输出更加平稳。因此，采用转速和桨距角的双重控制，不仅可以显著提高风能利用效益，同时还可

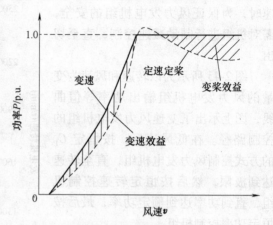

图 2-47 不同类型风力发电机组的功率曲线对比

以提高风力发电机组传动链的柔性，改善风力发电机组的动态性能，尽管增加了额外的变桨机构，加大了控制系统的复杂性，但仍然被认为是风力发电机组理想的控制方案。

2.5.5 最大功率点跟踪（MPPT）控制简介

如前所述，在低风速区使风力发电机组始终运行于最佳叶尖速比，即跟踪最大功率，每年可多生产电能 20% ~ 30%，经济效益和社会效益十分显著。然而，欲使风力发电机组运行于最佳叶尖速比，实现最大功率点跟踪，必须采用适当的控制方法，即所谓的最大功率点跟踪（Maximum Power Point Tracking，MPPT）控制方法，使风力机的转速随风速的变化而成比例地变化。目前，已有多种不同的 MPPT 控制方案，各有优缺点和适用范围。同时，国内外学者正在研究一些新的控制方案，以提高控制效果。下面对三种较常见控制方案的基本原理作简要介绍。

1. 最佳叶尖速比法

这是一种最直接的控制方法，其理论依据是风力机的功率方程

$$P = \frac{1}{2} C_P \rho A \, \boldsymbol{v}^3 \tag{2-20}$$

当风速一定时，风力机功率正比于风能利用系数 C_P，而 C_P 是叶尖速比 λ 的函数。由图 2-12a 所示风能利用系数曲线可知，当叶尖速比 $\lambda = \lambda_{opt}$ 时，C_P 有最大值。因此，只要将风力机的叶尖速比控制在最佳值 λ_{opt}，就可保证风力机捕获最大风能。

图 2-48 所示为最佳叶尖速比控制框图，对于给定风力机，其 λ_{opt} 一定，将其作为参考值储存于计算机内，通过测量风速与风力机的实际转速 Ω，得到实际叶尖速比 λ，与 λ_{opt} 比较，得到误差信号，以此作为控制器的输入，去控制风力机转速，直至误差小于某一给定值，此时便可认为风力机运行于最佳叶尖速比。

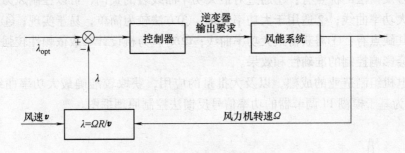

图 2-48　最佳叶尖速比控制框图

　　该控制方法的优点是：物理概念清楚，原理简单，只要一个 PI 控制器即可满足控制要求，容易实现。在风速测量精确的前提下，具有很好的准确性和反应速度。该方法的缺点是依赖于风速测量，而实际上风速测量往往是不可靠的，特别是对大型风电场，由于受塔影效应的影响，风速测量误差可能很大。此外，最佳叶尖速比对叶片表面状态很敏感，风力机在运行过程中，要不断修改最佳叶尖速比 λ_{opt}，这不仅增加成本，而且要根据叶片表面状况的变化来确定新的最佳叶尖速比是较为困难的。所以，最佳叶尖速比控制方法原理虽然简单，但实际应用并不多。

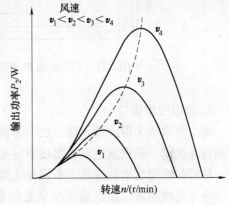

图 2-49　最大功率曲线

2. 功率信号反馈法

　　功率信号反馈法不需要测量风速，而是先测量出风力机的转速，再根据最大功率曲线（见图 2-49虚线所示）计算出相应的最大输出功率 P_{opt}^*，并作为风力机的输出功率给定值，与发电机实际输出功率 P 相比较得到误差量，经过 PI 调节器对风力机进行控制，以实现对最大功率点的捕获。图 2-50 所示为基于 PI 调节器的功率信号反馈法的控制框图。

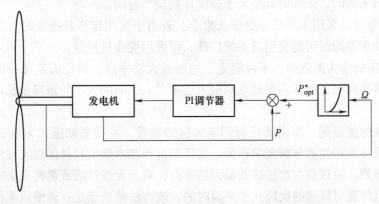

图 2-50　基于 PI 调节器的功率信号反馈法的控制框图

功率信号反馈法的优点有：①通过对最大功率曲线表的查询，可以控制风力发电机组运行于输出最大功率曲线；②适用于大功率系统；③方法较为简单，易于实现；④对风速的变化不敏感。其缺点有：①需获得最大功率曲线；②对风力机设计参数依赖性较强；③功率曲线的误差将会影响控制的准确性和效果。

随着发电机组制造业的成熟，以及大批量的应用，获取较准确最大功率曲线已不成问题。图 2-51 为基于模糊 PI 调节器的功率信号反馈法控制原理框图。

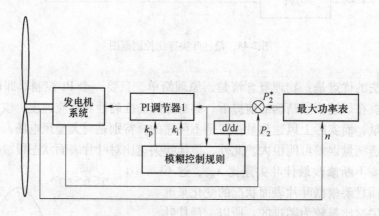

图 2-51　　基于模糊 PI 调节器的功率信号反馈法的控制原理框图

3. 爬山搜索法

爬山搜索法无需测量风速，也不需要事先知道风力机的功率曲线，而是人为地给风力机施加转速扰动，根据发电机输出功率的变化确定转速的控制增量。具体做法是，施加转速扰动，将引起输出功率的变化，若该变化量大于零，则在系统趋于稳定的时候，继续加上与前次同符号的扰动量，直到输出功率变化量开始小于零才改变下一次扰动量的符号。如此反复，风力发电机组的工作点便会逼近最大功率点。图 2-52 给出了爬山搜索法的原理与控制框图。

爬山搜索法寻优控制的关键点如下：

1）当转速指令发生阶跃变化时，速度环调节器工作，系统的瞬时输出功率是变化的，因此对功率进行采样时，采样时间要大于速度环的调节时间。

2）转速指令可以采用定步长和变步长指令。若由于采用定步长指令时，其跟踪速度较慢，且在最大功率点附近可能会引起系统振荡，可采用变步长控制。

3）由于转速指令为离散的，不可能完全达到最大功率点，因此需定义一区间，当系统输出功率落入该区间时，即认为已经达到最大功率点。区间的大小与跟踪步长以及控制精度有关。

该控制方法的优点是：不需要任何测定风速的装置，不需要知道风力机确切的功率特性。它对风力机功率特性的掌握要求较低，且控制过程基本是由软件编程实现的；它独立于风力机的设计参数，可以自主地追踪到最大功率点；对于无惯性的或惯性很小的小型风力发电系统，风力机转速对风速的反应几乎是瞬时的。该方法的缺点是：即使风速稳定，发电机的最终输出功率也会有小幅波动；按照系统的控制目标，希望在某一风速下风力机能够沿着

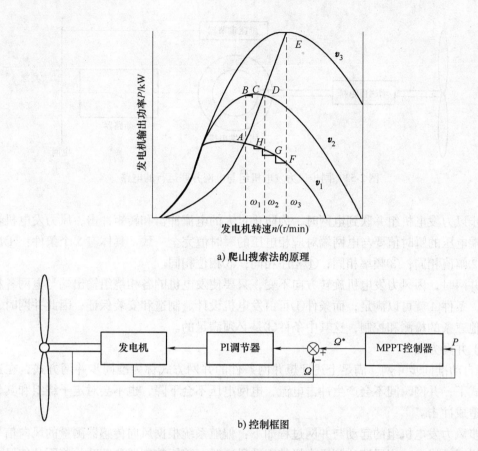

a) 爬山搜索法的原理

b) 控制框图

图 2-52　爬山搜索法的原理与控制框图

功率曲线逐步移动到最佳功率负载线附近，所以要求系统在每一调整的离散时间点上达到稳态工作点，对于惯性较大的大型风力机系统，系统的时间常数较大，实现最大功率点跟踪所需时间较长，因此在风速持续变化的情况下其控制性能将受到影响；此外，当风速变化较快时，可能引起系统振荡，不宜采用此方法。

2.6　风力发电机系统并网

2.6.1　同步风力发电机组并网

同步发电机的转速和频率之间有着严格不变的固定关系，同步发电机在运行过程中，可通过励磁电流的调节，实现无功功率的补偿，其输出电能频率稳定，电能质量高，因此在发电系统中，同步发电机也是应用最普遍的。

1. 同步风力发电机组的并网条件和并网方法

（1）并网条件

同步风力发电机组与电网并联运行的电路如图 2-53 所示，图中同步发电机的定子绕组通过断路器与电网相连，转子励磁绕组由励磁调节器控制。

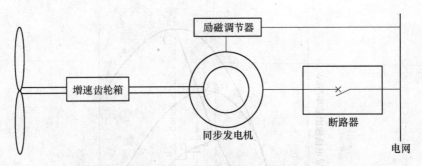

图 2-53　同步风力发电机组与电网并联运行的电路

同步风力发电机组并联到电网时，为防止过大的电流冲击和转矩冲击，风力发电机输出的各相端电压的瞬时值要与电网端对应相电压的瞬时值完全一致，具体有 5 个条件：①波形相同；②幅值相同；③频率相同；④相序相同；⑤相位相同。

在并网时，因风力发电机旋转方向不变，只要使发电机的各相绕组输出端与电网各相互相对应，条件④就可以满足；而条件①可由发电机设计、制造和安装保证；因此并网时，主要是其他三条的检测和控制，这其中条件③是必须满足的。

（2）并网方法

1）自动准同步并网。满足上述理想并网条件的并网方式称为准同步并网方式，在这种并网方式下，并网瞬间不会产生冲击电流，电网电压不会下降，也不会对定子绕组和其他机械部件造成冲击。

同步风力发电机组的起动与并网过程如下：偏航系统根据风向传感器测量的风向信号驱动风力机对准风向，当风速达到风力机的起动风速时，桨矩控制器调节叶片桨距角使风力机起动。当发电机在风力机的带动下转速接近同步转速时，励磁调节器给发电机输入励磁电流，通过励磁电流的调节使发电机输出的端电压与电网电压相近。在风力发电机的转速几乎达到同步转速、发电机的端电压与电网电压的幅值大致相同和断路器两端的电位差为零或很小时，控制断路器合闸并网。同步风力发电机并网后通过自整步作用牵入同步，使发电机电压频率与电网一致。以上的检测与控制过程一般通过微机实现。

2）自同步并网。自动准同步并网的优点是合闸时没有明显的电流冲击，缺点是控制与操作复杂、费时。当电网出现故障而要求迅速将备用发电机投入时，由于电网电压和频率出现不稳定，自动准同步法很难操作，往往采用自同步法实现并联运行。自同步并网的方法是，同步发电机的转子励磁绕组先通过限流电阻短接，发电机中无励磁磁场，用原动机将发电机转子拖到同步转速附近（差值小于 5%）时，将发电机并入电网，再立刻给发电机励磁，在定、转子之间的电磁力作用下，发电机自动牵入同步。由于发电机并网时，转子绕组中无励磁电流，因而发电机定子绕组中没有感应电动势，不需要对发电机的电压和相角进行调节和校准，控制简单，并且从根本上排除了不同步合闸的可能性。这种并网方法的缺点是合闸后有电流冲击和电网电压的短时下降现象。

2. 带变频器的同步风力发电机组的并网

同步发电机可通过调节转子励磁电流，方便地实现有功功率和无功功率的调节，这是其他发电机难以与其相比的优点。但恒速恒频的风力发电系统中，同步发电机和电网之间为

"刚性连接"，发电机的输出频率完全取决于原动机的转速，并网之前发电机必须经过严格的整步和(准)同步，并网后也必须保持转速恒定，因此对控制器的要求高，控制器结构复杂。

变速恒频风力同步发电机组经变频器与电网连接，如图 2-54 所示，图中交流发电机为同步发电机，变频器为 AC-DC-AC 变频器。当风速变化时，为实现最大风能捕获，风力机和发电机的转速随之变化，发电机发出的为变频交流电，通过变频器转化后获得恒频交流电输出，再与电网并联。由于同步发电机与电网之间通过变频器相连接，发电机的频率和电网的频率彼此独立，并网时一般不会发生因频率偏差而产生较大的电流冲击和转矩冲击，并网过程比较平稳。缺点是电力电子装置价格较高、控制较复杂，同时非正弦逆变器在运行时产生的高频谐波电流流入电网，将影响电网的电能质量。

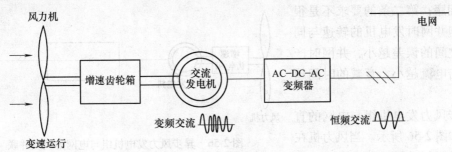

图 2-54 变速恒频风力同步发电机组经变频器与电网的连接

3. 同步风力发电机的并网运行系统

同步发电机一般构成变速恒频风力发电系统，为了解决风力发电机中的转子转速和电网频率之间的刚性耦合问题，在同步发电机和电网之间加入 AC-DC-AC 变频器，可以使风力发电机工作在不同的转速下，省去调速装置。而且可通过控制变频器中的电流或转子中的励磁电流来控制电磁转矩，以实现对风力机转速的控制，减小传动系统的应力，使之达到最佳运行状态。同步发电机的变速恒频风力发电系统如图 2-55 所示，图中，P_w 为风力机的输入功率，P_1 为发电机的输入功率，I_f 为励磁电流。与笼型异步发电机相同，同步发电机的变频器也接在定子绕组中，所需容量较大，但其控制比笼型异步发电机简单，除利用变频器中的电流控制发电机电磁转矩外，还可通过转子励磁电流的控制来实现转矩、有功功率和无功功率的控制。

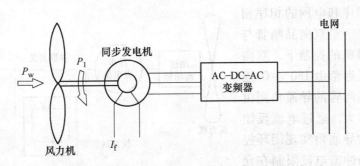

图 2-55 同步发电机的变速恒频风力发电系统

2.6.2　异步风力发电机组并网

异步发电机具有结构简单、价格低廉、可靠性高、并网容易、无失步现象等优点，在风力发电系统中应用广泛；但其主要缺点是需吸收 20% ~ 30% 额定功率的无功电流以建立磁场，为提高功率因数必须另加功率补偿装置。

1. 异步风力发电机组的并网方法

异步风力发电机组的并网方法主要有三种：直接并网、降压并网和晶闸管软并网。

1）直接并网。异步风力发电机组直接并网的条件有两条：一是发电机转子的转向与旋转磁场的方向一致，即发电机的相序与电网的相序相同；二是发电机的转速尽可能接近于同步转速。其中第一条必须严格遵守，否则并网后，发电机将处于电磁制动状态，在接线时应调整好相序；第二条的要求不是很严格，但并网时发电机的转速与同步转速之间的误差越小，并网时产生的冲击电流越小，衰减的时间越短。

异步风力发电机组与电网的直接并联如图 2-56 所示。当风力机在风的驱动下起动后，通过增速齿轮

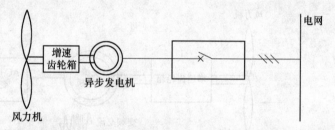

图 2-56　异步风力发电机组与电网的直接并联

箱将异步发电机的转子带到同步转速附近（一般为98% ~ 100%）时，测速装置给出自动并网信号，通过断路器完成合闸并网过程。这种并网方式比同步发电机的准同步并网简单，但并网前由于发电机本身无电压，并网过程中会产生 5 ~ 6 倍额定电流的冲击电流，引起电网电压下降。因此这种并网方式只能用于异步发电机容量在百千瓦级以下，且电网容量较大的场合。

2）降压并网。降压并网是在发电机与电网之间串接电阻或电抗器，或者接入自耦变压器，以降低并网时的冲击电流和电网电压下降的幅度。发电机稳定运行时，将接入的电阻等元件迅速从线路中切除，以免消耗功率。这种并网方式的经济性较差，适用于百千瓦级以上、容量较大的机组。

3）晶闸管软并网。晶闸管软并网是在异步发电机的定子和电网之间通过每相串入一只双向晶闸管，通过控制晶闸管的导通角来控制并网时的冲击电流，从而得到一个平滑的并网暂态过程，如图 2-57 所示。其并网过程如下：当风力机将发电机带到同步转速附近时，在检查发电机的相序和电网的相序相同后，发电机经一组双向晶闸管与电网相连，在微机的控制下，双向晶闸管的触发延迟角由 180° ~ 0° 逐渐打开，双向晶闸管的导通角则由 0° ~ 180° 逐渐增大，通过电流反馈对双向晶闸管的导通角实现闭环控制，将并网时的冲击电流限制在允许的范围内，从而异步发电机通过

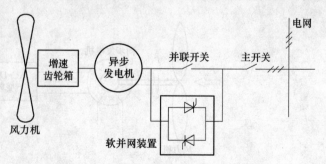

图 2-57　异步风力发电机组晶闸管软并网

晶闸管平稳地并入电网。并网的瞬态过程结束后，当发电机的转速与同步转速相同时，控制器发出信号，并联开关短接，异步发电机的输出电流将不经过双向晶闸管。但在发电机并入电网后，应立即在发电机端并入功率因数补偿装置，将发电机的功率因数提高到 0.95 以上。

晶闸管软并网是目前一种先进的并网技术，在其应用时对晶闸管器件和相应的触发电路提出了严格的要求，即要求器件本身的特性要一致、稳定；触发电路工作可靠，两只晶闸管的门极触发电压和触发电流均一致；开通后晶闸管压降相同，只有这样才能保证每相晶闸管按控制要求逐渐开通，发电机的三相电流才能保证平衡。

在晶闸管软并网的方式中，目前触发电路有移相触发和过零触发两种方式。其中移相触发的缺点是发电机中每相电流为正负半波的非正弦波，含有较多的奇次谐波分量，对电网造成谐波污染，因此必须加以限制和消除；过零触发是在设定的周期内，逐步改变晶闸管导通的周波数，最后实现全部导通，因此不会产生谐波污染，但电流波动较大。

2. 双馈异步风力发电机组的并网运行与功率补偿

前述异步发电机并网方法适用于双馈异步发电机的并网，但也有其特点，由于双馈异步发电机目前主要应用于变速恒频风力发电系统中，发电机与电网之间的连接是"柔性连接"，经过矢量变换后双馈异步发电机转子电流中的有功分量和无功分量实现了解耦，通过对发电机转子交流励磁电流的调节与控制来满足并网条件，可以成功地实现并网；同时通过对转子电流中的有功和无功分量的控制，可以很方便地实现功率控制及无功功率的补偿。

双馈异步发电机的并网过程及特点如下：

1）风力机起动后带动发电机至接近于同步转速时，由转子回路中的变频器通过对转子电流的控制实现电压匹配、同步和相位的控制，以便迅速地并入电网，并网时基本上无电流冲击。

2）通过转子电流的控制可以保证风力发电机的转速随风速及负载的变化而及时地调整，从而使风力机运行在最佳叶尖速比下，获得最大的风能及高的系数效率。

3）双馈异步发电机可通过励磁电流的频率、幅值和相位的调节，实现变速运行下的恒频及功率调节。当风力发电机的转速随风速及负载的变化而变化时，通过励磁电流频率的调节实现输出电能频率的稳定；改变励磁电流的幅值和相位，可以改变发电机定子电动势和电网电压之间的相位角，也即改变了发电机的功率角，从而实现了有功功率和无功功率的调节。

3. 双馈异步风力发电机的并网运行系统

如图 2-58 所示，这种变速恒频风力发电系统所用的发电机为双馈异步发电机。发电机的定子直接连接在电网上，转子绕组通过集电环经 AC-AC 或 AC-DC-AC 变流器与电网相连，通过控制转子电流的频率、幅值、相位和相序实现变速恒频控制。为实现转子中能量的双向流动，应采用双向变流器。其中 AC-AC 变流器的输出电压谐波多，输入侧功率因数低，使用的功率元件数量多，目前已被电压型 AC-DC-AC 变流器代替。随着电力电子技术的发展，最新应用的是双 PWM 变流器，通过 SPWM 控制技术，可以获得正弦波转子电流，以减小发电机中的谐波转矩，同时实现功率因数的调节，变流器一般用微机控制。

图 2-58 中的转子侧变流器为 AC-DC 即整流器，电网侧变流器为 DC-AC 即逆变器。双馈异步发电机变速恒频风力发电机组可运行在亚同步状态、同步状态和超同步状态。为了实现变速，当风速变化时，通过转速反馈系统控制发电机的电磁转矩，使发电机转子转速跟踪风速的变化，以获取最大风能。为实现恒频输出，当转子的转速为 n 时，因定子电流的频率

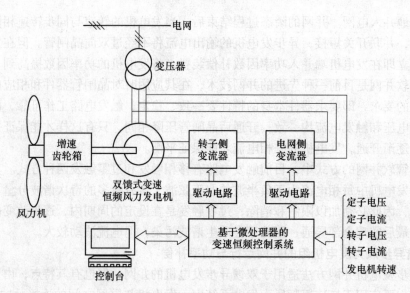

图 2-58　双馈异步发电机变速恒频运行的并网系统

$f_1 = pn/60 \pm f_2$，由变流器控制转子电流的频率 f_2，以维持 f_1 恒定。当转子转速小于同步转速时，发电机运行在亚同步状态，此时定子向电网供电，同时电网通过变流器向转子供电，提供交流励磁电流；当转子转速高于同步转速时，发电机运行在超同步状态，定、转子同时向电网供电；当转子转速等于同步转速时，发电机运行在同步状态，$f_2 = 0$，变流器向转子提供直流励磁，定子向电网供电，相当于一台同步发电机。

由于这种变速恒频方案是在转子电路中实现的，流过转子电路中的功率为转差功率，一般只为发电机额定功率的 1/4 - 1/3，因此变流器的容量可以很小，大大降低了变流器的成本和控制难度；定子直接连接在电网上，使得系统具有很强的抗干扰性和稳定性；可通过改变转子电流的相位和幅值来调节有功功率和无功功率，实现电网功率因数的补偿。缺点是发电机仍有电刷和集电环，工作可靠性受到一定的影响。

2.6.3　风力发电机组的并网安全运行与防护措施

并网控制系统是风力发电机组的核心部件，是风力发电机组安全运行的根本保证，所以为了提高风力发电机组的运行安全性，必须认真考虑控制系统的安全性和可靠性问题。

控制系统的安全保护组成如图 2-59 所示。

1. 雷电安全保护

多数风机都安装在山谷的风口处、山顶上、空旷的草地、海边海岛等，易受雷击。安装在多雷雨区的风力发电机组受雷击的可能性更大，其控制系统大多为计算机和电子器件，最容易因雷电感应造成过电压损坏，因此需要考虑防雷问题。一般使用避雷器或防雷组件吸收雷电波。

当雷电击中电网中的设备后，大电流将经接地点泄入地网，使接地点电位大大升高。若控制设备接地点靠近雷击大电流的入地点，则电位将随之升高，会在回路中形成共模干扰，引起过电压，严重时会造成相关设备绝缘击穿。

根据国外风场的统计数据表明，风电场因雷击而损坏的主要风电机组部件是控制系统和通信系统。雷击事故中的 40% ~50% 涉及风电机组控制系统的损坏，15% ~20% 涉及通信系统，15% ~20% 涉及风机叶片，5% 涉及发电机。

　　我国一些风场统计雷击损坏的部件也是控制系统和监控系统的通信部件。这说明以电缆传输的 4 ~20mA 电流环通信方式和 RS485 串行通信方式，由于通信线长、分布广、部件多，最易受到雷击，而控制部件大部分是弱电器件，耐过电压能力低，易造成部件损坏。

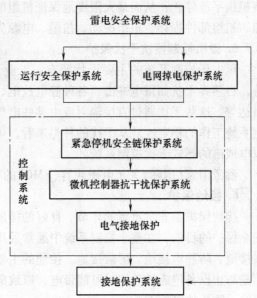

　　防雷是一个系统工程，不能仅仅从控制系统来考虑，需要从风电场整体设计上考虑，采取多层防护措施。

2. 运行安全保护

　　1）大风安全保护：一般风速达到 25m/s（10min）即为停机风速，机组必须按照安全程序停机，停机后，风力发电机组必须 90°对风控制。

　　2）参数越限保护：各种采集、监控的量根据情况设定有上、下限值，当数据达到限定位时，控制系统根据设定好的程序进行自动处理。

图 2-59　控制系统的安全保护组成

　　3）过电压、过电流保护：指装置元件遭到瞬间高压冲击和电流过电流所进行的保护。通常采用隔离、限压、高压瞬态吸收元件、过电流保护器等进行保护。

　　4）振动保护：机组应设有三级振动频率保护，即振动球开关、振动频率极限 1、振动频率极限 2，当开关动作时，控制系统将分级进行处理。

　　5）开机、关机保护：设计机组按顺序正常开机，确保机组安全。在小风、大风、故障时控制机组按顺序停机。

3. 电网掉电保护

　　风力发电机组离开电网的支持是无法工作的，一旦有突发故障而停电时，控制器的计算机由于失电会立即终止运行，并失去对风机的控制，控制叶尖气动制动和机械制动的电磁阀就会立即打开，液压系统会失去压力，制动系统动作，执行紧急停机。紧急停机意味着在极短的时间内，风机的制动系统将风机叶轮转数由运行时的额定转速变为零。大型的机组在极短时间内完成制动过程，将会对机组的制动系数、齿轮箱、主轴和叶片以及塔架产生强烈的冲击。紧急停机的设置是为了在出现紧急情况时保护风电机组的安全。然而，电网故障无需紧急停机；突然停电往往出现在天气恶劣、风力较强时，紧急停机将会对风机的寿命造成一定的影响。另外风机主控制计算机突然失电就无法将风机停机前的各项状态参数及时存储下来，这样就不利于迅速对风机发生的故障做出判断和处理。针对上述情况，可以在控制系统电源中加设在线 UPS 后备电源，这样当电网突然停电时，UPS 自动投入，为风电场控制系统提供电力，使风电控制系统按正常程序完成停机过程。

4. 紧急停机安全链保护

　　系统的安全链是独立于计算机系统的硬件保护措施，即使控制系统发生异常，也不会影响安全链的正常动作。安全链是将可能对风力发电机造成致命伤害的超常故障串联成一个回路，当安全链动作后将引起紧急停机，执行机构失电，机组瞬间脱网，控制系统在数秒内，将机组平稳停止，从而最大限度地保证机组的安全。发生下列故障时将触发安全链：叶轮过速、机组部件损坏、机组振动、扭缆、电源失电、紧急停机按钮动作。

5. 微机控制器抗干扰保护

风电场控制系统的主要干扰源有：工业干扰如高压交流电场、静电场、电弧、晶闸管等；自然界干扰如雷电冲击、各种静电放电、磁爆等；高频干扰如微波通信、无线电信号、雷达等。这些干扰通过直接辐射或由某些电气回路传导进入的方式进入到控制系统，干扰控制系统工作的稳定性。从干扰的种类来看，可分为交变脉冲干扰和单脉冲干扰两种，它们均以电或磁的形式干扰控制系统。

参考国家(国际)关于电磁兼容(EMC)的有关标准，风电场控制设备也应满足相关要求。

6. 接地保护

接地保护是非常重要的环节。良好的接地将确保控制系统免受不必要的损害。为了达到安全保护的目的，在整个控制系统中通常采用的几种接地方式有：工作接地、保护接地、防雷接地、防静电接地、屏蔽接地。接地的主要作用一方面是保证电器设备安全运行，另一方面是防止设备绝缘被破坏时可能带电，以致危及人身安全。同时能使保护装置迅速切断故障回路，防止故障扩大。

7. 低电压穿越能力

此部分内容将在 2.7 节详细介绍。

2.7　风力发电机系统低电压穿越

2.7.1　低电压穿越的基本概念及相关规范

风力发电的大规模利用方式主要是并入电网。众所周知，大型负载切入、人为误操作、自然灾害等都可能引起风电场并网点的电压跌落，产生低电压故障。当风电装机比例较低时，在电网发生故障及扰动时可允许风力发电机组从电网切除，不会引起严重后果。但随着风电场容量的不断增大，风力发电在电网中所占的比重逐渐增加，当风电装机比例较高时，高风速期间，由于电网故障引起的大量风电切除将会导致系统潮流的大幅度变化甚至可能引起大面积停电，从而带来频率和电压的稳定问题。为应对大规模风电接入对电力系统运行的可靠性、安全性与稳定性的影响，除加强相应的电网建设，增加电网的调控手段外，还需对风电场接入电力系统的技术要求做出相应规定，其中风力发电机组的低电压穿越是风电接入电网稳定问题中的重点。

所谓低电压穿越(Low Voltage Ride Through，LVRT)是指由于电网故障或扰动引起风电场并网点的电压跌落时，在一定电压跌落的范围内，风力发电机组能够不间断并网运行，并向电网提供一定无功功率，支持电网电压恢复，直到电网恢复正常，从而"穿越"这个低电压时间(区域)。

目前，在一些风力发电占主导地位的国家，如丹麦、德国等都制定了新的电网运行准则，定量地给出了风力发电机组脱网的条件。不同国家和地区所提出的低电压穿越要求不尽相同，但大致都包含三方面要求，即不脱网连续运行、快速有功恢复以及尽可能提供无功电流。

我国国家能源局于 2011 年 7 月 28 日批准了行业标准 NB/T31003—2011《大型风电场并网设计技术规范》，自 2011 年 11 月 1 日起实施。下面结合该标准，介绍对风力发电机组低电压穿越的要求。

风力发电机组低电压穿越要求如图 2-60 所示，发电场并网点电压在图中轮廓线及以上的区域内时，场内风力发电机组必须保证不间断并网运行；并网点电压在轮廓线以下时，场内风力发电机组允许从电网切出。

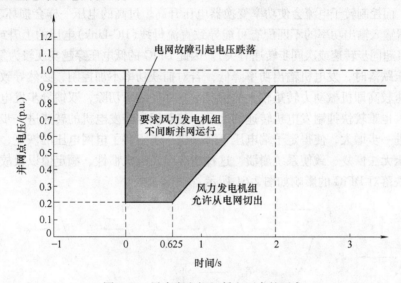

图 2-60　风力发电机组低电压穿越要求

该标准对风电场低电压穿越做出了明确规定：

1）风力发电机组具有在并网点电压跌至 20% 额定电压时能够维持并网运行 625ms 的低电压穿越能力。

2）风电场并网点电压在发生跌落后 2s 内能够恢复到额定电压的 90% 时，风力发电机组应具有不间断并网运行的能力。

3）在电网故障期间没有切出的风力发电机组，在故障清除后其有功功率应以至少 10% 额定功率每秒的功率变化率恢复至故障前的状态。

2.7.2　低电压对风力发电机组的影响

当并网点电压跌落时，风力发电机组为什么要从电网切出呢？如果不切出，会有什么后果？这就要了解低电压对风力发电机组的影响。

当并网点电压突然跌落时，输出电功率随之减小，风力发电机组的输入输出功率失去平衡，从而引起一系列电磁和机电暂态过程，对风力发电机组产生不利影响。不同类型风力发电机组的暂态过程及其导致的影响不尽相同。下面主要对目前获得广泛应用的双馈异步发电机组和永磁同步发电机组进行分析。

1. 双馈异步发电机组

双馈异步发电机组（DFIG）的定子侧直接连接电网，这种直接耦合使得电网电压的降落直接反映在发电机定子端电压上，首先导致定子电流增大；又由于故障瞬间磁链不能突变，定子磁链中将出现直流分量（不对称跌落时还会出现负序分量），在转子中感应出较大的电动势并产生较大的转子电流，导致转子电路中电压和电流大幅增加。定、转子电流的大幅波动，会造成 DFIG 电磁转矩的剧烈变化，对风力机、齿轮箱等机械部件构成冲击，影响风力发电机组的运行和寿命。

DFIG 转子侧接有 AC-DC-AC 功率变换器，其电力电子器件的过电压、过电流能力有限。如果对电压跌落不采取控制措施限制故障电流，较高的暂态转子电流会对脆弱的电力电子器件构成威胁；而控制转子电流会使功率变换器电压升高，过高的电压一样会损坏功率变换器，且功率变换器输入输出功率的不匹配有可能导致直流母线（DC-Link）电压的上升或下降（与故障时刻发电机超同步转速或次同步转速有关）。因此 DFIG 的低电压穿越实现较为复杂。

定子电压跌落时，发电机输出功率降低，若对捕获功率不加控制，必然导致发电机转速上升。在风速较高即机械动力转矩较大的情况下，即使故障切除，双馈异步发电机的电磁转矩有所增加，也难较快抑制发电机转速的上升。使双馈异步发电机的转速进一步升高，吸收的无功功率进一步增大，使得定子端电压下降，进一步阻碍了电网电压的恢复，严重时可能导致电网电压无法恢复，致使系统崩溃，这种情况与发电机惯性、额定值以及故障持续时间有关。电压跌落对 DFIG 的影响如图 2-61 所示。

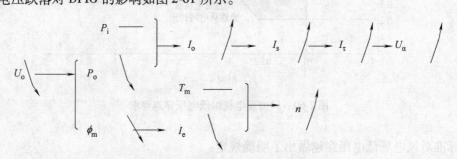

图 2-61 电压跌落对 DFIG 的影响

2. 永磁同步发电机组

对于永磁同步发电机组（PMSG），定子经 AC-DC-AC 功率变换器与电网相接，发电机和电网不存在直接耦合。电网电压的瞬间降落会导致输出功率的减小，而发电机的输出功率瞬时不变，显然功率不匹配将导致直流母线（DC-Link）电压上升，这势必会威胁到电力电子器件安全。如采取控制措施稳定 DC-Link 电压，必然会导致输出到电网的电流增大，过大的电流同样会威胁功率变换器的安全。当功率变换器直流侧电压在一定范围波动时，发电机侧功率变换器一般都能保持可控性，在电网电压跌落期间，发电机仍可以保持很好的电磁控制。所以 PMSG 的低电压穿越实现相对 DFIG 而言较为容易。

2.7.3 低电压穿越技术

1. 低速直驱永磁同步风力发电机组的低电压穿越技术

电压跌落期间 PMSG 的主要问题在于能量不匹配导致直流电压的上升，可采取储存或消耗多余的能量以解决能量的匹配问题。

首先，在功率变换器设计方面，选择器件时放宽电力电子器件的耐压和过电流值，并提高直流电容的额定电压。这样在电压跌落时可以把 DC-Link 的电压限定值调高，以储存多余的能量，并允许网侧功率变换器的电流增大，以输出更多的能量。但是考虑到器件成本，增加器件额定值是有限度的，而且在长时间和严重故障下，功率不匹配会很严重，有可能超出器件容量，因此这种方法较适用于短时的电压跌落故障。

其次，在风力发电机组控制方面，可减小 PMSG 电磁转矩设定值，这样会引起发电机的转速上升，从而利用转速的暂时上升来储存风力机部分输入能量，减小发电机的输出功率。同时，可以采取变桨控制，从根本上减小风力机的输入功率，有利于电压跌落时的功率平衡。

最后，可以考虑采用额外电路的单元储存或消耗多余能量。图 2-62 给出了两种外接电路单元实现低电压穿越的方案。图 2-62a 所示为采用 Buck 变换器，直接用电阻消耗多余的 DC-Link 能量；图 2-62b 所示为在 DC-Link 上接一个储能系统，当检测到直流电压过高则触发储能系统的 IGBT，转移多余的直流储能，故障恢复后将所储存的能量馈入电网。

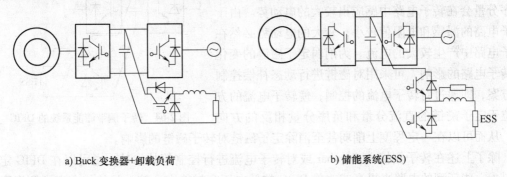

a) Buck 变换器+卸载负荷　　　　　　　　b) 储能系统(ESS)

图 2-62　两种 PMSG 低电压穿越方案

2. 双馈异步风力发电机组的低电压穿越技术

与 PMSG 相比，DFIG 在电压跌落期间面临的威胁更大。电压跌落出现的暂态转子过电流、过电压会损坏电力电子器件，而电磁转矩的衰减也会导致转速的上升。

DFIG 较常用而又有效的低电压穿越技术是在转子上外接一个 Crowbar 电路，如图 2-63 所示。当电网电压跌落时，通过电阻短接转子绕组以旁路机侧功率变换器，为转子侧的浪涌电流提供一条通路。适合于 DFIG 的 Crowbar 电路有多种拓扑结构，图 2-63 中给出了较常见的两种电路。各种转子侧 Crowbar 的控制方式基本相似，即当转子侧电流或直流母线电压增大到预定的阈值时触发导通开关器件，同时关断机侧功率变换器中所有开关器件，使得转子故障电流流过 Crowbar。Crowbar 中电阻值的选取

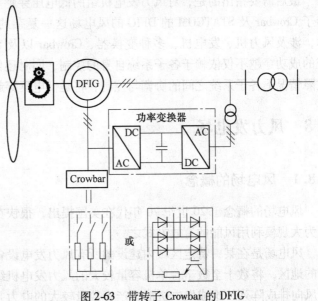

图 2-63　带转子 Crowbar 的 DFIG

较为重要，Crowbar 串入转子后的 DFIG 可简单地视为绕线转子异步发电机，Crowbar 阻值越大，转子电流衰减越快，电流、转矩振荡幅值也越小。但阻值过大又会在转子侧功率变换器带来过电压，起不到保护转子功率变换器的作用。

在 DFIG 转子中接入 Crowbar 电路，虽然保护了功率变换器，但并未改变发电机的电流、转矩特性，因此，转矩波动和机械应力比较大；转子短路后，作为一异步发电机，要从电网吸收无功功率，不利于电网故障的恢复。因此，往往要与其他方法配合，才能获得好的效果。

由于 DC-Link 会出现过电压、欠电压，因此可以考虑与 PMSG 一样在 DC-Link 上接储能系统（ESS），以保持 DC-Link 电压稳定，如图 2-64 所示。

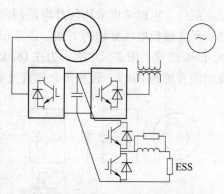

电网电压跌落时，定子磁链中出现的直流分量和负序分量会在转子电路中感应出较大的电动势。由于转子电路的漏感和电阻值较小，较大的电动势必然在转子电路中产生较大的电流。为削弱定子磁链的变化对转子电路的影响，可采用对磁链进行动态补偿控制的方案，即通过对转子电流的控制，使转子电流的方向位于定子磁链的直流分量和负序分量相反的方向

图 2-64　转子侧带储能系统的 DFIG

上，从而可以在一定程度上削弱甚至消除定子磁链对转子磁链的影响。

除了上述在转子侧接入 Crowbar 或对转子电流进行控制等技术外，也可以在 DFIG 定子侧引入一些新型的电路来提高或改善 DFIG 的低电压穿越能力，较常见的如在定子侧串联无源阻抗或动态电压恢复器等。此外，在并网点接入动态无功补偿设备，如 SVC（静止无功补偿设备）、STATCOM（静止同步补偿器）等，也是较为有效的低电压穿越手段。在低电压期间，还可向电网注入较大的无功电流，以满足风电场并网准则中对低电压穿越过程动态无功电流注入的要求。

最后需要指出的是，对风力发电机组的低电压穿越要求增加了风力发电成本，而且，含转子 Crowbar 及 STATCOM 的 DFIG 的风电场这一复杂的多变量非线性系统的低电压穿越技术，涉及风力机、发电机、多种变换器、Crowbar 以及 STATCOM 的控制，最终实现整体系统的成功穿越不仅依赖于各子系统自身的控制，同时还依赖于它们相互间的协调。如何实现故障情况下各子系统之间的协调与控制，将是低电压穿越成功与否的关键。

2.8　风力发电场

2.8.1　风电场的概念

风电场的概念于 20 世纪 70 年代在美国提出，很快在世界各地普及。如今，风电场已经成为大规模利用风能的有效方式之一。

风电场是在某一特定区域内建设的所有风力发电设备及配套设施的总称。在风力资源丰富的地区，将数十至数千台单机容量较大的风力发电机组集中安装在特定场地，按照地形和主风向排成阵列，组成发电机群，产生数量较大的电力并送入电网，这种风力发电的场所就

是风电场。

　　风电场具有单机容量小、机组数目多的特点。例如，建设一个装机容量 10 万 kW 的风电场，若采用目前技术比较成熟的 1.5 ~ 10MW"大容量"机组，也需要 10 ~ 67 台风电机组。建在内陆、海岸、海面的风电场，分别如图 2-65 ~ 图 2-68 所示。

图 2-65　德国的内陆风电场

图 2-66　甘肃酒泉风电场

图 2-67　江苏海安海岸风电场

图 2-68　离岸近海风电场

2.8.2　陆地风电场

1. 风力发电机的安装地点的选择

　　这里所说的安装地点，是指对单台风力发电机而言，不是指成群机组的集中安装位置。

　　为了充分利用风能资源，让风力机多做功、少损坏，选择好风力机的安装地点是至关重要的。选择安装地点时经常有以下三方面情况应予考虑：①风能资源与气象条件；②地形地貌；③建筑物。

（1）从风力资源与气象条件考虑

1）选择风能比较丰富的地域。对于大、中型风力机，当地年平均风速应大于5m/s；对于小型风力机，当地年平均风速应大于3m/s，一年内有效风速时间应大于2000h。在安装风力机地域范围已定时，宜选择风速较大的地点，如山口、隘口、河谷、开阔地、草原等。

2）一年四季里，有相对比较稳定的风向，风向变化频率不宜太频繁。避开落雷区。

（2）从地形地貌考虑

1）尽量避开高山、森林等对风速影响较大的地区。当风力机安装在比较平坦的地域，以安装地点为中心，在半径0.5～1km（小型风力机可缩至0.4km）的圆圈内应无明显障碍物。若有丘陵、树林时，应按图2-69所示处理。

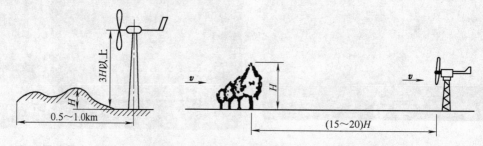

图2-69　风力机与丘陵、树林的安装距离

2）气流经过台地或山地时，形成绕流运动（见图2-70），出现加速区和紊流时要选择风速最高地段安装风力机，切记不要安装在紊流区内。

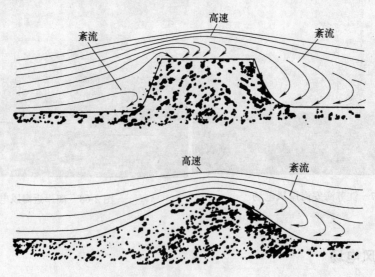

图2-70　气流经过台地和山地

3）风力机应安装在交通、联络比较方便的地方。

（3）从建筑物方面考虑

1）风经过建筑物时，流动方向发生变化（见图2-71），并在建筑前方和后方形成紊流区。风力机若安装在建筑物的上风向时，与建筑物的距离应远于建筑物高度的2倍；若安装在下风向时，应远于建筑物高度的15倍。

2）当风力机须安装在房顶上时，要考虑它在顶面上的位置（见图2-72）；并要求风力机的高度一般要大于房屋的高度。并且同时要考虑房屋承重的能力、风力机的噪声以及风轮叶片毁坏时可能对人体的影响。

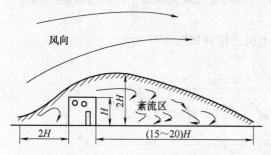

图2-71 风力机的位置与建筑物的关系

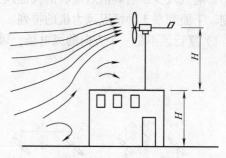

图2-72 在建筑物上安装风力发电机示意图

2. 风电场

风电场是大规模利用风能的有效方式。风电场（即风力发电场）是在风能资源良好的大面积范围内，将几台、或几十台、或几百台单机容量数十千瓦、数百千瓦，乃至数兆瓦的风力发电机，按一定的阵列布局方式成群安装组成的群体向电力网供电。

（1）选择风电场的场址需考虑的因素和条件

1）建立风电场地区的风能资源应丰富，年平均风速应在6~7m/s以上；风能密度应达到250W/m² 以上。

2）建立风电场地区的盛行风向（经常出现的风向）稳定。

3）测量和收集预选风电场址（至少2年）的风况特性（包括风速、风向、风频及风速沿高度的变化等），以便对场内安装的风力发电机的发电量做出精确的估算。

4）对预选风电场址所在地区的气象环境情况（如温度、相对湿度、大气压力、空气密度）及特殊气象情况（如大风、冰冻、灰沙、雷电、紊流等）有详细的观测数据及资料。

5）对风电场地区的地形、地貌（如地表面摩擦系数）、障碍物（如建筑物）等有详细的资料。

6）风电场应距公路较近，这将关系到风电设备的运输，并进而影响风电场工程费用。

7）风电场应距地区电力网较近（这同样将影响风电工程费用）；规划出风电场送入地区电力网的最大电功率与地区电力网总容量的比例，即风电的最大透入率，以便确定风电场风力发电机组的输出对公用电网的影响。

8）风电场应距居民点有一定的距离，以降低对居民生活的影响，主要是噪声及对电磁波的干扰。

9）风电场占用的土地面积要少，要尽量减少对耕地的占用。

（2）风电场内风力发电机的排列

在风电场中，风力发电机的排列布局是一个非常重要的问题。几十台以至几百台风力发电机安装位置排列的情况将直接影响到风电场实际发电量的多少。

风力发电机在风电场中的布局排列取决于风电场地域内的风速、风向、地形，风力机结构(如风轮直径 d)、风轮的尾流效应、风轮对侧面(旋转平面方向)气流的影响等因素,其中尾流效应是一个必须慎重考虑的因素。所谓尾流效应是指气流经过风轮旋转面后所形成的尾流,对位于其后的风轮机的功率特性和动力特性所产生的影响。

风电场风力发电机的排列形式多种多样,但都是以任何一台风力机风轮转动接收风能,而不影响或较少影响其前后左右的其他风力发电机风轮接收最大风能,并且占地越少越好为原则。下面列举 3 种情况风力机的排列。

1) 盛行风不是一个方向的风电场,风力发电机的排列如图 2-73 所示。

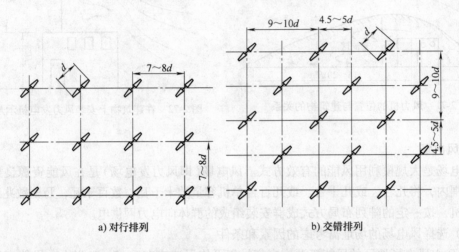

a) 对行排列　　　　　　　　　　b) 交错排列

图 2-73　盛行风不是一个方向时风力发电机的排列

2) 盛行风向基本不变的风电场,风力发电机的排列如图 2-74 所示。

3) 迎风山坡的风力发电机排列,其高度差要求如图 2-75 所示,其风力机左右、前后距离要求,参考图 2-73 和图 2-74。

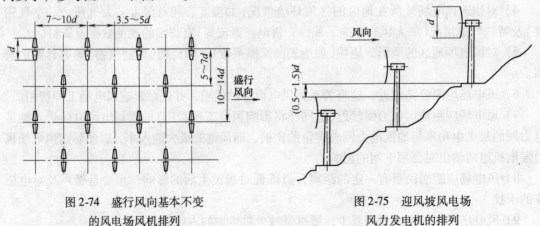

图 2-74　盛行风向基本不变　　　　　图 2-75　迎风坡风电场
　　　的风电场风机排列　　　　　　　　　风力发电机的排列

2.8.3　海上风电场

相对陆地风电场,海上风电场与它的区别主要在坐落地址的不同,相应地针对海上场址相对陆地风电场有很大不同，所以本节重点针对海上风电场的选址展开讨论。

1. 海上风电场场址勘测

（1）海上风电场场址勘测的作用

海上风电场现场勘查的技术内容包括：①通常采用声纳计全面测量海上风电场场址和拟定送出海底电缆路线等区域的水深，绘制等水深地图，为微观选址和送出路线设计提供依据；②收集场址各处的海底表层土壤数据；③海底钻孔勘察，深度在 20～40m，了解海底地质情况；④现场测量波浪、潮汐和海流等数据，用于计算风电机组的基础等水下建筑物的水动力学载荷。海上风电场场址勘测的作用如下：

1）为设计风电机组的基础提供依据。海上风电场基础占整个工程成本的 20%～30%，基础的设计与地质及地理学条件有关，涉及测海学和海洋气象学，分析结构流体动力载荷。通过场址勘测可以将因不可预测的现场自然条件引起的潜在危险降到最低。

2）为评估环境的影响提供依据，涉及对自然环境、生物、社会经济和文化的影响等。

（2）海上风电场场址地质及地理学勘测

1）地质及地理学勘测包括资料收集，地质、地理初步调查，项目初步安排，编制现场调查计划，现场勘测和实验室测试等。

2）资料收集来源于已有信息及分析比较现有的信息。其中，已有信息包括地质地图，地质勘探数据，已建工程、电缆/管道铺设、油/气勘探，水文地理，空中摄影信息等。

3）项目初步安排，综合考虑自然条件的限制，如对比海床高度历史—时间序列，水深，并网连接，生态学限制；同时，初步布局风电场场址，如确定场址面积、风电机组布局、电缆线路等。

4）经过现场调查、计划编制、风险与成本的对比研究等，为初步设计提供数据信息以及数据适用范围等；气候及现场实施条件考察；选择承包商和施工船舶等。

5）现场勘测，声纳探测，涉及风电机组及其周边区域，对于部分重要区域采用小间隔纵横交错的声纳探测，对于偏远地区则采用大间隔声纳探测，同时，还涉及打孔之间的区域，以及打孔的位置等。

6）现场勘测，获得海底剖面信息；扫描声纳侧面，利用数字全球定位系统进行排列布置，提供地层剖面信息；采用地磁仪，利用数字全球定位系统进行排列布置，提供金属异物信息等；打孔采用壳钻或旋转钻探，打孔网络根据当地情况确定，针对 30～40m 打孔深度，可采用自升式钻塔平台钻机等。

2. 海上风电场微观选址的目标

如何在风电场内布置风电机组发出更多的电量，以获得最佳的经济效益，是风电场微观选址工作的重点。目前，国内风电场建设过程中的微观选址工作主要依赖电力设计院和设备供应商，大都采用丹麦国家实验室编制的风资源应用及分析软件——WasP，分析风电场的风资源，然后运用各种风电场优化设计软件，如 WindPro、WindFarmer 等优化设计风电机组的排布。由于 WasP 软件是丹麦国家实验室根据欧洲的地形特点开发的风资源应用分析软件，针对我国各地复杂地形的应用存在局限性，例如，不能够准确地计算复杂地区的风资源状况。

由于国外风电技术起步较早，技术相对成熟。无论是陆地上的各种风电场还是海上风电场，均有大量的统计数据作为参考，且针对各种应用软件如 WasP，开发者均已做过大量实验，可以根据其具体的应用场合准确地进行修正或调整参数，获得准确的计算结果。

WAsP 软件适用于平原地形、不适合用于复杂地形的风资源分析，为了准确地分析复杂地区的风资源，往往需要修正 WAsP 软件分析结果，或开发新的、能够适合用于复杂地区风资源分析的系统软件。

风电场优化设计软件以德国 GH 风电场优化设计软件 WindFarmer 为主，该软件包括基础模块、视觉影像模块、噪声、电气模块，以 WasP 软件的风资源分析为输入条件，风电场的优化结果直接受 WasP 影响。能够用于设计、分析、优化风电场，计算风电场的能量产出和模拟地形及尾流对能量产生的影响，并通过优化风电机组在风电场的排布，最大化风电场的能量产出，同时使得能量损失降到最小。

在实际应用中，往往需要针对不同地质地形环境，结合不同风资源分布计算软件的特点进行优化设计。实际地形测量以及地质勘测不仅与实际风力评估有直接关系，还对风电机组的优化排列、架设安装有直接的影响。通过分析不同地质地形环境下对于微观选址的影响，还涉及基于 CFD 技术的风资源评估方法和考虑地质地形条件的风电机组排列优化技术两个方面。

我国也在积极开发风电场风能及发电量分析计算软件，主要功能接近于 WasP 软件，这些软件以风电场测风数据验证系统为基础，通过模式计算求得风电场区域内任意空间位置的风资源参数，为建设风电场提供理论依据。在作微观选址时，对噪声和视觉的影响考虑较少，也没有明确的标准或规定指出排列风电机组时对道路、输电线路、房屋等的距离要求、噪声影响和视觉影响要求。

3. 海上风电场微观选址技术

（1）主要技术内容

1）风电场复杂地形风资源情况研究。

根据海上风电场安装的测风塔获得的数据，研究对风速变化规律的影响。

2）风电场经济性建设研究。

根据安装的风电机组特征（数量、容量、类型、高度等参数），利用风电场微观选址软件，修正、估算影响风电机组发电量的相关参数，优化布局风电机组，达到充分利用风资源、获得最大发电量的目的。

3）风电场安全运行研究。

通过风电场经济性建设研究优化风电场。但是，考虑到已确认的微观选址方案中存在因个别相邻两台风电机组行距过小（小于 5 倍的叶轮直径），自沿主流风向，前面的风电机组的尾流势必会影响后面的风电机组，需要对后面的风电机组进行安全可靠性分析。

（2）技术难点

1）测风数据不完整，因此，需要研究各类风电场原始风资源数据补充修正方法。

2）针对不同地区、不同风资源情况，确定各个修正参数和修正计算结果。

3）确定风电场上网电量估算时的各项修正系数值，准确估算不同风电场的发电量。

4）分析、评价风电机组间的作用对风电机组安全可靠运行的影响。

4. 应用案例

以上海东海大桥海上风电场设计为例，根据主招标文件确定的场址范围，该风电场可布置在如图 2-76 所示上海东海大桥的东西两侧、距岸线 8～13km 范围的上海海域内。

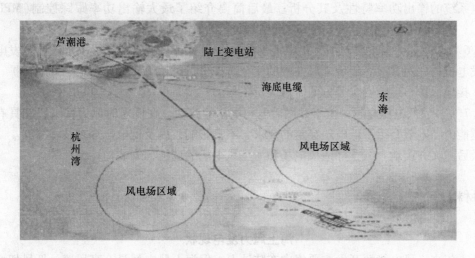

图 2-76　上海东海大桥海上风电场场址示意图

该风电场微观选址及结果如下：

1）风电场微观选址受到周边条件的约束比较多。该项目所在地南汇芦潮港为上海市海底管线集中登陆点之一，通信、电力、油气、LNG 等海底管线和通航航道密集。风电场东侧有 LNG 的海底管线，还有一条 1000t 的航道穿梭，北侧有光电缆区域，南侧涉及浙江的海域，造成实际工程存在诸多矛盾。

2）选择东海大桥东侧场址可以利用的海域面积大，单机容量较大的风电机组在这一侧海域既可完全布置，又可减少电缆、施工方面的费用，同时，还有利于风电场运行管理、场址资源综合利用以及风电场扩容。

3）选用 3MW 机组，并在大桥东侧海域建设 102MW 的风电场。

该风电场选址在大桥东侧海域，缺点是不能够避开航道穿越问题，给基础设计提出了新的要求，如防撞等。

小结

本章首先从风的概念开始，介绍了涉及风的一些名词解释，如风速、风向、风能密度等。并简要介绍了常规风力发电系统的基本结构和原理。

2.3 节介绍风力发电系统的机械传动部分，即风力机及其控制知识。从风力机的类型开始，对风力机工作原理及其数学和力学分析，给出了定桨距与变桨距、恒速与变速、失速控制与变桨控制等结构下不同风力机的运行和控制方法，还包括变桨系统和偏航系统的介绍。特别注意风能利用系数、叶尖速比、桨距角等风力机的基本概念。

2.4 节详细介绍了三大类风力发电机，它们都是从传统电机转变而来的，分别是：笼型异步发电机、直驱永磁同步发电机、双馈绕线转子异步发电机。

2.5 节针对风力机与发电机及传动系统构成的风力发电系统的运行与控制展开讨论。从起动和制动方法，偏航系统运行和控制方法，到定桨距恒速、变桨距恒速、变桨距变速等三类发电系统的输出功率特性及其分析。最后简要介绍了最大输出功率跟踪控制（MPPT）方法。

2.6 节涉及风力发电系统所发出电能的并入大电网问题，分别介绍了永磁同步发电机和异步发电机的并网方法。最后针对并网的安全防护进行了讨论，针对雷电、掉电保护、干扰抑制、接地保护、运行安保等方面需做大量工作。

2.7 节讲述低电压穿越，由于并网后电网电压的波动，在低压时风力发电机应具有低电压穿越能力，本节介绍了低电压穿越的要求、不良影响，以及低电压穿越技术简介。

最后图文并茂地介绍了陆地风电场和海上风电场的选址、安装地点设计等。

阅读材料

海上风力发电现状

几十年来，风电能源开发主要集中在陆地上。但海上风电场具有高风速、低风切变、低湍流、高产出等显著优点，在未来的风电产业中将占据越来越重要的地位。

海上年平均风速明显大于陆地。研究表明，由于海面的粗糙度较陆地小，离岸 10km 的海上风速比岸上高 25% 以上。海上风边界层低，即风速度梯度较城市中心、城郊村庄大，故海面上塔高可以适当降低。

1. 海上风力发电机组的发展现状

1）单机容量兆瓦化，并向 10MW 化迈进。1980 年商业化风力机的单机容量仅为 30kW，叶轮直径为 15m，而目前世界最大的海上风力机单机容量达到了 7MW，叶轮直径达 150m。从目前的发展来看，风力机设备的大型化还没有出现技术限制，即单机容量将继续增大。

2）由浅海走向深海。浅海区域的风电场具有安装维护方便、成本较低的特点。然而，随着海上风电技术的发展，浅海域风电场的建设远远不能满足风能发展的要求，风电场走向深海已成为必然趋势。这样会极大丰富海上风能，迅速提高海上风电的供电能力。

3）液压变桨与电气变桨并存。液压变桨低温性能好，响应速度快，对系统的冲击小，成本较低，并且备品备件较少，故障率较低。电气变桨不存在液压油泄漏，环境友好，技术成熟。国内普遍采用电气变桨技术，而国外主要采用液压变桨技术。

4）直驱系统。齿轮箱很容易出现故障。直驱系统没有齿轮箱，采用了风轮与发电机直接耦合的传动方式，从而提高了风电机组的可靠性和效率。同时发电机采用多极同步电机，通过全功率变频装置并网。

5）叶片技术的不断改进。对于 2MW 以下风力机，可以通过增加塔高和叶片长度来提高发电量，但对于特大型风力机，这两项措施可能大大增加运输和吊装难度。新型高效叶片的气动特性在设计中不断得到优化，使得湍流受到抑制，发电量提高。另外，由于海上风电场不受噪声和视觉影响的限制，"两叶片"风力机越来越受到关注。此举可减少叶片数量和轮毂设计的复杂性，有利于减少台风等破坏性风速对风力机的影响，但其可靠性还需进一步加强。

6）永磁同步发电机。永磁同步发电机无需励磁绕组和直流电源，也不需要集电环电刷，结构简单，技术可靠性高，对电网运行影响小。大型风力机越来越多地采用永磁同步发电机。通常，同步发电机与全容量变流器结合可以显著改善电能质量，减轻对低压电网的冲击，保障风电并网后的电网可靠性与安全性。与双馈式风力机相比，全容量变流器更易于实现低电压穿越运行。

2. 欧洲海上风力发电发展现状

欧洲大陆海岸线长 37 900km，是世界上海岸线最曲折的一个洲。欧洲绝大部分地区气候具有温和湿润的特征，是世界上温带海洋性气候分布面积最广的一个洲。优越的地理和气候条件为发展海上风电提供了良好的基础。

欧洲是海上风电发展的领头羊。近年来欧洲海上风电建设已掀起新热潮，丹麦首先发起海上风电场建设。英国、丹麦、瑞士、德国、爱尔兰、法国、荷兰和比利时等国家已经有明确的海上风电场发展计划。

海上风能利用具有一定的特殊性。海上风力发电装备安装地点的海水比较深，距离海岸较远。海上风力发电装备的功率应比陆地装备的功率大，对产品的运行可靠性和技术质量要求也比陆地的装备高。自 1991 年丹麦安装第一台海上风电机组开始，欧洲的海上风电行业已经有 20 多年的发展，积累了一定的经验。我国在发展海上风力发电时，借鉴国外的经验是很有必要的。

3. 中国海上风力发电发展现状

海上风电已成全球风电发展的最新前沿，世界各国都将其作为可再生能源开发利用的重要方向。我国东部沿海地区一方面经济发达，电力需求旺盛，常规能源缺乏，环保要求高；另一方面海上风能资源丰富，建设条件好，能够缓解能源供应紧张局面，带动海洋经济和装备制造发展，改善当地生态环境。加快推进海上风电建设同时也是保障我国能源安全，满足能源可持续供应，促进节能减排的必然要求。

国外海上风力发电技术已日趋成熟，而我国海上风能的开发刚刚起步。中国东部沿海水深 2~25m 的海域面积辽阔，可利用的海上风能约是陆上的 3 倍，达到 7 亿 kW，而且距离中国东部尤其东南部电力负荷中心很近。

在国家海上风电政策的带动下，从 2007 年中海油在渤海开发建设 1.5kW 的实验开始，截止 2014 年初，中国海上风电已经投产 38.9 万 kW，仅次于英国、比利时、德国、丹麦等，位居世界海上风电第五位。这几年中国海上风电主要开发了上海东海大桥的 10 万 kW、江苏如东 3.52 万 kW 等主要的海上风电项目。江苏、山东、福建、广东、海南、浙江、河北都在规划建设海上风力发电场。

2014 年，国家出台海上风电电价机制，为海上风电发展注入了实际可操作性的真正发展活力！各地新的五年计划中，江苏、上海、山东、福建、广东等省市均已蓄势待发，可以预期，海上风电发展的井喷将自 2015 年起的至少十余年内发生。

习　题

1. 描述风能的参数一般有哪些？
2. 简述风力发电系统的构成及其基本特点。
3. 简述垂直轴与水平轴风力机的优缺点。
4. 什么是风力机的失速？
5. 简述叶尖速比的概念及其重要意义。
6. 风能利用系数都与哪些参数有关？

7. 简述风力机的功率控制方法。

8. 简述风力机变桨系统与偏航系统的作用。

9. 简述三种常用于风力发电系统的发电机的特点和适用性。

10. 双馈异步风力发电机的运行原理是什么?

11. 变桨距变速风力发电机组的优点主要是什么?

12. 简述最大功率点跟踪控制的方法及其特点。

13. 同步风力发电机组并网方法有哪些? 有何特点?

14. 简述异步风力发电机组的并网方法。

15. 什么是低电压穿越? 低电压穿越主要规范是什么?

16. 简述双馈异步发电机组的低电压穿越方法。

第3章　太阳能发电及其控制

关键术语：

　　太阳能、光电效应、光伏电池、MPPT、光伏离网系统、光伏并网系统、太阳能热发电、风光互补发电。

学过本章后，读者将能够：

　　了解太阳能及其利用过程；

　　熟悉太阳能光伏发电的结构和原理；

　　掌握硅系光伏电池原理及特性；

　　理解光伏电池最大功率点跟踪控制方法；

　　熟悉离网光伏发电与并网光伏发电的基本设计与计算方法；

　　理解太阳能热发电的结构和原理；

　　理解风光互补发电系统的结构特点。

引例

　　太阳能，这种人类面对的最广泛的可再生能源来源，在地球生态面临困境、人类对能源需求又与日俱增的时代，太阳能这种洁净环保能源显得非常可贵。今天，人类已经意识到它，它的利用已经开始呈井喷之势陆续出现在我们生产生活的各个领域。图 3-1 给出了目前我们常见的一些应用领域。

a) 布满太阳能热水器的居民楼顶

b) 城市中常见的太阳能光伏供电的路灯

c) 利用太阳能发电驱动的玩具车

d) 越来越多的太阳能光伏供电的屋顶

图 3-1　太阳能的利用

3.1 太阳能及其利用

3.1.1 太阳的辐射

1. 太阳概况

太阳是太阳系的中心天体，是离地球最近的一颗恒星。它是一个炽热的气态球体，直径约为 1.39×10^6 km，质量约为 2.2×10^{27} t，为地球质量的 3.32×10^5 倍，它的质量是整个太阳系的 99.865%，体积则比地球大 1.3×10^6 倍，平均密度为地球的 1/4。太阳也是太阳系里唯一自己发光的天体。如果没有太阳的照射，地球的地面温度将很快降低到接近热力学温度 0K，人类及大部分生物将无法生存。

太阳主要是由气态的氢（约 80%）和氦（约 19%）组成。太阳内部持续进行着氢聚合成氦的核聚变反应，不断地释放出巨大的能量，并以辐射和对流的方式由核心向表面传递热量，温度也从中心向表面逐渐降低。

2. 太阳的活动及辐射

昼夜是由于地球自转而产生，而季节是由于地球的自转轴与地球围绕太阳公转轨道的转轴呈 23°27′ 的夹角而产生的。地球每天绕着通过南极和北极的"地轴"自西向东逆时针自转一周，每转一周为一昼夜，所以地球每小时自转 15°。地球除自转外，还循着偏心率很小的椭圆轨道每年绕太阳运行一周。地球自转轴与公转轨道面的法线始终成 23°27′。地球公转时自转轴的方向不变，总是指向地球的北极。因此地球处于公转轨道的不同位置时，太阳光投射到地球上的方向也就不同，于是形成了地球上的四季变化。地球绕太阳运行示意图如图 3-2 所示。每天中午时分，太阳的高度总是最高。在热带低纬度地区（赤道与南北纬度 23°27′ 之间的地区），一年中太阳有两次垂直入射，太阳总是靠近赤道方向。在北极和南极地区以及南北纬度 23°27′ ~ 90° 之间的地区，冬季太阳低于地平线的时间长，而夏季是高于地平线的时间长。

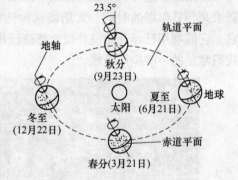

图 3-2　地球绕太阳运行示意图

虽然地球以椭圆形轨道绕太阳运行，太阳与地球之间的距离不是一个常数，但由于日地间距离太大（平均距离为 1.5×10^8 km），所以地球大气层外的太阳辐射强度几乎是一个常数。因此人们就采用所谓"太阳常数"来描述地球大气层上方的太阳辐射强度，它是指平均日地距离时，在地球大气层上界垂直于太阳辐射的单位表面积上所接受的太阳辐射能，通过各种先进手段测得的太阳常数的标准值为 1353W/m²。

太阳辐射是地球表层能量的主要来源。太阳光线与地平面的夹角称为太阳高度角，它有日变化和年变化。太阳高度角越大，则电压辐射越强。

地面辐射的时空变化特点是：①全年以赤道获得的辐射最多，极地最少，这种热量不均匀分布，必然导致地表各纬度的气温产生差异，在地球表面出现热带、温带和寒带气候；②太阳辐射夏天大冬天小，它导致夏季温度高而冬季温度低。到达地面的太阳辐射主要受大气层厚度的影响,大气层越厚,地球大气对太阳辐射的吸收、反射和散射就越严重,到达地面的太阳辐射就越少。此外大气的状况和大气的质量对到达地面的太阳辐射也有影响。

显然,地球上不同地区、不同季节、不同气象条件下,到达地面的太阳辐射强度都是不相同的。热带、温带和寒冷地带的太阳平均辐射强度见表3-1。

表 3-1 热带、温带和寒冷地带的太阳平均辐射强度

气候地带	太阳平均辐射强度	
	$kW \cdot h/(m^2 \cdot d)$	W/m^2
热带、沙漠	5~6	210~250
温带	3~5	130~210
阳光极少地区(美国阿拉斯加)	2~3	70~130

每年地球获得的太阳辐射能量达 173 000TW,地球上的生物依赖这些能量维持生存。虽然太阳能资源总量相当于现在人类所利用的能源的一万多倍,但在地球上太阳能的能量密度低,而且它因地而异、因时而变,使得开发和利用太阳能面临许多问题,这些特点使太阳能的利用在整个综合能源体系中的作用受到一定的限制。

尽管太阳辐射到地球大气层的能量仅为其总辐射能量(约为 3.75×10^{26} W)的 22 亿分之一,但已高达 173 000TW,也就是说,太阳每秒照射到地球上的能量就相当于 500 万吨煤。图 3-3 所示为地球上的能流,可以看出,地球上的风能、水能、海洋温差能、波浪能和生物质能以及部分潮汐能都是来源于太阳;即使是地球上的化石燃料(如煤、石油、天然气等)从根本上说也是远古以来储存下来的太阳能,所以广义的太阳能所包括的范围非常大,狭义的太阳能则限于太阳辐射能的光热、光电和光化学的直接转换。

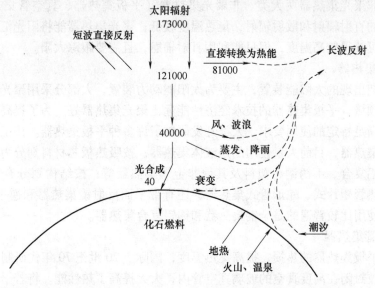

图 3-3 地球上的能流(单位为 10^6 MW)

太阳能既是一次能源,又是可再生能源。它资源丰富,既可免费使用,又无需运输,对环境无任何污染。但太阳能也有两个主要缺点:一是能流密度低;二是其强度受各种因素

（季节、地点、气候等）的影响不能维持常量。

3.1.2　太阳能的转换与利用

太阳能是一种理想的可再生能源。人类对太阳能的利用有着悠久的历史。我国早在两千多年前的战国时期就知道利用钢制四面镜聚焦太阳光来点火；利用太阳能来干燥农副产品。发展到现代，太阳能的利用已日益广泛，它包括太阳能的光热利用、太阳能的光电利用和太阳能的光化学利用等。目前，太阳能的利用主要有光热和光电两种方式。

在发达国家，太阳能的开发利用日益广泛，其技术也日益成熟。比如日本多年来一直积极开发太阳能，其太阳能发电设施容量达 500 多万 kW（2012 年）。以色列计划在内盖夫沙漠建设占地面积 $400hm^2$ 的太阳能电站，设计发电能力达 50 万 kW，约占该国电力生产量的 5%。美国启动了"100 万套屋顶光伏规划"，至 2012 年已经完成。目前，安装太阳能照明系统的家庭已占德国家庭总数的 2%左右，太阳能照明系统在大型公共建筑中也得到了大力推广。

近年来，我国也对可再生能源的开发利用给予了高度的重视。2006 年《中华人民共和国可再生能源法》正式颁布实施，对开发利用太阳能等可再生能源提供了基本的法律保障。在国家政策的大力推进下，太阳能的开发利用在许多城市均得到较快发展，譬如太阳能路灯、太阳能交通红绿灯等。

太阳能的转换与利用包括了太阳能的采集、转换、储存、传输与应用等。

1. 太阳能的采集

太阳辐射的能流密度低，在利用太阳能时为了获得足够的能量，或者为了提高温度，必须采用一定的技术和装置（集热器），对太阳能进行采集。集热器按是否聚光，可以划分为聚光集热器和非聚光集热器两大类。非聚光集热器（平板集热器、真空管集热器）能够利用太阳辐射中的直射辐射和散射辐射，集热温度较低；聚光集热器能将阳光汇聚在面积较小的吸热面上，可获得较高温度，但只能利用直射辐射，且需要跟踪太阳。

（1）平板集热器

历史上早期出现的太阳能装置，主要为太阳能动力装置，大部分采用聚光集热器。在太阳能低温利用领域，平板集热器的技术经济性能远比聚光集热器好。为了提高效率，降低成本，或者为了满足特定的使用要求，人类开发研制了许多种平板集热器。按工质划分有空气集热器和液体集热器，目前大量使用的是液体集热器；按吸热板芯材料划分为钢板铁管、全铜、全铝、铜铝复合、不锈钢、塑料及其他非金属集热器等；按结构划分有管板式、扁盒式、管翅式、热管翅片式、蛇形管式集热器，还有带平面反射镜集热器和逆平板集热器等。目前，国内外使用比较普遍的是全铜集热器和铜铝复合集热器。

（2）真空管集热器

为了减少平板集热器的热损、提高集热温度，国际上 20 世纪 70 年代研制成功真空集热管，其吸热体被封闭在高度真空的玻璃真空管内，大大提高了热性能。将若干支真空集热管组装在一起，即构成真空管集热器，为了增加太阳光的采集量，有的在真空集热管的背部还加装了反光板。真空集热管大体可分为全玻璃真空集热管、玻璃 U 形真空集热玻璃管、金属热管真空集热管、直通式真空集热管和储热式真空集热管等，以及较新型的全玻璃热管真空集热管和新型全玻璃直通式真空集热管。

（3）聚光集热器

聚光集热器主要由聚光器、吸收器和跟踪系统三大部分组成。按照聚光原理区分，聚光集热器基本可分为反射聚光和折射聚光两大类，每类中按照聚光器的不同又可分为若干种。在反射式聚光集热器中应用较多的是旋转抛物面镜聚光集热器（点聚焦）和槽形抛物面镜聚光集热器（线聚焦）。前者可以获得高温，但需进行二维跟踪；后者可以获得中温，只需进行一维跟踪。

其他反射式聚光器还有圆锥反射镜聚光器、球面反射镜聚光器、条形反射镜聚光器、斗式槽形反射镜聚光器、平面抛物面镜聚光器等。此外，还有一种应用在塔式太阳能发电站的聚光镜——定日镜。定日镜由许多平面反射镜或曲面反射镜组成，在计算机控制下这些反射镜将阳光都反射至同一吸收器上，吸收器可以达到很高的温度，获得很大的能量。

2. 太阳能的转换

太阳能是一种辐射能，具有即时性，必须即时转换成其他形式的能量才能储存和利用。将太阳能转换成不同形式的能量需要不同的能量转换器，集热器通过吸收面可以将太阳能转换成热能，利用光伏效应光伏电池可以将太阳能转换成电能，通过光合作用植物可以将太阳能转换成生物质能等。原则上，太阳能可以直接或间接转换成任何形式的能量，但转换次数越多，最终太阳能转换的效率便越低。

（1）太阳能—热能转换

黑色吸收面吸收太阳辐射，可以将太阳能转换成热能，其吸收性能好，但辐射热损失大，所以黑色吸收面不是理想的太阳能吸收面。选择性吸收面具有高的太阳吸收比和低的发射比，吸收太阳辐射的性能好，且辐射热损失小，是比较理想的太阳能吸收面。这种吸收面由选择性吸收材料制成，简称为选择性涂层。

（2）太阳能—电能转换

电能是一种高品位能量，利用、传输和分配都比较方便。将太阳能转换为电能是大规模利用太阳能的重要技术基础，世界各国都十分重视，其转换途径很多，有光电直接转换、光热电间接转换等。

（3）太阳能—氢能转换

氢能是一种高品位能源。太阳能可以通过分解水或其他途径转换成氢能，即太阳能制氢，其主要方法如下：

1）太阳能电解水制氢。电解水制氢是目前应用较广且比较成熟的方法，效率较高（75%～85%），但耗电大，使用常规电解水制氢，从能量利用而言得不偿失。所以，只有当太阳能发电的成本大幅度下降后，才能实现大规模电解水制氢。

2）太阳能热分解水制氢。将水或水蒸气加热到 3000K 以上，水中的氢和氧便能分解。这种方法制氢效率高，但需要高倍聚光器才能获得如此高的温度。

3）太阳能热化学循环制氢。为了降低太阳能直接热分解水制氢要求的高温，发展了一种热化学循环制氢方法，即在水中加入一种或几种中间物，然后加热到较低温度，经历不同的反应阶段，最终将水分解成氢和氧，而中间物不消耗，可循环使用。

4）太阳能光化学分解水制氢。这一制氢过程与上述热化学循环制氢有相似之处，在水中添加某种光敏物质作催化剂，增加对阳光中长波光能的吸收，利用光化学反应制氢。日本人利用碘对光的敏感性，设计了一套包括光化学、热电反应的综合制氢流程，每小时可产氢

97L，效率达 10% 左右。

5）太阳能光电化学电池分解水制氢。利用 N 型二氧化钛半导体电极作阳极，而以铂黑作阴极，制成太阳能光电化学电池，在太阳光照射下，阴极产生氢气，阳极产生氧气，两电极用导线连接便有电流通过，即光电化学电池在太阳光的照射下同时实现了分解水制氢、制氧和获得电能。

6）生物光合作用制氢。绿藻在无氧条件下，经太阳光照射可以放出氢气；蓝绿藻等许多藻类在无氧环境中适应一段时间，在一定条件下都有光合放氢作用。

（4）太阳能—生物质能转换

通过植物的光合作用，太阳能把二氧化碳和水合成有机物（生物质能）并释放出氧气。光合作用是地球上最大规模转换太阳能的过程，现代人类所用燃料都是远古和当今光合作用太阳能的结果。目前，光合作用机理尚不完全清楚，能量转换效率一般只有百分之几。

（5）太阳能—机械能转换

物理学家实验证明光具有压力，提出利用在宇宙空间中巨大的太阳帆，在阳光的压力作用下可推动宇宙飞船前进，将太阳能直接转换成机械能。通常，太阳能转换为机械能需要通过中间过程进行间接转换。

3. 太阳能的储存

地面上接收到的太阳能，受气候、昼夜、季节的影响，具有间断性和不稳定性。因此，太阳能储存十分必要，尤其对于大规模利用太阳能更为必要。太阳能无法直接储存，必须转换成其他形式的能量才能储存。大容量、长时间、经济地储存太阳能，在技术上比较困难。

（1）热能储存

1）显热储存。利用材料的显热储能是最简单的储能方法，在实际应用中，水、沙、石子、土壤等都可作为储能材料，其中水的比热容量最大，应用较多。

2）潜热储存。利用材料在相变时放出和吸入的潜热储能，其储能量大，且在温度不变情况下放热。在太阳能低温储存中常用含结晶水的盐类储能，如 10 水硫酸钠、12 水磷酸氢钠等。太阳能中温储存温度一般在 100℃ 以上、500℃ 以下。适宜于中温储存的材料有高压热水、有机流体、多晶盐等。太阳能高温储存温度一般在 500℃ 以上，目前正在试验的材料有金属钠、熔融盐等。

3）化学储热。利用化学反应储热，储热量大、体积小、重量轻，化学反应产物可分离储存，需要时才发生放热反应，储存时间长。如 $Ca(OH)_2$ 的热分解反应，用热时通过放热反应释放热能。

4）太阳池储热。太阳池是一种具有一定盐浓度梯度的盐水池，可用于采集和储存太阳能。它简单、造价低和宜于大规模使用，因此引起了人们的重视。

（2）电能储存

电能储存比热能储存困难，常用的是蓄电池，以及正在发展中被看好的超级电容器储能、超导储能。铅酸蓄电池利用化学能和电能的可逆转换，实现充电和放电，价格较低，但使用寿命短、体积大、重量重、需要经常维护。目前，与光伏发电系统配套的储能装置，大部分为铅酸蓄电池。超级电容器储能也已经投入工程实践。

（3）氢能储存

氢可以大量、长时间储存。它能以气相、液相、固相（氢化物）或化合物（如氨、甲醇等）形式储存。气相储存：储氢量少时，可以采用常压湿式气柜、高压容器储存；大量储存时，可以储存在地下储仓、不漏水土层覆盖的含水层、盐穴和人工洞穴内。液相储存：液氢具有较高的单位体积储氢量，但蒸发损失大。将氢气转化为液氢需要进行氢的纯化和压缩、正氢—仲氢转化，最后进行液化。液氢生产过程复杂、成本高，目前主要用作火箭发动机燃料。固相储氢：利用金属氢化物固相储氢，储氢密度高，安全性好。目前，基本能满足固相储氢要求的材料主要是稀土系合金和钛系合金。

（4）机械能储存

太阳能转换为电能，推动电动水泵将低位水抽至高位，便能以位能的形式储存太阳能；太阳能转换为热能，推动热机压缩空气，也能储存太阳能；但在机械能储存中最受人关注的是飞轮储能。近年来由于高强度碳纤维和玻璃纤维的出现，用其制造的飞轮转速大大提高，增加了单位质量的动能储量；电磁悬浮、超导磁浮技术的发展，结合真空技术，极大地降低了摩擦阻力和风力损耗；电力电子的新进展，使飞轮电机与系统的能量交换更加灵活。

关于蓄电池储能、飞轮储能、超级电容器储能，本书将在最后一章详细介绍。

4. 太阳能的传输

太阳能不像煤和石油一样用交通工具进行运输，而是应用光学原理，通过光的反射和折射进行直接传输，或者将太阳能转换成其他形式的能量进行间接传输。直接传输适用于较短距离，基本上有三种方法：通过反射镜及其他光学元件组合，改变阳光的传播方向，到达用能地点；通过光导纤维，可以将入射在其一端的阳光传输到另一端，传输时光导纤维可任意弯曲；采用表面镀有高反射涂层的光导管，通过反射可以将阳光导入室内。间接传输适用于各种不同距离。方法有：将太阳能转换为热能，通过热管可将太阳能传输到室内；将太阳能转换为氢能或其他载能化学材料，通过车辆或管道等可输送到用能地点；空间电站将太阳能转换为电能，通过微波或激光将电能传输到地面。太阳能传输包含许多复杂的技术问题，需要认真进行研究，才能更好地利用太阳能。

5. 太阳能的利用

（1）太阳辐射的热能利用

我国有 14 亿人口，3.6 亿个家庭，若每日每户供应 60℃热水 100L，全年需 6643 亿 kW·h，约为全国年发电量的一半，折合电费约为 4000 亿元。由于市场需求大，太阳能热水器是光热利用最成功的领域。我国太阳能热水器的开发制造总体处于国际先进水平。我国从事太阳能热水器生产、销售和安装服务的企业有 1000 多家，热水器保有量 6000 多万 m²，太阳能热水器产销量和安装面积居世界第一。太阳能热水器主要有玻璃真空管式、热管真空管式、平板式和少量闷晒式，其中玻璃真空管式占 80% 以上。

（2）太阳能光热利用

除太阳能热水器外，还有太阳房、太阳灶、太阳能温室（薄膜大棚）、太阳能干燥系统、太阳能土壤消毒杀菌技术等。

（3）太阳能热发电

太阳能热发电是太阳能热利用的一个重要方面，这项技术利用集热器把太阳辐射的热能集中起来给水加热产生蒸汽，然后通过汽轮机带动发电机而发电。根据集热方式的不同，又分为高温发电和低温发电。

（4）太阳能综合利用

若用太阳能全方位地解决建筑内热水、采暖、空调和照明用能的问题，这是最理想的方案。太阳能与建筑（包括高层）一体化研究与实施，是太阳能开发利用的重要方向。

（5）太阳能光伏发电

通过转换装置把太阳辐射能转换成电能利用的属于太阳能光伏发电技术，光电转换装置通常是利用半导体器件的光伏效应原理进行光电转换的，因此又称太阳能光伏发电技术。

本章后续聚焦于利用太阳能进行发电上，分别对太阳能光伏发电和热发电进行讨论。

3.2　太阳能光伏发电基本原理

太阳能发电分光热发电和光伏发电。不论产销量、发展速度和发展前景，光热发电都赶不上光伏发电。光伏发电是根据光生伏特效应原理，利用光伏电池将太阳光能直接转化为电能。不论是独立使用还是并网发电，光伏发电系统主要由光伏电池板（组件）、控制器和逆变器三大部分组成，它们主要由电子元器件构成，不涉及机械部件，所以，光伏发电设备极为精炼、可靠、稳定、寿命长，安装维护简便。理论上讲，光伏发电技术可以用于任何需要电源的场合，上至航天器，下至家用电器，大到兆瓦级电站，小到玩具，光伏电源可以无处不在。目前，光伏发电产品主要用于三大方面：一是为无电场合提供电源，主要为广大无电地区居民生活生产提供电力，还包括一些移动电源和备用电源；二是太阳能日用电子产品，如各类太阳能充电器、路灯、草坪灯和交通信号警示灯等；三是并网发电。

3.2.1　太阳能光伏发电原理

光伏电池的原理是基于半导体的光伏效应，将太阳辐射直接转换为电能。所谓光电效应，就是指物体在吸收光能后，其内部能传导电流的载流子分布状态和浓度发生变化，由此产生出电流和电动势的效应。在气体、液体和固体中均可产生这种效应，而半导体光伏效应的效率最高。

当太阳光照射到半导体的 PN 结上，就会在其两端产生光生电压，若在外部将 PN 结短路，就会产生光电流。光伏电池正是利用半导体材料的这些特征，把光能直接转化成为电能的。而且在这种发电过程中，光伏电池本身不发生任何化学变化，也没有机械磨损，因而在使用中无噪声、无气味，对环境无污染。

一般的半导体结构如图 3-4 所示。

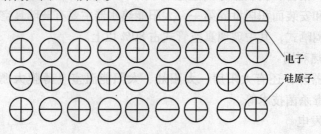

图 3-4　半导体结构

图 3-4 中，正电荷表示硅原子，负电荷表示围绕在硅原子周边的 4 个电子。当硅晶体中掺入其他的三价或五价杂质原子（如硼、磷等）时，与相邻硅原子结合就会在杂质周围形

成空穴或多余电子，成为 P 型或 N 型半导体硅材料。当掺入硼时，硅晶体中就会多出空穴，它的形成如图 3-5 所示，其中，正电荷表示硅原子，负电荷表示围绕在硅原子周边的 4 个电子，因为掺入的硼原子周围只有 3 个电子，所以就会产生多余的空穴，这些空穴因为没有电子而变得很不稳定，容易吸收临近电子而产生中和作用，并形成与电子移动反方向的电流，称这种硅为 P 型半导体。同样，掺入磷原子以后，因为磷原子有 5 个电子，所以就会有一个多余的电子变得非常活跃，它的移动形成电流，由于电子是负的载流子，因此称这种硅为 N 型半导体，如图 3-6 所示。

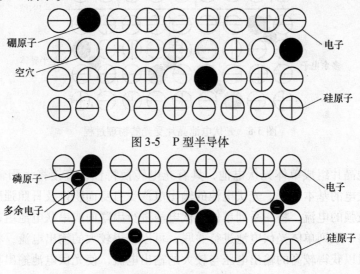

图 3-5　P 型半导体

图 3-6　N 型半导体

　　P 型半导体中含有较多的空穴，而 N 型半导体中含有较多的电子，当把 P 型和 N 型半导体结合在一起时，就形成了所谓的 PN 结，受光照射后在接触面就会形成电势差。这种含 PN 结的新型复合半导体晶片就是光伏电池晶片，如图 3-7 所示。

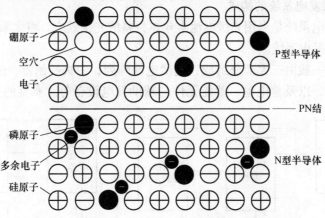

图 3-7　光伏电池晶片

　　当光伏电池晶片受光后，PN 结附近的 N 型半导体区域的电子将向 P 区扩散，而 P 型半导体区域的空穴往 N 区扩散，从而形成从 P 区到 N 区的电流，并在 PN 结中形成电势差，这个电势差就形成光伏电池的电压。光伏电池晶片受光的物理过程如图 3-8 所示。

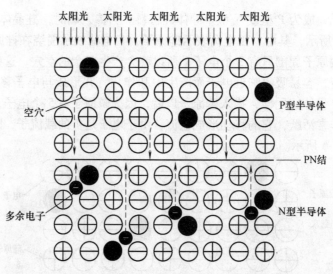

图 3-8　光伏电池晶片受光的物理过程

由光伏电池晶片组成单体光伏电池，具有光电转换特性，直接将太阳辐射能转换为电能，构成光伏发电的基本单元。光伏电池的输出电流受自身面积以及日照强度的影响，面积大的电池产生较强的电流。将一系列单体光伏电池进行串联而成串联电池组，可以得到较高的输出电压；将一系列单体光伏电池进行并联，可以获得较大的输出电流；将多组串联电池组进行并联，可以获得较高的输出电压与较大的输出电流，使光伏电池输出功率较大。

光伏发电系统将光伏电池组所获得的电能，经过一次甚至多次电力电子系统的变换，以及能量储存，最终向电力负载提供电能，完成发电全过程。

3.2.2　光伏发电系统的构成与分类

1. 太阳能光伏发电系统的构成

太阳能光伏发电系统是利用光伏电池半导体材料的光伏效应，将太阳光辐射能直接转换为电能的一种新型发电系统。

光伏发电系统一般由三大部分组成：光伏电池阵列，中央控制器、逆变器 DC-DC 变换器等合称为控制器，以及蓄电池、蓄能元件与辅助发电设备等。典型的光伏发电系统如图 3-9 所示。

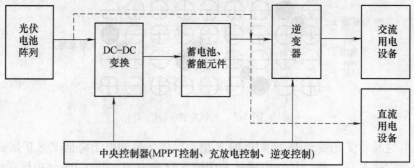

图 3-9　典型的光伏发电系统

（1）光伏电池组件

光伏电池组件也称光伏阵列或光伏电池阵列，是由光伏电池按照系统的需要串联或并联而组成的矩阵或方阵，它能在太阳光照射下将太阳能转换成电能，是光伏发电的核心部件。

（2）控制器

本部分除了对蓄电池或其他中间蓄能元件进行充放电控制外，一般还要按照负载电源的需求进行逆变，使光伏阵列转换的电能经过变换后可以供一般的用电设备使用。在这个环节要完成许多比较复杂的控制，如提高太阳能转换最大效率的控制、跟踪太阳的轨迹控制以及可能与公共电网的变换控制与协调等。

（3）蓄电池、蓄能元件及辅助发电设备

蓄电池或其他蓄能元件如超导、超级电容器等是将光伏电池阵列转换后的电能储存起来，以使无光照时也能够连续并且稳定地输出电能，满足用电负载的需求。蓄电池一般采用铅酸蓄电池，对于要求较高的系统，通常采用深放电阀控式密封铅酸蓄电池或深放电吸液式铅酸蓄电池等。

2. 光伏发电系统的分类

太阳能光伏发电就是在太阳光的照射下，将光伏电池产生的电能通过对蓄电池或其他中间储能元件进行充放电控制或者直接对直流用电设备供电或者将转换后的直流电经由逆变器逆变成交变电源供给交流用电设备或者由并网逆变控制系统将转换后的直流电进行逆变并接入公共电网实现并网发电。光伏发电系统一般可分为独立系统、并网系统及混合系统。根据光伏系统的应用形式、应用规模和负载的类型，可将光伏发电系统分为 7 种：小型太阳能供电系统，简单直流供电系统，大型太阳能供电系统，交流、直流混合供电系统，并网发电系统，混合供电系统，并网混合供电系统。

（1）小型太阳能供电系统

如图 3-10 所示，小型太阳能供电系统（Small DC）的特点是系统中只有直流负载而且负载功率比较小，整个系统结构简单，操作简便。如在我国的西北地区大面积推广使用了这种类型的光伏系统，负载为直流节能灯、家用电器等，用来解决无电地区家庭的基本照明和供电问题。

（2）简单直流供电系统

如图 3-11 所示，简单直流供电系统（Simple DC）的特点是系统中负载为直流负载，而且负载的使用时间没有特别要求，负载主要在日间使用，系统中没有蓄电池，也不需要控制器。整个系统结构简

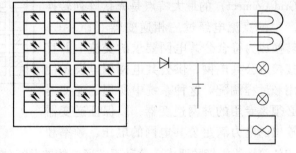

图 3-10　小型太阳能供电系统

单，直接使用光伏阵列给负载供电，光伏发电的整体效率较高。如光伏水泵就使用了这种类型的光伏系统。

（3）大型太阳能供电系统

如图 3-12 所示，大型太阳能供电系统（Large DC）的特点是系统中用电器也是直流负载，但负载功率比较大，整个系统的规模也比较大，需要配备较大的太阳能光伏阵列和较大的蓄电池组。本系统常应用于通信、遥测、检测设备电源，农村集中供电站，航标灯塔、路

灯等领域。如在我国的西部地区，部分乡村光伏电站使用了这种类型的光伏系统，中国移动和中国联通公司在偏僻无电地区的通信基站等也有使用。

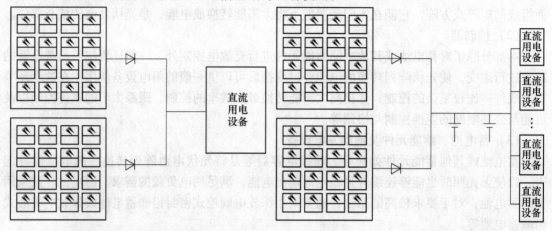

图 3-11　简单直流供电系统　　　　　　　图 3-12　大型太阳能供电系统

（4）交流、直流混合供电系统

如图 3-13 所示，交流、直流混合供电系统（AC-DC）的特点是系统中同时含有直流负载和交流负载，整个系统结构比较复杂，规模也比较大，同样需要配备较大的太阳能光伏阵列和较大的蓄电池组。如在一些同时具有交流和直流负载的通信基站或其他一些含有交流和直流负载的光伏电站中使用了这种类型的光伏系统。

（5）并网发电系统

如图 3-14 所示，并网发电系统（Utility Grid Connect）的最大特点是光伏阵列转换产生的直流电经过三相逆变器（DC-AC）转换成为符合公共电网要求的交流电并直接接入公共电网，供公共电网用电设备使用和远程调配。这种系统中所用的逆变器必须是专用的并网逆变器，以保证逆变器输出的电力满足公共电网的电压、频率和

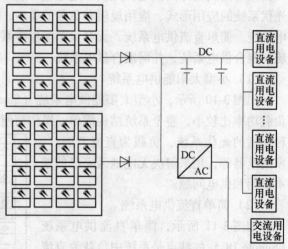

图 3-13　交流、直流混合供电系统

相位等性能指标的要求。这种系统通常能够并行使用市电和光伏阵列作为本地交流负载的电源，降低了整个系统的负载缺电率；而在夜晚或阴雨天气，本地交流负载的供电可以从公共电网获得。

并网光伏发电系统不需要蓄电池，而且可以对公共电网起到调峰作用，但它作为一种分布式发电系统，对传统集中供电的电网系统会产生一些不良的影响，如谐波污染及孤岛效应等。

（6）混合供电系统

混合供电系统（Hybrid）中，除了太阳能光伏发电系统将光伏阵列所转换的电能经过变

换后供用电负载使用外，还使用了燃油发电机或燃气发电机作为备用电源。这种系统综合利用各种发电技术的优点，互相弥补各自的不足，而使整个系统的可靠性得以提高，能够满足负载的各种需要，并且具有较高的灵活性，如图 3-15 所示。然而这种系统的控制相对比较复杂，初期投入比较大，存在一定的噪声和污染。

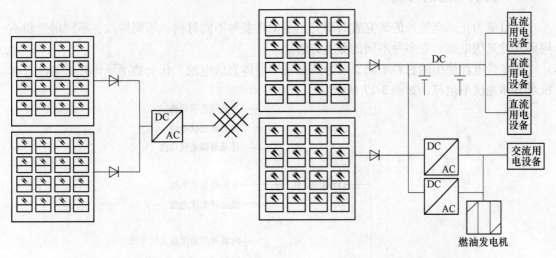

图 3-14　并网发电系统　　　　　　　　　　图 3-15　混合供电系统

　　这种系统应用于偏远无电地区的通信电源和民航导航设备电源。在我国新疆、云南建设的许多乡村光伏电站也采用光伏发电与柴油发电综合的方式供电。

　　（7）并网混合供电系统

　　以上混合供电系统如果再增加并网逆变器，就可以实现并网混合供电系统。这种系统通常将控制器与逆变器集成在一起，采用微机进行全面协调控制，综合利用各种能源，可以进一步提高系统的负载供电保障率，如图 3-16 所示。

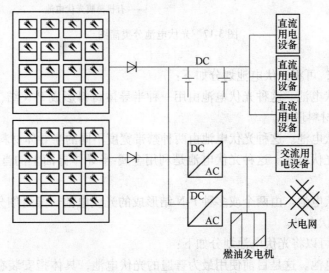

图 3-16　并网混合供电系统

3.3　太阳能光伏电池

3.3.1　光伏电池的分类

到目前为止，全世界的研究者共研究出了 100 多种不同材料、不同结构、不同用途和不同形式的光伏电池，有多种不同的分类方法。

按光伏电池使用的材料不同，可分成硅系半导体光伏电池，化合物半导体光伏电池与有机半导体光伏电池等，如图 3-17 所示。

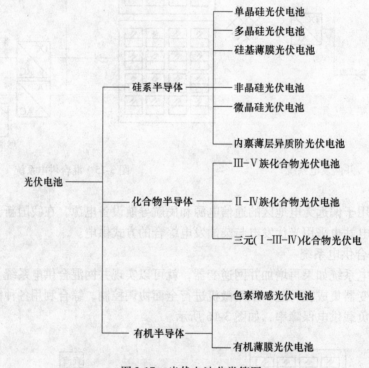

图 3-17　光伏电池分类简图

按电池结构分，可将光伏电池划分如下：

1）同质结光伏电池。这种光伏电池由用一种半导体材料形成 P-N 结，例如单晶硅光伏电池，P-N 结由硅材料形成。

2）异质结光伏电池。这种光伏电池由两种禁带宽度不同的半导体材料形成 P-N 结。

3）肖特基结光伏电池。这种光伏电池是利用金属-半导体界面上的肖特基势垒构成的，简称为 MS 电池。

4）复合结光伏电池。由两个或多种 P-N 结形成的光伏电池，又可细分为垂直多结光伏电池与水平多结光伏电池。

按用途划分，可以将光伏电池划分如下：

1）地面光伏电池。这是目前使用最为普遍的光伏电池，具体指安装在地球表面不同物体上用于地面太阳光发电的光伏电池，前面论述的多数电池属于这种类型。

2）光敏传感器。检测光伏电池两端的电压与电流，可以反映出照射到光伏电池板上光线的强弱，因此光伏电池也可以当做光敏传感器使用。

3）空间光伏电池。主要指在人造地球卫星、太空站等航天器上使用的光伏电池。由于使用环境特殊，要求这种光伏电池的发电效率高、重量轻、温度特性好、抗辐射能力强，通常这种光伏电池的价格也比较高。

最常见的是按材料来分类，下面介绍不同材料光伏电池的主要特点。

1. 硅系半导体光伏电池

硅系半导体光伏电池是指以硅作为材料的光伏电池，也是目前使用最为广泛的一种光伏电池，具体有单晶硅光伏电池、多晶硅光伏电池、硅基薄膜光伏电池、微晶硅光伏电池及非晶硅光伏电池等。

（1）单晶硅光伏电池

单晶硅（Single Crystaline-Si）光伏电池是采用单晶硅片来制造的光伏电池，在所有光伏电池中，这类光伏电池开发使用的历史最长，相应的发展技术也最为成熟。单晶硅光伏电池中的硅原子排列非常规则，在硅系半导体光伏电池中的转换效率最高，其理论转换效率可达到 24% ~ 26%。单晶硅光伏电池的性能稳定，转换效率高，目前规模化生产的商品单晶硅光伏电池效率已可达到 16% ~ 18%，通常使用寿命可达 20 年以上。近几年来由于生产技术的进步，单晶硅光伏电池的价格从最初的每瓦 1000 多美元的价格下降到每瓦 3 ~ 5 美元。由于其生产成本比较高，单晶硅光伏电池的产量在 1998 年即被多晶硅超过。图 3-18 所示为晶体硅光伏电池。

（2）多晶硅光伏电池

理论上多晶硅（Polycrystaline-Si）光伏电池的转换效率低于单晶硅光伏电池，为 20% 左右。实际中规模化多晶硅光伏电池的转换效率已可达到 15% ~ 17%，由于其成本比较低，效率也不错，近几年发展非常快，已成为市场占有率最高的光伏电池。

（3）硅基薄膜光伏电池

硅基薄膜光伏电池又可分为非晶/微晶硅薄膜光伏电池、多晶硅薄膜光伏电池、单晶硅薄膜光伏电池等，目前薄膜光伏电池中占据市场份额最大的非晶硅薄膜光伏电池，通常为 P-I-N 结构。图 3-19 所示为非晶硅薄膜光伏电池。

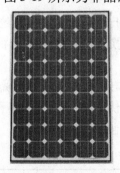

图 3-18　晶体硅光伏电池

图 3-19　非晶硅薄膜光伏电池

非晶硅薄膜光伏电池的主要优点有：①用料少，生产成本低，厚度在 1μm 左右，而结晶硅光伏电池的厚度在几百微米；②制造工艺简单，可连续、大面积、自动化批量生产；③

制造过程中消耗能量少，能量偿还时间短；④制造生产过程无毒，污染少；⑤可以采用不同带隙的电池组成叠层电池，提高光伏电池的光伏特性；⑥温度系数低，温度与季节的变化不会严重影响转换效率。

非晶硅薄膜光伏电池的主要缺点是：①转换效率比较低；②存在光致衰减现象（S-W效应），其转换效率会随着使用时间的增加而降低。

（4）非晶硅光伏电池

非晶硅（Amorphous-Si），又称 a-Si 光伏电池一般是用高频辉光放电等方法使硅烷（SiH_4）气体分解沉积而成的。与非晶硅薄膜光伏电池相似，其厚度不到 $1\mu m$，可以节省大量硅材料，降低生产成本。在可见光谱范围内，非晶硅的吸收系数比晶体硅要大近一个数量级，在弱光下的发电能力远高于晶体硅光伏电池。目前消费类电子产品中的光伏电池多数是使用非晶硅光伏电池。

非晶硅光伏电池制造成本低，便于大规模生产，易于实现与建筑一体化，在未来存在着巨大的市场潜力。

（5）微晶硅光伏电池

微晶硅（μc-Si）可以在接近室温的条件下制备，特别是使用大量氢气稀释的硅烷，可以生成晶粒尺寸 10nm 的微晶薄膜，厚度通常在 $2 \sim 3\mu m$。目前微晶硅光伏电池的最高效率已超过非晶硅，可以达到 10%，并且没有非晶硅光伏电池的光致衰减现象。

2. 化合物半导体光伏电池

化合物半导体光伏电池由两种以上的半导体元素构成。主要材料有Ⅲ-Ⅴ族化合物（GaAs）光伏电池、Ⅱ-Ⅵ族化合物（CdS/CdTe）光伏电池、三元（Ⅰ-Ⅲ-Ⅵ）化合物（CuInSe2，CIS）光伏电池等。又可将其分为单晶化合物光伏电池与多晶化合物光伏电池。

3. 有机半导体光伏电池

有机半导体光伏电池的研究源于对植物、细菌等光合成系统的模型研究，植物、光合成细菌利用太阳的能量将二氧化碳和水合成糖等有机物。在光合作用过程中，叶绿素等色素吸收太阳光所激发的能量产生电子、空穴，导致电荷向同一方向移动而产生电能。有机半导体光伏电池是一种新型的光伏电池，基本可分成湿式色素增感光伏电池以及干式有机薄膜光伏电池两大类。

在目前的太阳能光伏发电系统中，光伏电池所占的投资比例最大，并网系统中的比例要达到 80% ~90%，如何降低光伏电池的生产成本，提高转换效率，提供廉价的光伏电池，将是未来光伏电池的主要发展方向。

目前，实现廉价光伏电池的关键是提高光伏电池的光电转换效率。晶体硅光伏电池可以看做是第一代光伏电池，薄膜光伏电池可以认为是第二代光伏电池，市场迫切呼唤出现光电转换效率更高的第三代光伏电池。表 3-2 给出了主要光伏电池的转换效率。

表 3-2　主要光伏电池的转换效率

电池名称	实验室效率（%）	实际组件效率（%）
单晶硅（e-Si）	24.7 ± 0.5	22.7 ± 0.6（HIT 电池）
多晶硅（p-Si）	20.3 ± 0.5	15.3 ± 0.4
非晶硅（a-Si）	9.5 ± 0.3	

（续）

电池名称	实验室效率（%）	实际组件效率（%）
非晶硅/微晶硅（a-Si/uc-Si）	11.7 ±0.4	
硅基薄膜（a-Si/a-Si/a-GeSi）	12.1 ±0.7	10.4 ±0.5
铜铟镓硒（CIGS）	18.8 ±0.5	13.4 ±0.7
碲化镉（CdTe）	16.5 ±0.5	10.7 ±0.5
染料敏化（DSC）	10.4 ±0.3	6.3 ±0.2

3.3.2　光伏电池的基本电学特性

光伏电池单元（Solar Cell）是光伏电池的最小元件，它通常是由面积为 $4 \sim 200\,\text{cm}^2$ 大小的半导体薄片构成的芯片。一枚这样的光伏电池芯片输出电压约为 0.5V。但在实际使用中，为满足不同用电设备的需要，电压要求达到十几伏，甚至几百伏，这样就要将大量的光伏电池芯片串联起来。实际中，通常将几十枚光伏电池芯片串联或并联连接，然后用铝合金框架将其固定，表面再覆盖高强度透光玻璃，就构成了光伏电池组件，由若干个光伏电池组件构成光伏电池阵列，如图 3-20 所示。

　　a) 单元　　　　　　　b) 组件　　　　　　　　　c) 阵列

图 3-20　光伏电池单元、组件与阵列

光伏电池基本电学特性通常是指光伏电池组件的特性。

1. 光伏电池的伏安（I-U）特性曲线

将光伏电池的正负极两端连接一个可变电阻 R，在标准测试条件下（地面用光伏电池的标准测试条件为：①测试温度为 25℃ ±2℃；②光源辐照度为 $1000\,\text{W/m}^2$；③光源具有标准的 AM1.5 太阳光谱照度分布），改变可变电阻值的大小，由零（短路）变到无穷大（开路），同时测量通过电阻的电流与电阻两端的电压，从而得到测量数据，在直角坐标图上，纵坐标用来表示电流，横坐标表示电压，测得各点的连线，即为该光伏电池的伏安特性曲线，习惯称为 I-U 特性曲线，如图 3-21 所示。

光伏电池伏安特性曲线上的任何一点都是其工作点，工作点与坐标原点的连线称为负载线，与工作点对应的电流与电压的乘积为光伏电池的输出功率。

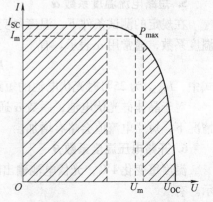

2. 短路电流 I_{SC}

在标准测试条件下，光伏电池在输出电压为零时

图 3-21　典型光伏电池的伏安特性曲线

的输出电流，也即伏安特性曲线与纵坐标交点处所对应的电流，称为光伏电池的短路电流，通常用符号 I_{SC} 表示。

短路电流 I_{SC} 的大小与光伏电池的面积大小紧密相关，面积大，短路电流 I_{SC} 就大，通常 $1cm^2$ 的单晶硅光伏电池的短路电流为 $16 \sim 30mA$。

3. 开路电压 U_{OC}

光伏电池在输出电流为零（负载电阻为无穷大）时的输出电压，也即伏安特性曲线与横坐标的交点处所对应的电压，称为光伏电池的开路电压，通常用符号 U_{OC} 表示。

光伏电池的开路电压 U_{OC} 与电池面积的大小无关，通常单晶硅光伏电池的开路电压为 $450 \sim 600mV$，高的可达到 $700mV$ 左右。

4. 填充因子 FF

填充因子定义为光伏电池输出的最大功率与开路电压和短路电流乘积之比，是表征光伏电池性能优劣的一个重要参数，通常用符号 FF 或 CF 表示

$$FF = \frac{I_m U_m}{I_{SC} U_{OC}} \tag{3-1}$$

式中，I_m、U_m 分别为光伏电池的最大输出功率对应的电流与电压。

如图 3-22 所示，通过开路电压所作垂直线与通过短路电流所作水平线和纵坐标及横坐标所包围的矩形面积 A，是该光伏电池有可能达到的极限输出功率值；而通过最大功率点作垂直线和水平线与纵坐标及横坐标所包围的矩形面积 B，是该光伏电池的最大输出功率值；两者之比，就是该光伏电池的填充因子，也即

$$FF = \frac{B}{A} \tag{3-2}$$

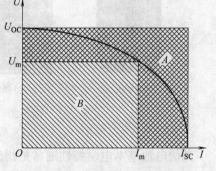

图 3-22　光伏电池的填充因子

光伏电池的串联等效电阻越小，旁路电阻越大，则填充因子越大，该光伏电池的伏安特性曲线所包围的面积也越大，表示伏安特性曲线越接近于正方形，这就意味着该光伏电池的最大输出功率接近于所能达到的极限输出功率，因此性能也就越好。

对于好的光伏电池，FF 值应该大于 0.7，随着温度增加，FF 值会有所下降。

5. 短路电流温度系数 α

在规定的测试条件下，温度每变化 $1℃$，光伏电池输出的短路电流变化值称为短路电流温度系数，通常用 α 表示。有

$$I_{SC} = I_{SC(25)}(1 + \alpha \Delta T) \tag{3-3}$$

式中，$I_{SC(25)}$ 为 $25℃$ 时光伏电池的短路电流。

对于晶体硅光伏电池，系数 α 通常为正值，$\alpha = (0.06 \sim 0.1)\%/℃$，表明在温度升高的情况下，短路电流值会略有增加。

6. 开路电压温度系数 β

温度每变化 $1℃$，光伏电池输出的开路电压变化值称为开路电压温度系数，通常用 β 表示。有

$$U_{OC} = U_{OC(25)}(1 + \beta \Delta T) \tag{3-4}$$

式中，$U_{OC(25)}$ 为 25℃时光伏电池的开路电压。

$\beta = -(0.3 \sim 0.5)\%/℃$，表明在温度升高的情况下，开路电压值会略有下降。

7. 功率温度系数 γ

当光伏电池温度变化时，相应的输出电流与输出电压会发生变化，光伏电池输出功率也会发生变化。温度每变化 1℃，光伏电池输出功率的变化值称为光伏电池功率温度系数，通常用 γ 表示。

根据前面短路电流与开路电压的表达式，可以得到 25℃时光伏电池理论输出最大功率表达式

$$P = U_{OC(25)}I_{SC(25)}\left[1 + (\alpha + \beta)\Delta T + \alpha\beta\Delta T^2\right] \tag{3-5}$$

为了简化计算，忽略二次方项，有

$$P = P_0\left[1 + (\alpha + \beta)\Delta T\right] = P_0(1 + \gamma\Delta T) \tag{3-6}$$

式中，P_0 为 25℃时光伏电池的输出功率，$P_0 = U_{OC(25)}I_{SC(25)}$；γ 为功率温度系数，即

$$\gamma = \alpha + \beta \tag{3-7}$$

通常，晶体硅光伏电池的开路电压系数 β 的绝对值比短路电流系数 α 值要大，因此光伏电池的功率温度系数 γ 通常为负数，表明随着温度的上升，光伏电池的输出功率要下降。主要原因是光伏电池的输出电压下降得比较快，而输出电流上升得比较慢。对于一般的晶体硅光伏电池，$\gamma = -(0.35 \sim 0.5)\%/℃$。图 3-23 所示为光伏电池输出功率与温度的关系曲线。

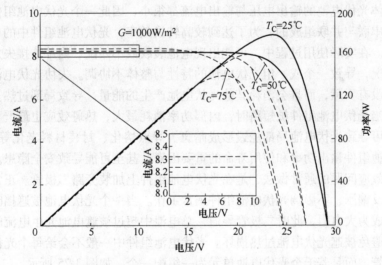

图 3-23　光伏电池输出功率与温度的关系曲线

8. 光伏电池的转换效率 η

光伏电池接收太阳光照的最大功率（最大输出功率 $U_m I_m$）与入射到光伏电池上的全部辐射功率的百分比定义为光伏电池的转换效率，通常用符号 η 表示，有

$$\eta = \frac{U_m I_m}{A_t P_{in}} \tag{3-8}$$

式中，A_t 为包括栅线面积在内的光伏电池总面积（或称为全面积）；P_{in} 为单位面积入射光的功率。

9. 太阳辐照度对光伏电池特性的影响

光伏电池由半导体材料制成，对太阳的辐照度非常敏感，太阳辐照度对光伏电池的伏安特性曲线、短路电流、开路电压、输出功率、实际运行温度都有影响。图 3-24 给出了在不同辐照度下某光伏电池的特性曲线。可见，当辐照度较弱时，开路电压与入射光辐照度近似线性变化；当入射光辐照度较强时，开路电压与入射光辐照度呈对数关系变化。当光谱辐照度由小变大时，开始时开路电压上升较快；当太阳辐照度较强时，开路电压上升的速率会减小，在满足一定强度的辐照度情况下，可以近似认为开路电压保持不变。而光伏电池的短路电流 I_{sc} 近似与入射光辐照度成正比关系。相应地，光伏电池的最大输出功率也会随着入射光辐照度的变化而变化，但对应于最大输出功率的电压近似不变。

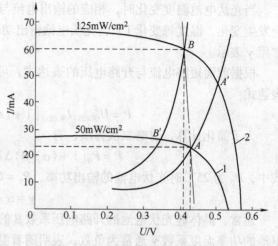

图 3-24　光伏阵列的输出特性曲线

10. 热斑问题

每一片单体光伏电池的输出电压与输出电流都很小，因此一个光伏电池组件是由很多个光伏电池单元串联与并联组成的，为了达到较高转换效率，光伏电池组件中的单体电池需具有相似的特性。在实际使用过程中，可能出现电池裂纹或不匹配、内部连接失效、局部被遮光或弄脏等情况，导致一个或一组光伏电池的特性与整体不协调。失协光伏电池不但对光伏电池组件输出没有贡献，而且会消耗其他光伏电池产生的能量，导致局部过热。这种现象称为热斑效应。当光伏电池组件被短路时，内部功率消耗最大，热斑效应也最严重。

热斑效应可导致光伏电池局部烧毁形成暗斑、焊点熔化、封装材料老化等永久性损坏，是影响光伏电池组件输出功率和使用寿命的重要因素，甚至可能导致安全隐患。

解决热斑效应问题的通常做法，是在光伏电池组件上加装旁路二极管。正常情况下，旁路二极管处于反偏压，不影响光伏电池组件正常工作。当一个光伏电池被遮挡时，其他光伏电池促其反偏成为大电阻，此时二极管导通，总电池中超过被遮电池光生电流的部分被二极管分流，从而避免被遮光伏电池过热损坏。光伏电池组件中一般不会给每个光伏电池单元配一个旁路二极管，而是若干个光伏电池单元为一组配一个，如图 3-25 所示。

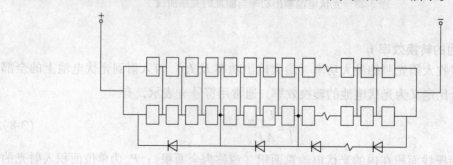

图 3-25　安装了旁路二极管的光伏电池组件

3.3.3　光伏电池的等效电路

光伏电池可用不同的等效电路来表示，但最常用的是所谓的单二极管等效电路，如图 3-26 所示。

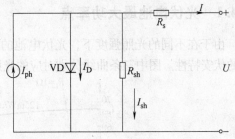

图 3-26 中的恒流源 I_{ph} 可以看成是光伏电池中产生光生电流的恒流源，与之并联的是一个处于正向偏置的二极管，通过二极管 P-N 结的漏电流表示为 I_D，称为暗电流。暗电流是在无光照时，在外电压作用下 P-N 结内流过的电流，这个电流的方向与光生电流 I_{ph} 的方向相反，会抵消部分光生电流，暗电流 I_D 可表示为

图 3-26　光伏电池的等效电路

$$I_D = I_0 \left(e^{\frac{qU}{nkT}} - 1 \right) \tag{3-9}$$

式中，I_0 为二极管反向饱和电流，是黑暗中通过 P-N 结的少数载流子的空穴电流和电子电流的代数和；U 为光伏电池的输出端电压；q 为电子电荷量；T 为光伏电池的热力学温度；k 为玻耳兹曼常数；n 为二极管的理想因数（Ideality Factor），数值在 $1 \sim 2$ 之间，在大电流时靠近 1，在小电流时靠近 2，通常取为 1.3 左右。

串联电阻 R_s 对光伏电池的特性影响比较大，它主要是由半导体材料的体电阻、金属电极与半导体材料的接触电阻、扩散层横向电阻、金属电极本体电阻四个部分组成。其中，扩散层横向电阻是串联电阻的主要成分，一般来说，质量好的硅晶片 $1cm^2$ 的串联电阻 R_s 值在 $7.7 \sim 15.3 m\Omega$ 之间。

并联电阻 R_{sh} 对光伏电池特性的影响要比串联电阻小，它主要是由于光伏电池表面污染、半导体晶体缺陷引起的边缘漏电或耗尽区内的复合电流等产生的，一般来说，质量好的硅晶片 $1cm^2$ 的并联电阻 R_{sh} 值在 $200 \sim 300\Omega$ 之间。

在图 3-26 中，若光伏电池输出电压为 U，考虑到并联电阻的影响，可以得到其输出电流 I 的表达式

$$I = I_{ph} - I_D - I_{sh} = I_{ph} - I_0 \left(e^{\frac{q(U+IR_s)}{nkT}} - 1 \right) - \frac{U+IR_s}{R_{sh}} \tag{3-10}$$

在实际应用中，为进一步简化计算，通常可以不考虑并联电阻 R_{sh} 的影响，即可以认为 $R_{sh} = \infty$，这时等效电路简化为图 3-27 所示。如果进一步忽略串联电阻 R_s，则为理想等效电路。

此时输出电流 I 的表达式为

$$I = I_{ph} - I_D = I_{ph} - I_0 \left(e^{\frac{q(U+IR_s)}{nkT}} - 1 \right) \tag{3-11}$$

实际的光伏电池等效电路中还应该包含 P-N 结的结电容及其他分布电容的影响，考虑到实际应用中光伏电池并不流过交流分量，因此模型中可以忽略不计。

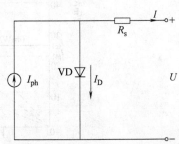

图 3-27　光伏电池的简化等效电路

3.4　太阳能光伏电池最大功率点跟踪控制

3.4.1　光伏电池最大功率点

由于在不同的光照强度下，光伏电池的输出电压和电流也不同，图 3-28 为不同光照强度下的伏安特性。图中三条曲线分别对应的光照强度为 $50mW/cm^2$、$100mW/cm^2$、$125mW/cm^2$。

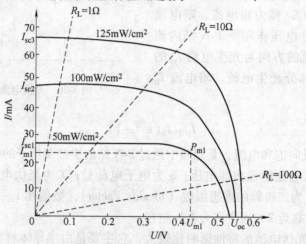

图 3-28　不同光照强度下光伏电池的伏安特性

由光伏电池的伏安特性可知，当光照强度发生变化时，为获取最大输出功率，需要相应地调节负载。如图 3-29 所示，当光照强度由 $50mW/cm^2$ 变为 $100mW/cm^2$ 时，最大功率点相应地由 P_{m1} 变化为 P_{m2}，为使光伏电池的输出保持最大功率值，就需要调节负载阻抗，相应地由 R_{L1} 变化为 R_{L2}。

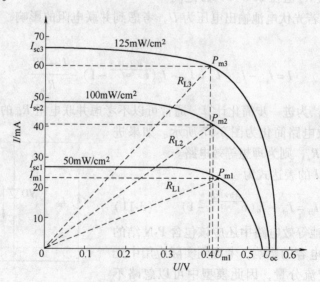

图 3-29　不同光照强度下的光伏电池最大功率点

最大功率点跟踪（Maximum Power Point Trackers，MPPT）控制是实时监测光伏阵列的输出功率，采用一定的控制算法预测当前工作状态下光伏阵列可能的最大功率输出，通过改变当前的阻抗来满足最大功率输出的要求，使光伏系统可以运行于最佳工作状态。

3.4.2　最大功率点跟踪控制算法简介

为使输出功率最大化，图 3-24 中各特性曲线构成的矩形面积要最大。当图中两矩形分别为在各自特性条件下的面积最大者，即为各自状态下的最大输出功率。在某光照条件下，所对应的输出特性曲线 1 上只有 A 点输出的功率最大；在另一光照条件下，所对应的输出特性曲线 2 上只有 B 点输出的功率最大。在一般情况下，由于光照强度的变化将使光伏阵列的输出特性曲线也相应地变化，为使无论在何种光照强度下，光伏阵列都能运行于最大功率点，就必须调整负载的阻抗，使工作点一直保持在最大功率点，即如图 3-24 中的 A 点和 B 点等。采用这种方法，可以获得比恒电压控制更大的输出功率。但是在实际的应用系统中，通过调节负载阻抗大小的方式达到最大功率输出是很难实现的。

MPPT 的实现是一个动态自寻优过程，通过对光伏阵列当前的输出电压和电流的检测，得到当前阵列的输出功率，与已被存储的前一时刻进行比较，舍小存大、再检测、再比较，如此周而复始。MPPT 控制算法主要有固定电压跟踪法、扰动观察法、功率反馈法、增量电导法、模糊逻辑控制法、滞环比较法、神经元网络控制法及最优梯度法等。

1. 固定电压跟踪法（CVT）

该方法是对最大功率点曲线进行近似，求得一个中心电压，并通过控制使光伏阵列的输出电压一直保持该电压值，从而使光伏系统的输出功率达到或接近最大功率输出值。

这种方法具有使用方便、控制简单、易实现、可靠性高、稳定性好等优点，而且输出电压恒定，对整个电源系统是有利的。但是这种方法控制精度较差，忽略了温度对光伏阵列开路电压的影响，而环境温度对光伏电池输出电压的影响往往是不可忽略的。为克服使用场所冬夏、早晚、阴晴、雨雾等环境温度变化给系统带来的影响，在 CVT 的基础上可以采用人工调节或微处理器查询数据表格等方式进行修正。

2. 扰动观察法

根据光伏阵列工作时不间断地检测电压扰动量，即根据输出电压的脉动增量（$\pm \Delta U$）的输出规律，测得阵列当前的输出功率为 P_d，而被存储的前一时刻输出功率被记忆为 P_j，若 $P_d > P_j$，则 $U = U + \Delta U$；若 $P_d < P_j$，则 $U = U - \Delta U$；扰动观察法实现 MPPT 的过程如图 3-30 所示。

实际上，这是一种寻优搜索过程，在寻优过程中不断地更新参考电压，使其逼近光伏阵列所对应的最大功率点电压值。由于光伏阵列的输出特性是一单值函数，故只需保证光伏阵列的输出电压在任何光照条件下及环境温度下都能与该条件下的最大功率点对应，就可以保证光伏阵列工

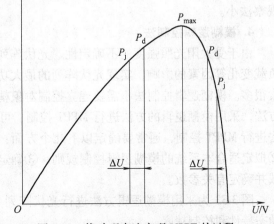

图 3-30　扰动观察法实现 MPPT 的过程

作于最大功率点。

该方法的优点是可以实现模块化控制，跟踪方法简单，在系统中容易实现；其缺点是这种方法只能使光伏输出电压在最大功率点附近振荡运行，而导致部分功率损失，并且初始值及跟踪步长的给定对跟踪精度和速度有较大影响。图 3-31 是采用扰动观察法的 MPPT 控制算法控制流程图。

3. 增量电导法

增量电导法也是 MPPT 控制常用的算法之一。由光伏阵列的 P-U 曲线可知，当输出功率 P 为最大时，即 P_{max} 处的斜率为零，可得

$$\frac{dP}{dU} = I + U\frac{dI}{dU} = 0 \qquad (3\text{-}12)$$

式（3-12）经整理，可得

$$\frac{dI}{dU} = -\frac{I}{U} \qquad (3\text{-}13)$$

式（3-13）为光伏阵列达到最大功率点的条件，即当输出电压的变化率等于输出瞬态电导的负值时，光伏阵列即工作于最大功率点。

增量电导法就是通过比较光伏阵列的电导增量和瞬间电导来改变控制信号，这种方法也需要对光伏阵列的电压和电流进行采样。由于该方法控制精度高，响应速度较快，因而适用于大气条件变化较快的场合。同样由于整个系统的各个部分响应速度都比较快，故其对硬件的要求，特别是传感器的精度要求比较高，导致整个系统的硬件造价比较高。

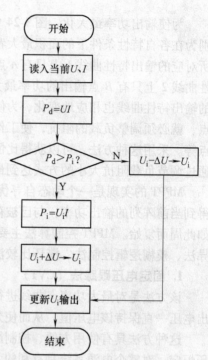

图 3-31　采用扰动观察法的 MPPT
控制算法控制流程图

图 3-32 是增量电导法的 MPPT 控制算法控制流程图。图中 U_n、I_n 为光伏阵列当前电压、电流检测值，U_b、I_b 为前一控制周期的采样值。这种控制算法的最大优点是在光照强度发生变化时，光伏阵列的输出电压能以平稳的方式跟踪其变化，其暂态振荡比扰动观察法小。

4. 模糊逻辑控制法

由于受太阳光照强度的不确定性、光伏阵列温度的变化、光伏阵列输出特性的非线性及负载变化等因素的影响，实现光伏阵列的最大功率输出或最大功率点跟踪时，需要考虑的因素很多。模糊逻辑控制法不需要建立控制对象精确的数学模型，是一种比较简单的智能控制方法，采用模糊逻辑的方法进行 MPPT 控制，可以获得比较理想的效果。使用模糊逻辑的方法进行 MPPT 控制，通常要确定以下几个方面：①确定模糊控制器的输入变量和输出变量；②拟定适合本系统的模糊逻辑控制规则；③确定模糊化和逆模糊化的方法；④选择合理的论域并确定有关参数。

图 3-33 为采用模糊逻辑方法进行光伏阵列 MPPT 控制算法的流程。该方法具有较好的动态特性和控制精度。

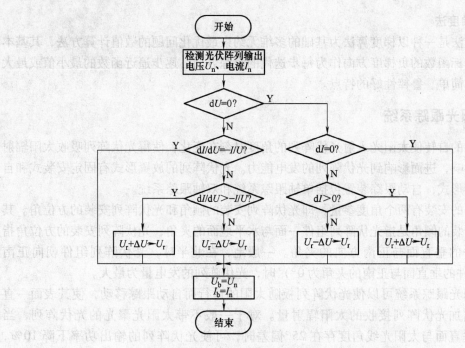

图 3-32　增量电导法的 MPPT 控制算法控制流程图

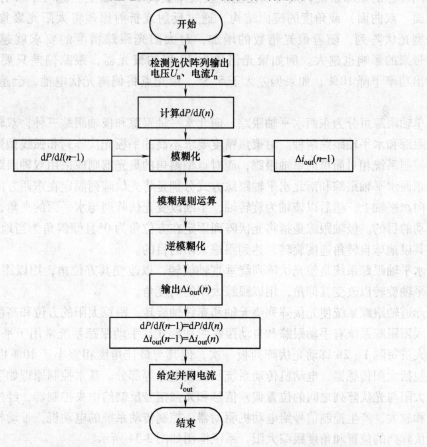

图 3-33　采用模糊逻辑方法进行光伏阵列 MPPT 控制算法的流程图

5. 最优梯度法

最优梯度法是一种以梯度算法为基础的多维无约束最优化问题的数值计算方法，其基本思想是选取目标函数的负梯度方向作为每步迭代的跟踪方向，逐步逼近函数的最小值或最大值，具有运算简单、鲁棒性好的特点。

3.4.3 太阳光跟踪系统

由于地球的自转使太阳光入射光伏阵列的角度时刻在变化，使得光伏阵列吸收太阳辐射受到很大的影响，进而影响到光伏阵列的发电能力。光伏阵列的放置形式有固定安装式和自动跟踪式两种形式，自动跟踪装置包括单轴跟踪系统和双轴跟踪系统。

光伏阵列的安装有两个角度参量，即光伏阵列安装的倾角和光伏阵列安装的方位角。其中光伏阵列安装的倾角是指光伏阵列组件一面与水平地面的夹角；光伏阵列安装的方位角指光伏阵列组件的垂直面与正南方向的夹角。一般地，在北半球，光伏阵列组件朝向正南（光伏阵列组件的垂直面与正南的夹角为0°）时，光伏阵列的发电量为最大。

设计太阳光跟踪系统可以使光伏阵列板随太阳的运行而自动跟踪移动，使其表面一直朝向太阳，增加光伏阵列接收的太阳辐射量。对于一般不带太阳光聚光的光伏阵列，当光伏阵列的垂直面与太阳光线角度存在25°偏差时，可使光伏阵列的输出功率下降10%，而采用理想的跟踪系统，则可以使能量收集率提高30%以上。但对于带有一定弧度（如抛物面、双曲面）或角度的镜面结构，通过反射或折射原理将太阳光聚集到光伏电池的聚光型光伏阵列，随着聚光倍数的增加，对太阳光跟踪精度的要求就越高，因为跟踪偏差带来的影响也越大。例如聚光倍数为40倍的聚光器，跟踪偏差只要为0.5°，就会使输出功率下降10%，如果偏差大于5.5°，聚光点将偏离光伏电池，会造成功率输出为零。

单轴跟踪可分为东西水平轴跟踪、南北水平轴跟踪和极轴跟踪三种；双轴跟踪可分为赤道轴跟踪和水平轴跟踪两种。对聚焦精度要求不高的平板光伏阵列和弧线型聚焦的聚光器可采用控制系统相对简单的单轴跟踪，而对点型聚焦的聚光器则应采用双轴跟踪。

东西水平轴跟踪和南北水平轴跟踪方式分别是将光伏阵列固定在东西方向水平轴上或南北方向水平轴上，然后以该轴为旋转轴，不断改变光伏阵列与水平面的夹角，以达到跟踪太阳移动的目的。极轴跟踪是指将光伏阵列固定在方位角为0°且倾斜角为当地纬度的极轴上，并使其以地球自转角速度旋转，达到跟踪太阳的目的。

水平轴跟踪系统是使光伏阵列绕垂直轴旋转，以改变其方位角，用以跟踪太阳的方位；绕水平轴旋转以改变其仰角，用以跟踪太阳的高度角。

赤道轴跟踪系统使光伏阵列绕天轴和赤纬轴旋转，跟踪太阳的方位和高度角。

太阳跟踪系统有手动跟踪和自动跟踪两种形式。手动跟踪系统常用于平板式光伏阵列，工作人员每隔1~2h移动光伏阵列板一次，使其与最佳角度相差小于10%以内。自动跟踪系统包括太阳传感器、电动机传动系统及控制电路等部分。基本控制原理如下：由太阳传感器将太阳与光伏阵列之间的位置偏差信号和光强信号反馈给中央控制器，经控制电路的数据处理和放大，产生控制信号给电动机驱动器，控制传动系统的电动机，带动相应的传动机构使光伏阵列的位置和角度跟踪太阳，系统框图如图3-34所示。

由于跟踪装置比较复杂，初始成本和维护成本比较高，安装跟踪装置获得额外的太阳能辐射产生的效益短期内无法抵消安装该系统所需要的成本，因而目前的太阳能光伏阵列发电系统中较少使用太阳光自动跟踪系统。

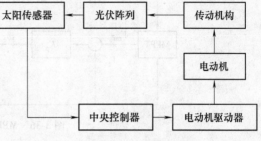

图 3-34 太阳光自动跟踪系统框图

3.4.4 基于最大功率点与最小损耗点跟踪的光伏水泵控制系统实例

图 3-35 为独立光伏水泵系统结构，它由光伏电池组构成电池阵列、脉宽调制（Pulse Width Modulation，PWM）逆变器、异步电动机、离心式水泵等组成。逆变器用于将光伏电源转换成三相交流电供给水泵电动机，它控制电动机转速，也对光伏电池阵列的最大功率点进行跟踪。逆变器中的主控芯片采用高速 DSP。图 3-35 中各变量分别是：电池板阵列电流 I_{pv}、电压 V_{pv}，以及电动机 3 个线电流中的 2 个，即 I_a 和 I_b，电流信号需反馈给 DSP。

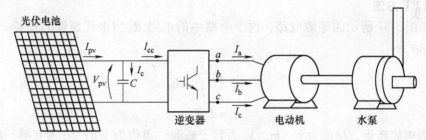

图 3-35 光伏水泵系统结构

最小损耗点跟踪（Minimum Loss Point Tracking，MLPT）针对异步电动机本身效率的提高，通过降低优化异步电动机动态可变损耗提高这部分的效率。

1. MPPT 方法

系统控制中引入电导增量法和扰动观察法，需计算电池板阵列的曲线 $V_{pv} \times P_{pv}$ 的斜度，并测量它的电压和电流，以及建立系统是否在电流源或电压源或 MPP 状态的模型。

$$\frac{\partial P_{pv}}{\partial V_{pv}} = I_{pv} + V_{pv}\frac{\partial I_{pv}}{\partial V_{pv}} \tag{3-14}$$

式中，P_{pv} 为阵列功率，单位为 W。

该算法具备理想的收敛速度、简单、传感器数量少、成本低、稳态误差小等优点。但电导增量和扰动观察方法的主要缺点是当光照快速发生变化时不稳定。为解决这个问题，采用一种混合方法，即在光照快速变化时，按照有关条件，先在扰动观察法或电导增量法中进行切换，然后进入恒定电压模型工作流程。

另外设计一套补充解决方案，即增加一个电压控制环，MPPT 算法的输出会产生直流参考电压 V_{ref}，这也是一种在 MPPT 控制过程中防止 MLPT 算法的应用产生不良影响的方式。

直流电压的调节是通过一个比例控制器，增益为 K_p，从而将电压频率基准值提供给逆变器，如图 3-36 所示的 MPPT 控制原理图，$G(s)$ 为该线性动态系统的传递函数，包含逆变器、异步电动机和水泵。$G(s)$ 的输入量是逆变器合成电压的电角频率 ω_e，即电动机的定子电压角频率，$G(s)$ 输出是驱动逆变器的直流电流 I_{cc}。

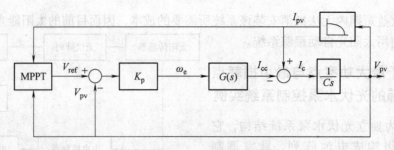

图 3-36　MPPT 控制原理框图

光伏电池阵列输出电压和电流的动态值 V_{pv} 和 I_{pv}，可由式（3-15）计算：

$$I_{pv}(t) = I_c(t) + I_{cc}(t),\ V_{pv}(t) = \int_0^t \frac{I_c(t)}{C}\mathrm{d}t \qquad (3\text{-}15)$$

式中，C 为图 3-35 中直流环节滤波电容，单位为 μF；I_c 为流过电容 C 的电流值，单位为 A。

2. MLPT 方法

分析如图 3-37 所示的等效电路，这个电路中的电阻 R_{fe} 用来代表铁心损耗。电磁转矩（T_e）可表示为

$$T_e = 3\,\frac{p}{2}\,\frac{L_m}{L_r}\lambda_r I_{sT} \qquad (3\text{-}16)$$

$$\lambda_r = L_m I_{s\lambda} \qquad (3\text{-}17)$$

式中，T_e 为电磁转矩，单位为 N·m；λ_r 为转子磁通，单位为 Wb；L_m 为互感，单位为 H；L_r 是自感，单位为 H；p 是极对数；I_{sT} 和 $I_{s\lambda}$ 是转矩和励磁电流，单位为 A；s 是转差频率，$s = \omega_e - p\omega_R$ 单位为 Hz；ω_R 是转子转速，单位为 r/min。

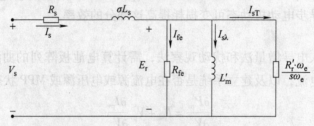

图 3-37　异步电动机等效电路（相）

根据等效电路，电动机的损耗（P_{Loss}）可写为

$$P_{Loss} = 3R_s\,|\,I_s\,|^2 + 3R_{fe}\,|\,I_{fe}\,|^2 + 3R_r'\,|\,I_{sT}\,|^2 \qquad (3\text{-}18)$$

式中，R_s 为定子绕组电阻，单位为 Ω；R_r' 为等效转子绕组电阻，单位为 Ω；R_{fe} 为铁耗等效电阻，单位为 Ω；I_{fe} 为铁耗等效电流。

用式（3-16）、式（3-17），并引入角频率（ω_e）、转矩和磁通等参数，可写出损耗公式：

$$P_{Loss} = 3\left[\frac{R_s}{L_m^2} + \left(\frac{\omega_e L_m}{L_r}\right)^2 \frac{(R_s + R_{fe})}{R_{fe}^2}\right]|\lambda_r|^2 + \frac{(R_s + R_r')}{3}\left(\frac{2}{p}\frac{L_r}{L_m}T_e\right)^2 \frac{1}{|\lambda_r|^2} + 2\frac{2}{p}\frac{R_s}{R_{fe}}\frac{L_r}{L_m}\omega_e T_e$$

$$\qquad (3\text{-}19)$$

式中，p 是极对数。

进而可获得它的全局最小值，优化后的磁通量如下计算：

$$| \lambda_{r0} | = k_{\lambda 0} (\omega_{e}) \sqrt{T_{e}} \tag{3-20}$$

这里的 $k_{\lambda 0}$ 相当于：

$$k_{\lambda 0}(\omega_{e}) = \sqrt{\frac{\dfrac{(R_{s} + R_{r}')}{3}\left(\dfrac{2}{p}\dfrac{L_{r}}{L_{m}}\right)^{2}}{3\left[\dfrac{R_{s}}{L_{m}^{2}} + \left(\dfrac{\omega_{e}L_{m}}{L_{r}}\right)^{2}\dfrac{(R_{s} + R_{fe})}{R_{fe}^{2}}\right]}} \tag{3-21}$$

由以上的分析可得出结论，在一定的给定频率时，负载任意的情况下，效率可获得最大值，并且为常数。也就是说，这个条件下可斩获异步电动机的最小损耗。

3. MPPT 和 MLPT 耦合

MPPT 和 MLPT 耦合问题有 2 点需要考虑：第一，光伏电池板参数（电压和电流）对 MLPT 的干扰。第二，电动机输入电压对 MPPT 的干扰。

对于第一种情况，MLPT 改变了电动机电压，直流母线电压控制环的实施，可防止系统输出功率随着转差率的增加而下降，避免了负载随着电池板变化而变化。在这种情况下，为了维持直流电压的恒定，频率通过比例控制环控制增加（参见图 3-36、图 3-38），这意味着电池阵列的运行点没有随着 MLPT 而变化，最终的结果是增加了泵的速度和功率输出。

对于第二种情况，采用一种间接的方法，引入 MLPT 驱动的一个电压/频率的常数 k 用于标量控制，而不是直接修改电动机电压基准，因为太阳辐射的快速变化会产生很大的电势，会误导 MLPT 方法时的电势。这种间接方法保存了不连贯的太阳辐射的扰动，通过减速并确保 MLP 跟踪，参见图 3-38 的基于线性小信号模型和传递函数的合成算法原理图。

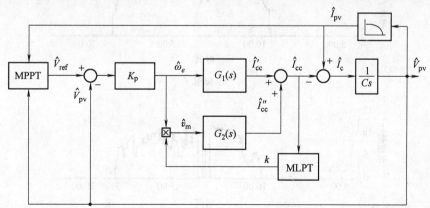

图 3-38 MPPT 和 MLPT 集成框图

注："$\hat{*}$" 的参数代表小信号，$G_{1}(s)$ 和 $G_{2}(s)$ 是传递函数模型，分别受频率 ω_{e} 和电机电压 V_{m} 的作用，电流 I_{cc} 经由逆变器，$\hat{I}_{cc}'$ 和 $\hat{I}_{cc}''$ 是 I_{cc} 的小信号增量。

4. 结果

图 3-39 所示为未使用 MPPT 和 MLPT 算法的光伏水泵系统的主要参数情况。

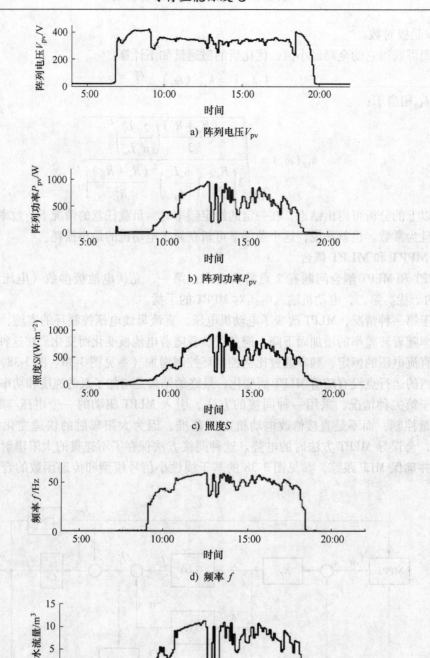

图 3-39　未使用 MPPT 和 MLPT 算法光伏水泵系统的主要参数情况
（2012-04-26，陕西渭南，晴）

图 3-40 所示的是光伏水泵系统应用了 MPPT 与 MLPT 集成优化方法，部分时段有多云遮阴的情况，可以看出，电池阵列的输出功率 P_{pv} 跟随照度 S，并且频率的变化反映了算法的运行，同时，当照度下降，系统在最小运行水平以下时，监视系统切断电动机。

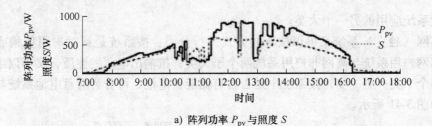

a) 阵列功率 P_{pv} 与照度 S

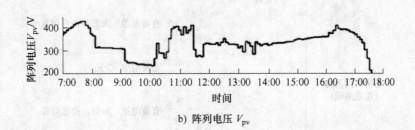

b) 阵列电压 V_{pv}

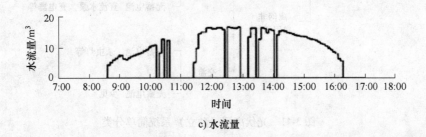

c) 水流量

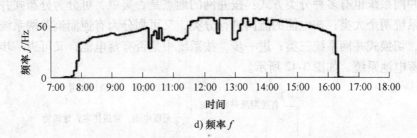

d) 频率 f

图 3-40 使用 MPPT 和 MLPT 集成方法的运行情况（2012-04-29，陕西渭南，多云）

综上可见，当 MLPT 加入，集成 MPPT 方法，独立光伏水泵系统在整体效率方面得到了较明显的改善，据统计大约能提高 15% 左右的抽水量。

3.5 太阳能光伏发电系统应用分类与设计实例

太阳能光伏发电系统简称光伏系统，有不同的分类方式：按照光伏系统是否与电网连接，可将系统分成光伏离网（独立）系统与光伏并网系统；在某些特殊情况下，为保证供电的可靠性，光伏系统常与其他发电系统混合向负载供电，这样的系统称为混合系统，混合系统是光伏系统应用的另一个大类。

光伏离网（独立）系统又可以按不同方式进行分类：按系统是针对户用负载或其他负载可分为离网户用系统与离网非户用系统两个子大类；按输出电压的性质，又可以细分为直流与交流两个子类；进一步，按系统中是否含有储能蓄电池，可分为有蓄电池系统与无蓄电池系统，如图 3-41 所示。

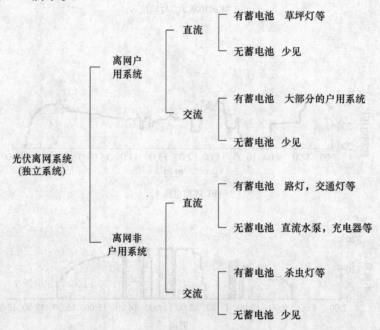

图 3-41　光伏离网（独立）系统简单分类

光伏并网系统也有多种分类方式：按并网的地点是否集中，可分为分布式并网系统与集中式并网系统两个大类；按电能的流向进行分类，又可划分为有逆潮流并网系统、无逆潮流并网系统、切换式并网系统三类；进一步，按系统中是否有蓄电池，又可进一步划分成有蓄电池与无蓄电池系统，如图 3-42 所示。

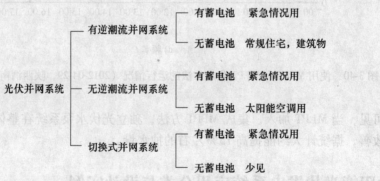

图 3-42　光伏并网系统简单分类

光伏系统与其他发电方式一起向负载供电的混和系统在实际中也得到了广泛应用，目前主要是光伏/风电互补的风光互补系统与光伏/柴油机组成的混合发电系统。

还有一类系统值得注意，就是目前智能电网中所谓微（电）网系统，微（电）网系统当前还没有一个统一的定义，但通常认为微电网是指由各种形式的分布式电源（如太阳能、风能、燃气等形式的电源）、用户负载、储能系统、并网设备以及配电网组成的一个相对独立的小型供电系统，正常情况下它可以直接接入配电系统（380V 或 10kV 配电系统），以并网模式运行；在天灾、战争等紧急情况下，可以采取孤岛运行模式，保证系统中一部分重要设备的供电，它在解决区域灵活供电方面表现出极大的优势与潜能。

3.5.1　离网非户用系统

在光伏离网非户用系统中，系统的能量来源完全依靠系统中光伏电池阵列。最简单的离网非户用系统是没有蓄电池等储能设备的系统，这种系统中，负载只在有太阳光照时才能工作，典型的应用为光伏水泵（如 3.4.4 节实例所述独立光伏水泵系统），如图 3-43a 所示。

在多数情况下，光伏水泵白天在有太阳情况下抽取的地下水可以存放在储水箱中，晚上或阴雨天光伏水泵可以停止工作，这样，为降低系统的价格，多数光伏水泵没有必要配备价格较高、维护又比较麻烦的蓄电池。

此外，光伏通信基站是另一个典型应用，如图 3-43b 所示。

其他如太阳能飞机、太阳能汽车等，均属于离网非户用系统，如图 3-43c、图 3-43d 所示。

a) 光伏水泵

b) 光伏通信基站

c) 太阳能汽车

d) 太阳能飞机

图 3-43　典型离网非户用系统

3.5.2　离网户用系统

初期的离网户用系统设计主要目标是解决边远地区牧民或无电地区农民的基本照明需要，用来取代煤油灯，所以初期系统的容量都不大，通常的系统只配有 10W 或 20W 光伏电池阵列。系统通常由光伏电池阵列、控制器、蓄电池三部分构成，没有交流输出，有些简单的系统中甚至没有控制器，如图 3-44 所示。

在这种系统中，控制器的主要作用如下：

1）在阳光充足情况下，尽可能多地向蓄电池供电，但要保证蓄电池不会被过度充电，延长其使用寿命，同时对蓄电池的充电电压进行温度补偿。

2）在夜晚或无阳光情况下，需要照明时，控制蓄电池的放电电压，保证蓄电池不会被过度放电。

3）在夜晚情况下，按设定方式自动起动照明灯。

随着生活水平的提高，住房的面积增大了，各种用电设备也在增多，对离网户用系统的容量提出了更高的要求，系统要给多个照明灯，甚至电视机、家用搅拌机

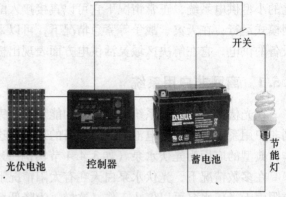

图 3-44　简单离网户用光伏系统的构成

等供电。在这种离网户用系统中，可以同时输出直流与交流电，系统配备的光伏电池阵列可以达到几百瓦，控制器与逆变器做成一体，完成从太阳能直流电到交流电变换的功能，称为一体机，是整个系统的核心部件，结构如图 3-45 所示。

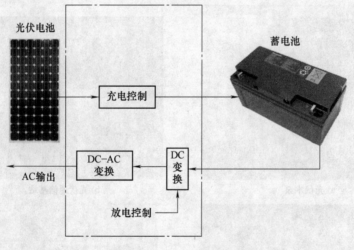

图 3-45　一体机结构

离网户用系统并不局限于小功率。例如，在中国西部地区，在乡镇一级的集中地，有邮局、电信、医院等部门，这些部门中有不少用电装置，如发电报的机器、医院里的 X 光机等检查仪器等，都有较大的负荷；另外集中的居民住户，也需要更多的用电量，通常会在这些地区建立容量比较大的光伏离网系统。这些都属于离网户用系统。

3.5.3　光伏并网系统

在前面的光伏系统中，蓄电池是系统中的一个重要组成部分。蓄电池的价格比较贵，使用寿命比光伏电池与控制器都要短，是影响光伏系统可靠性与使用寿命的主要因素之一。多数光伏并网系统中可以省去蓄电池，从而节省投资、维护与检修费用，有利于降低光伏系统

的价格及光伏系统的推广普及。

在光伏并网系统中，如果光伏电池的出力供给负载使用后，还有剩余的电能流向电网系统，这样的系统称为有逆潮流并网系统，如图 3-46 所示。在有逆潮流并网系统中，光伏电池产生的剩余电力可以供给其他负载使用，因此可以发挥出光伏电池的最大发电能力，使电能得到充分的利用。当光伏电池的出力不能满足负载的需要时，负载从电网中得到电能。

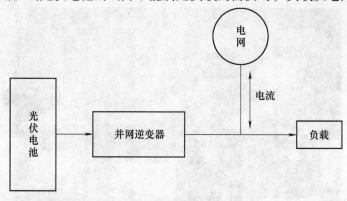

图 3-46　有逆潮流并网系统

在光伏并网系统中，即使光伏电池的出力供给负载使用后还有剩余，但剩余的电流也不流向电网，这样的系统称为无逆潮流并网系统，如图 3-47 所示。在无逆潮流并网系统中，当光伏电池的出力不能满足负载的需要时，负载从电网中得到电能。

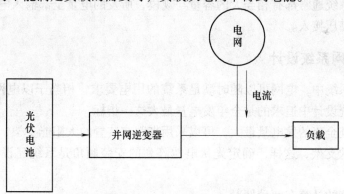

图 3-47　无逆潮流并网系统

分布式并网系统通常指小容量、在不同地点接入电网的光伏系统，特别是一些西方工业化发达国家实施的"太阳能屋顶计划"中每家每户的光伏并网系统。这些系统基本上是有逆潮流并网系统。图 3-48 所示为光伏户用并网系统图。

这类并网系统接入电网后有两种计量发电与使用电量的方式。一种是所谓"净电表计量"方式，在这种方式中，光伏电池发电系统的输出端接在进用户的电表之后，用户使用电网提供的电能时，电表正转，光伏系统向电网输送电能时，电表反转，这样，电表显示的是用户使用电网与光伏系统两个系统相减后的"净值"；另一种方式称为"上网电价"方式，在这种方式中，将光伏系统输出端接在电网进户用电表之前，用另一个电表进行计量，这样可以全部计量光伏系统所发出的电量，这个电量的价格通常由电力公司按相关国家和地区规定的"优惠"购买。在这种系统中，用户使用电网的电量是一个价格，用户安装的光伏系统向电网输出的电量是另一个价格，通常光伏系统的电量价格要高出电网电量的价格，这样用户可以从这两个价格差异中得到收益，也体现了政府鼓励发展可再生能源的政策导向。

图 3-48　光伏户用并网系统照片

集中式并网系统通常都有相当大的容量与规模，所发的电量全部输入电网，接入的方式多数使用中压或高压接入。

3.5.4　光伏并网系统设计

在光伏并网系统中，电网可以随时满足系统的用电要求，相当于以电网作为储能装置，因此光伏并网系统设计中追求的是全年发电量最大这一指标。

要使光伏系统全年的发电量最大，可以采用带跟踪装置的太阳能支架，但多数系统中使用的是固定倾角的支架，这样，确定光伏电池阵列的安装倾角是系统建设初期最主要的任务。

光伏并网系统的计算有两种情况：

1）已确定了光伏系统的容量，计算最佳倾角；这种计算方法中，可以根据光伏电池安装位置的天气和地理资料，求出全年能接收到最大太阳辐射量所对应的角度，即为阵列的最佳倾角。目前已有专门的软件来计算。

2）已知用户的用电量，确定光伏电池阵列的容量：这种情况下，要在能量平衡的条件下，通过用户每年用电量的数据，根据最佳倾角计算出光伏电池阵列的容量。

光伏并网系统中最核心的部件是光伏并网逆变器（Inverter），它的基本作用是将光伏电池所产生的直流电能转换成与交流电网频率相同、与交流电网电压相位相同的交流电，同时完成最大功率点跟踪，如图 3-49 所示。

逆变器有电压源型（Voltage Source）与电流源型（Current Source）之分，并网的控制方法又有正弦波脉宽调制（Sinusoidal Pulse Width Modulation，SPWM）与空间矢量脉宽调制

（Space Vector Pulse Width Modulation，SVPWM）等方式，为了使并网的功率因数接近于 1，光伏并网逆变器大多数是电流控制型（Current Control）逆变器，即电流控制电压源型逆变器。

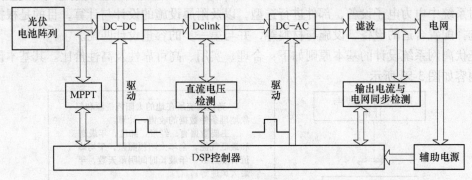

图 3-49　一个典型的光伏并网逆变器结构

　　为了防止光伏电池的直流电流流向电力系统的配电线，给电力系统带来不良影响，光伏并网逆变器中一般都有隔离变换器将直流与交流分开，目前有两种隔离方式。

　　1）工频变压器隔离方式：如图 3-50a 所示，这是早期多数光伏并网逆变器的隔离方式。特点是安全可靠，效率较高，但价格较高。

　　2）高频变压器隔离方式：如图 3-50b 所示，先将直流逆变为高频交流，经高频变压器隔离，然后变换为直流，再逆变为工频交流并网。特点是安全可靠，价格较低，高频变压器体积小，但经多级变换，效率偏低。

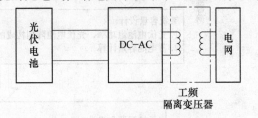

a) 工频隔离

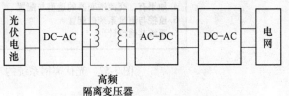

b) 高频隔离

图 3-50　变压器隔离的并网逆变器

　　显然，隔离变压器增大了系统体积和重量，降低了系统效率。因此近年来出现了无变压器非隔离并网逆变器，如图 3-51 所示。特点是效率高，价格低，但有共模漏电流问题，要通过控制方法或电路拓扑解决。

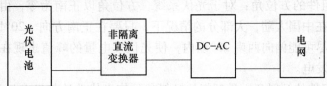

图 3-51　无变压器非隔离并网逆变器

3.5.5　光伏离网系统设计

　　光伏离网系统设计通常分成两个部分，首先是光伏系统的容量设计，这部分内容是对光伏电池组件和蓄电池的容量进行计算，目的是计算出系统在全年内能够满足用电要求并可靠工作所需要的光伏电池组件和蓄电池的容量；其次是光伏系统的系统配置与设计，这部分主要是对系统中电力电子设备、部件进行选型，以及附属设施的设计与计算，目的是根据实际情况选择配置合适的设备、设施与材料等，并与第一步的容量设计匹配。

　　光伏离网系统设计的基本原则如下：合理、实用、高可靠性及高性价比。其基本设计步骤与内容如图 3-52 所示。

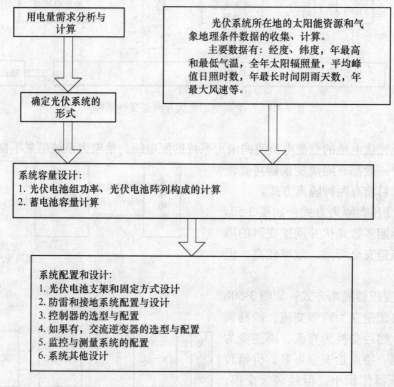

图 3-52　光伏离网系统的基本设计步骤与内容

1. 相关的设计考虑因素

　　1）负载用电特性：首先要了解负载是直流负载还是交流负载，负载的工作电压，负载的功率因数，是否有冲击性负载，以及负载的使用时间（是白天使用还是夜晚使用），每天至少要供电的时间，系统要能正常供电的连续天数等。

　　2）光伏电池组件的方位角：对于光伏系统，方位角以正南为零，由南向北为负角度，向西北为正角度。在中国大陆，大部分的情况下，只要在正南方向 ±20° 以内，对发电量的影响都不大，通常尽可能偏向西南 20° 以内，使光伏发电量的峰值出现在中午稍后的时间，这样有利于冬季多发电。

　　3）光伏电池组件的倾斜角：最理想的倾斜角是使光伏电池年发电量最大，可以用软件进行倾斜角优化计算，也可以使用带有自动跟踪装置的光伏电池组件，获得实时的最佳倾斜角。在没有计算的条件下，通常倾斜角的设定原则如下：纬度在 0°~25°，倾斜角等于纬度；纬度在 26°~40°，倾斜角等于纬度加上 5°~10°；纬度在 41°~55°，倾斜角等于纬度加上 10°~15°；纬度在 55° 以上，倾斜角等于纬度加上 15°~20°。

4）平均日照时数与峰值日照时数：日照时数是指某地一天当中太阳光达到一定的辐照度到小于此辐照度的时间。平均日照时数是某地一年或若干年的日照时数总和的平均值，例如，南京 2005 年日照时数为 1936.8h，平均日照时数为 5.3h。峰值日照时数是将当地的太阳辐照量，折算成标准测试条件下的时数。

5）全年太阳能辐照总量：这个数据是光伏系统设计的重要依据，可通过当地气象部门得到，但通常提供的是水平面上的太阳辐照量，光伏电池多数是倾斜安装，要将水平面上的太阳辐照量换算成倾斜面上的太阳辐照量。

6）最长连续阴雨天数：所谓最长连续阴雨天数就是蓄电池要向负载维持供电的天数，对不太重要的负载，通常按 3~7 天考虑，对重要的负载，例如，山区公路隧道照明系统，要按历史上这一地区最长阴雨天数 + 适当安全裕量天数来考虑。

2. 光伏发电系统容量的设计与计算

（1）光伏电池组件的并联串联数计算

计算光伏电池组件并联数的基本方法是用负载平均每天所消耗的电量（A·h）除以选定的光伏电池组件在一天中的平均发电量，即

$$光伏电池组件并联数 = \frac{负载日平均用电量(A \cdot h)}{组件平均日发电量(A \cdot h)} \tag{3-22}$$

光伏电池组件平均日发电量 = 组件峰值工作电流（A）× 峰值日照时数（h）

光伏电池组件的串联数可用式（3-23）计算：

$$光伏电池组件串联数 = \frac{系统工作电压(V) × 系数 1.43}{组件开路工作电压(V)} \tag{3-23}$$

通常光伏电池组件的最大功率点电压为其开路电压的 0.76 倍，加上一定的安全裕量，得出了 1.43 这个系数。例如，对 12V 工作电压的直流系统，应该提供开路电压为 17~17.5V 的光伏电池组件。

根据串联与并联的个数，可以计算出系统光伏电池组件的总功率。

（2）其他影响因素

式（3-22）与式（3-23）得出的是理想状态下的计算结果，实际中还有其他因素会影响这些计算结果。

通常考虑的有：①光伏电池组件的功率衰减，按 10% 考虑，即取衰减系数为 0.9；②蓄电池的功率衰减；③如果有交流，要考虑逆变器效率；④控制器的充电效率等。

（3）实际计算公式

综合考虑，得出最后的光伏系统容量计算公式如下：

$$光伏电池组件并联数 = \frac{负载日平均用电量(A \cdot h)}{组件平均日发电量(A \cdot h) × 组件衰减系数 × 充电效率系数 × 其他系数} \tag{3-24}$$

$$光伏电池组件串联数 = \frac{系统工作电压(V) × 系数 1.43}{组件开路工作电压(V)} \tag{3-25}$$

3. 蓄电池的设计与计算

（1）以日平均用电量为依据的计算方法

蓄电池的主要任务是在太阳辐照量不足时，保证系统负载的正常供电。通常蓄电池使用

的是铅酸蓄电池。

首先按负载每天的用电量（A·h）乘以连续阴雨天数，就得出初步的蓄电池容量（A·h）。但根据铅酸蓄电池的特性，不允许在连续阴雨天内将蓄电池的电 100% 用完（100% 放电深度），通常蓄电池的放电深度在 50% 或 75%，得到蓄电池容量计算基本公式为

$$\text{蓄电池容量(A·h)} = \frac{\text{负载日平均用电量(A·h)} \times \text{连续阴雨天数}}{\text{最大放电深度}} \quad (3\text{-}26)$$

蓄电池的容量有很多影响因素，例如，放电率对蓄电池容量有影响，环境温度对蓄电池容量有影响。因此，一个更实用的计算公式为

$$\text{蓄电池容量(A·h)} = \frac{\text{负载日平均用电量(A·h)} \times \text{连续阴雨天数} \times \text{放电修正系数}}{\text{最大放电深度} \times \text{温度修正系数}}$$

$$(3\text{-}27)$$

式（3-27）中，因为铅酸蓄电池在不同的放电电流下，其放电容量有所不同，放电修正系数可根据蓄电池厂商提供的参数曲线或根据实际经验取值，通常光伏系统中都是慢放电，对慢放电率 50~200h（小时率）的蓄电池，可取值为 0.8~0.95；温度修正系数根据经验取值：0℃左右时修正系数取 0.9~0.95，-10℃时取 0.8~0.9，-20℃时取 0.7~0.8 或更低。

蓄电池的串联并联数可用式（3-28）和式（3-29）计算：

$$\text{蓄电池串联数} = \frac{\text{系统工作电压}}{\text{蓄电池标称电压}} \quad (3\text{-}28)$$

$$\text{蓄电池并联数} = \frac{\text{蓄电池总容量}}{\text{每个串联支路蓄电池容量}} \quad (3\text{-}29)$$

例 3-1 某移动基站的光伏系统，为直流负载，工作电压为 48V，用电量每天为 150 A·h，这一地区最低的光照辐射是 1 月份，其倾斜面峰值日照时数是 3.9h。选用 125W 的光伏电池组件，其峰值电流为 3.65A，电压为 34.2V，试计算光伏电池的组合。

解： 首先确定串联数，有

$$\text{光伏电池组件串联数} = \frac{48 \times 1.43}{34.2} \approx 2$$

其次确定并联数，按衰减系数为 0.9，充电效率系数为 0.8 考虑，有

$$\text{光伏电池组件并联数} = \frac{150}{(3.65 \times 3.9) \times 0.9 \times 0.8} = 14.64 \approx 15$$

这样计算结果为采用 2 组串联，15 组并联的光伏电池阵列，阵列总功率为 3750W。

例 3-2 某移动基站，采用 48V 直流供电，有两套设备，一套工作电流为 2A，每天工作 24h，另一套工作电流为 4.5A，每天工作 10h。这一地区最低温度为 -20℃，最大连续阴雨天数为 7 天，放电深度设计为 0.7，计算蓄电池组件。

解： 首先得到负载日平均用电量 $= 2 \times 24$A·h $+ 4.5 \times 10$A·h $= 93$A·h

其次得到蓄电池容量为（因为最低温度较低，去温度修正系数为 0.6）

$$\text{蓄电池容量} = \frac{93 \times 7}{0.6 \times 0.7}\text{A·h} = 1550\text{A·h}$$

根据计算结果，可选用 800 A·h/2V 的蓄电池，不难得到串联数为 24，并联数为 1.93，

取整数为 2，这样蓄电池由 800 A·h/2V 的 48 节蓄电池组成，其中串联数为 24，并联数为 2。

（2）以峰值日照时数为依据的计算方法

计算光伏电池组件功率的基本公式为

$$光伏电池组件功率 = \left(\frac{用电功率（W）×用电时间（h）}{当地峰值日照时数（h）} \right) ×损耗系数 \qquad (3-30)$$

计算蓄电池容量的基本公式为

$$蓄电池容量 = \left(\frac{用电功率（W）×用电时间（h）}{系统电压（V）} \right) ×连续阴雨天数×安全系数 \qquad (3-31)$$

式中，损耗系数与安全系数通常取值 1.6 ~ 2.0。

例 3-3 某地要安装一太阳能庭院灯，灯具为两只 12V/8W 的节能灯，每天工作 6h，要求能连续工作 4 个阴雨天，已知当地的峰值日照时数是 4.8h，计算光伏电池总功率与蓄电池容量。

解： 光伏电池组件功率 $= \left(\dfrac{16 \times 6}{4.8} \right) \times 2W = 40W$

蓄电池容量 $= \left(\dfrac{16 \times 6}{12} \right) \times 4 \times 2A \cdot h = 64A \cdot h$

（3）以年辐照总量为依据的计算方法

计算光伏电池组件功率的基本公式为

$$光伏电池组件功率 = \left(\frac{工作电压(V)×工作电流(A)×用电时间(h)}{当地年辐照总量(kJ/cm^2)} \right) ×K \qquad (3-32)$$

式中，K 为辐照量修正系数，单位为 $kJ/cm^2 \cdot h$。

式（3-32）中，当光伏系统有人维护时，K 取为 230；当系统无人维护时，K 取为 251；当系统处于无人区，环境恶劣，又要求工作可靠时，K 取为 276。

计算蓄电池容量的基本公式为

$$蓄电池容量 = 工作电流（A）×用电时间×连续阴雨天数×低温系数×安全系数$$
$$(3-33)$$

例 3-4 某地安装一太阳能庭院灯（该灯具无人维护），灯具为两只 12V/9W 的节能灯，每天工作 6h，要求能连续工作 4 个阴雨天，已知当地的全年辐照总量为 $600kJ/cm^2$，计算光伏电池总功率与蓄电池容量（安全系数取 1.8）。

解： 系统工作电流为 18/12 = 1.5A，则

$$光伏电池组件功率 = \left(\frac{12 \times 1.5 \times 6}{600} \right) \times 251W = 45.18W$$

$$蓄电池容量 = 1.5 \times 6 \times 4 \times 1.8A \cdot h = 64.8A \cdot h$$

3.6 太阳能热发电

通常所说的太阳能热发电，就是指太阳能蒸汽热动力发电。

3.6.1　太阳能热发电系统的构成

太阳能蒸汽热动力发电的原理和传统火力发电的原理类似，所采用的发电机组和动力循环都基本相同。区别就在于产生蒸汽的热量来源是太阳能，而不是煤炭等化石燃料。一般用太阳能集热装置收集太阳能的光辐射并转换为热能，将某种工质加热到数百摄氏度的高温，然后经热交换器产生高温高压的过热蒸汽，驱动汽轮机旋转并带动发电机发电。

太阳能热发电系统，由集热部分、热传输部分、蓄热与热交换部分和汽轮发电部分组成。典型的太阳能热发电系统如图 3-53 所示，其中定日镜、集热器实现集热功能，蓄热器是蓄热与热交换部分的主要设备，汽轮机、发电机是发电的核心设备，凝汽器、水泵为热动力循环提供水和动力。

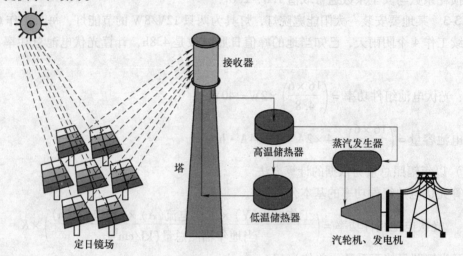

图 3-53　太阳能热发电系统

1. 集热部分

太阳能是比较分散的能源，定日镜（或聚光系统）的作用就是将太阳辐射聚焦，以提高其功率密度。大规模太阳能热发电的聚光系统，会形成一个庞大的太阳能收集场。为了能够聚集和跟踪太阳的光照，一般要配备太阳能跟踪装置，保证在有阳光的时段持续高效地获得太阳能。

集热器的作用是将聚集后的太阳能辐射吸收，并转换为热能提供给工质，是各种利用太阳能装置的关键部分。目前常用真空管式和腔体式结构。

整个集热部分可以看成是庞大的聚光型集热器。

2. 热能传输部分

该部分把集热器收集起来的热能传输给蓄热部分。对于分散型集热系统，通常要把多个单元集热器串联或并联起来组成集热器方阵。传热介质通常选用加压水或有机流体。为减少输热管的热损失，一般在输热管外加装绝热材料，或利用特殊的热管输热。

3. 蓄热与热交换部分

由于太阳能受季节、昼夜和气象条件的影响，为保证发电系统的热源稳定，需要设置蓄热装置。蓄热分低温（小于100℃）、中温（100~500℃）、高温（500℃以上）和极高温

（1000℃左右）4 种类型，分别采用水化盐、导热油、熔化盐、氧化锆耐火球等作为蓄热材料。蓄热机制所存储的热能，还可供光照短缺时使用。

为了适应汽轮发电的需要，传输和存储的热能还需通过热交换装置，转化为高温高压蒸汽。

4. 汽轮发电部分

经过热交换形成的高温高压蒸汽，可以推动汽轮发电机发电。汽轮发电部分，是实现电能供应的重要部件，其电能输出可以是单机供电，也可以采用并网供电。

应用于太阳能热电的发电机组，除了通常的蒸汽轮机发电机组以外，还有用太阳能加热空气的燃气轮机发电机组、斯特林热发动机等。

3.6.2　太阳能热发电系统的基本类型

太阳辐射的能流密度较低，对于较大规模的热发电系统，单个的聚焦型集热器已经不能满足要求，往往需要设计大面积的聚光系统，形成一个庞大的太阳能收集场，来实现聚光功能。

根据太阳能聚光跟踪理论和实现方法的不同，太阳能热发电系统可以分为三个基本类型：槽式线聚焦系统、塔式定日镜聚焦系统和蝶式点聚焦系统。

也有一些不用聚焦结构的太阳能发电系统，多采用真空管集热器，如图 3-54 所示。

图 3-54　真空管式太阳能集热器

1. 槽式太阳能热发电系统

槽式太阳能热发电系统，是利用槽形抛物面或柱面反射镜把阳光聚焦到管状的接收器上，并将管内传热工质加热，在换热器内产生蒸汽，推动常规汽轮机发电，适用于大规模太阳能热发电应用。

图 3-55 所示为太阳能热发电系统的槽式聚光集热系统。整个槽式系统由多个呈抛物线形弯曲的槽型反射镜构成，有时为了制作方便，各槽式反射镜采用抛物柱面结构。每个槽式反射镜都将其接收到的太阳光聚集到处于其截面焦点的连线的一个管状接收器上。

由于槽式系统的抗风性最差，目前的槽式电站多处于少风或无风地区。

在美国加利福尼亚西南的莫哈韦沙漠上，从 1985 年起先后建成 9 个太阳能发电站，总装机容量 345MW，年发电总量 10.8 亿 kW·h。随着技术不断发展，系统效率由起初的 11.5% 提高到 13.6%；建造费用由每千瓦 5976 美元降低到每千瓦 3011 美元，发电成本由 26.3 美分/（kW·h）降低到 12 美分/（kW·h）。2007 年 8 月，以色列索莱尔太阳能系统公司宣布将

图 3-55　太阳能热发电系统的槽式聚光集热系统

与美国太平洋天然与电力公司在莫哈韦沙漠建造世界上最大的太阳能发电厂。该发电厂由120 万块水槽型光伏电池板和约 510km 长的真空管组成，占地约 24km²，全部建成后，最大发电能力为 553MW，可为加州中、北部 40 万户家庭提供电力。

我国西北阳光富足的地区往往是多风、大风甚至沙尘暴频发的地区。如果在我国开展此项应用或示范，必需增强槽式系统的抗风能力，因而成本必然会在国外已有示范基础上大大增加。

2. 塔式太阳能热发电系统

塔式太阳能热发电系统，一般是在空旷的平地上建立高塔，高塔顶上安装接收器；以高塔为中心，在周围地面上布置大量的太阳能反射镜群（能够自动跟踪阳光的定日镜群）；定日镜群把阳光积聚到接收器上，加热工质（例如水），产生高温高压蒸汽推动汽轮机发电。

塔式系统聚光比高，易于实现较高的工作温度，系统容量大、效率高，因而适用于大规模太阳能热发电系统。

最早和最大的太阳能热电站，都是塔式太阳能热电站。图 3-56 为塔式太阳能热电站。

图 3-56　塔式太阳能热电站

3. 蝶式太阳能热发电系统

蝶式太阳能热发电系统，又称抛物面反射镜/斯特林系统，其由许多反射镜组成一个大型抛物面，类似大型的抛物面雷达天线（见图 3-57），聚光比可达数百倍到数千倍；在该抛物面的焦点上安防热能接收器，利用反射镜把入射的太阳光聚集到热能接收器所在的很小的面积上，收集的热能将接收器内的传热工质加热到很高的温度（如 750℃左右），驱动发电机进行发电。

美国热发电计划与 Cummins 公司合作，1991 年开发商用的是 7kW 蝶式/斯特林发电系统。同时还开发了 25kW 的蝶式发电系统，成本更加低廉，1996 年在电力部门进行实验，1997年开始运行。

受聚光集热装置的尺寸限制，蝶式太阳能热发电系统的功率较小，更适用于分布式能源系统。

图 3-57　蝶式斯特林太阳能热发电系统

蝶式/斯特林系统光学效率高，起动损失小，效率高达29%，在三类系统中位居首位。今后的研究方向主要是提高系统的稳定性和降低系统发电成本两个方面。

2003年，中国科学院电工研究所在北京通州区获得太阳能聚光热发电试验成果，这是我国首次采用蝶式太阳能聚光技术进行的太阳能热发电。

3.7　风光互补发电系统

风光互补发电系统（风能与太阳能互补发电系统）同时利用太阳能和风能发电，因此对气象资源的利用更加充分，可实现昼夜发电。在适宜气象条件下，风光互补系统可提高系统供电的连续性和稳定性。由于通常夜晚无阳光时恰好风力较大，所以互补性好，可以减少系统的光伏电池板配置，从而大大降低系统造价，单位容量的系统初始投资和发电成本均低于独立的光伏发电系统。

3.7.1　风光互补发电系统的结构与特点

由于光伏电池是将光能转换成电能的一种半导体器件，将光伏电池组件与风力发电机有机地组成一个系统，可充分发挥各自的特性和优势，最大限度地利用好大自然赐予的风能和太阳能。对于用电量大、用电要求高，而风能资源和太阳能资源又较丰富的地区，风光互补供电无疑是一种最佳选择。太阳能与风能在时间上和地域上都有很强的互补性。白天太阳光最强时，可能风很小，晚上太阳落山后，光照很弱，但由于地表温差变化大而风能加强。在夏季，太阳光强度大而风小；冬季，太阳光强度弱而风大。太阳能和风能在时间上的互补性使风光互补发电系统在资源上具有最佳匹配性，风光互补发电系统是利用资源条件最好的独立电源系统。

由风力发电和光伏发电配合组成的混合发电系统，称为风光互补发电系统。由于太阳能与风能的互补性强，风光互补发电系统在资源上弥补了风力发电和光伏发电独立系统在资源上的缺陷。同时，风力发电和光伏发电系统在蓄电池组和逆变环节上可以通用，所以风光互补发电系统的造价可以降低，系统成本趋于合理。

1. 风光互补发电系统的组成

图3-58所示为风光互补发电系统主要组成结构示意图。

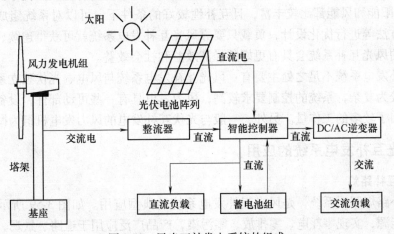

图3-58　风光互补发电系统的组成

1）风力发电机组。由单一或一组风力机、发电机和控制部件组成。

2）光伏阵列。将光伏电池组件用导线通过串联和并联组合在一起组成的方阵，产生负载所需要的电压和电流。

3）智能控制器。智能控制器是风光互补发电系统的控制装置。智能控制器控制风力发电和光伏发电对蓄电池的充电和放电，并对设备进行保护，同时可以对系统的输入和输出功率进行调节和分配。可以采用风力发电和光伏发电独立用控制器，也可用风电一体控制器，对所发的电能进行调节和控制，把调整后的能量送往直流负载或交流负载，把多余的能量送往蓄电池储存。当所发的电不能满足负载需要时，控制器又把蓄电池的电能送往负载。蓄电池充满电后，控制器控制蓄电池不被充电，当蓄电池所储存的电能不够时，控制器控制蓄电池不被过放电，保护蓄电池。控制器的性能对蓄电池的使用寿命有极大影响。

智能型风光互补路灯控制器适用于风光互补供电系统，可以将风力发电机和光伏电池产生的电能对蓄电池进行充电，供给路灯、监控系统及小型用电设备等使用，尤其适合于风光互补路灯系统，不仅能够高效率地转化风力发电机和光伏电池所发出的电能，而且还提供了强大的控制功能。可以智能设置开、熄灯时间，并且可以根据蓄电池剩余电量自动调整亮灯持续时间。

4）蓄电池组。由若干电压和容量相同的蓄电池通过串联和并联组合，构成系统所需要的电压和容量。主要是储存和调节风力发电与光伏发电这种不稳定的能源，达到可以连续稳定供电的目的。在风力发电机和光伏阵列不能发电时，由蓄电池向负载供电。

5）逆变器。将直流电转换为交流电供交流负载使用或并网送电。

2. 风光互补发电系统的特点

相对于独立风能发电系统和独立光伏发电系统，风光互补发电系统具有如下特点。

1）风光互补发电系统可以同时利用风能和太阳能进行发电，充分利用了自然气象资源，白天可能具有较好的太阳能资源，夜间则可能具有较丰富的风能资源。在合适的气象资源条件下，风光互补发电系统可以大大提高供电的连续性和稳定性，使得整个供电系统更加可靠。

2）相同容量系统的初投资和发电成本均低于独立的光伏发电系统。如果电站所在地太阳资源和风力资源具有较好的互补性，则可以适当地减少蓄电池容量，降低系统成本。

3）在太阳能和风能都比较丰富，且互补性较好的条件下，可以对系统组成、运行模式及负荷调度方法等进行优化设计，负载只要靠风光互补发电系统就可获得连续、稳定的电力供应。这样的风光互补系统会具有更好的经济效益和社会效益。

风光互补发电系统不足之处主要有：风光互补发电系统与风电、光伏独立系统相比，其系统的设计较为复杂，系统的控制要求较高；风力发电具有一些可动部件，设备需要定期进行维护，增加了较多的工作量。另外，一般与光伏互补发电的风力发电机组为微小型机组。

3.7.2　风光互补发电系统的应用

1. 风光互补路灯

风光互补路灯照明系统，是风光互补发电系统的典型应用。如图 3-59 所示，它充分利用绿色清洁能源，实现零耗电、零排放、零污染，产品广泛应用于道路、景观、小区照明及监控、通信基站、船舶等领域。风光互补路灯具有不需要铺设输电线路，不需开挖路面埋管,不消耗电网电能等特点,风光互补路灯独特的优势在城市道路建设、园林绿化等市政照明领域十分突出。全国各地已将风光互补路灯照明系统纳入了市政道路照明设计范畴,并开始大规模应用推广。晴天光照强,阴雨天风力较大;夏天太阳照射强,冬天风力较大,利用太阳能和风能的互补性,通过风光互补路灯的太阳能和风能发电设备集成系统供电,白天储存电能,晚上通过智能控制系统实现风光互补路灯供电照明。

图 3-59　风光互补灯

某系列风光互补路灯系列技术参数见表 3-3。

表 3-3　风光互补路灯系列技术参数

名　称	系列 8m40W 风光互补路灯	系列 10m80W 风光互补路灯
光伏电池组件	单晶光伏电池组件,转换率 15% 以上,寿命 20～25 年	
	峰值功率:120W	峰值功率:240W
风力发电机组	系列 SN-400WL 风力发电机,美国西南风电 Air-X 风力发电机使用寿命 20 年以上,三年质保	
	输出 12V	输出 24V
蓄电池	高性能、免维护铅酸/胶体风光互补路灯专用电池	
	12V(150A·h/200A·h)	12V(150A·h/200A·h)×2
风光互补控制器	具有过充保护、过放电保护、防雷、光控与时控等功能	
	12V,10A	24V,10A
LED 照明光源	使用寿命大于 50 000h	
	压铸铝合金 30W LED 灯(12V)	压铸铝合金 60W LED 灯(24V)
风光互补路灯灯杆	优质 Q235 锥形钢管,热浸镀锌,喷户外氟碳漆	
	杆高 8m,厚度 4.0mm	杆高 10m,厚度 4.5mm
电缆	2.5/4/6mm² 电缆	
太阳能板支架	4×4 角钢热镀锌喷漆	
工作模式	工作时间 1～14h 自行组合	
连续工作天数	连续阴雨天气工作 5～7 天	
风速及辐照量温度范围	常年风速 3.5m/s 以上;常年日照时间 4.5h/d;温度范围:-30～50℃	

2. 风光互补通信基站

风光互补通信基站供电系统主要由风电机组、太阳能光伏组件、蓄电池、风光互补控制器、逆变器等组成，其结构和安装图如图 3-60 所示，技术参数见表 3-4。

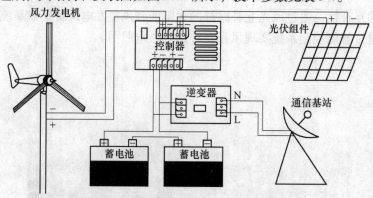

图 3-60　风光互补通信基站结构及其安装示意图

表 3-4　风光互补通信基站供电系统技术参数

序号	项　目	指　标	序号	项　目	指　标
1	型号	SW600-24P	15	光控范围	无极调整
2	功率	600W	16	时控	有
3	风光功率比	1.5:1	17	时控范围	1~15h
4	电池电压	24V	18	电池反接保护	有
5	风力发电机充电电流	20A	19	负载过电流保护	有
6	光伏电池充电电流	15A	20	外壳	铝
7	负载额定放电电流	15A	21	风机保护	手动/自动
8	风力发电机充电终止电压	29.5V	22	故障导向安全	有
9	太阳能充电终止电压	28.8V	23	电池脱机风机保护	有
10	放电终止电压	21.6V	24	尺寸	215×115×50
11	放电恢复电压	24.6V	25	环境温度	-20~55℃
12	温度补偿	有	26	海拔	<5500m
13	光伏电池反接保护	有	27	冷却方式	强制智能风冷却
14	光控	有			

小结

太阳能是地球上最广泛的可再生能源。本章首先介绍了太阳能的形成，以及太阳能采集、转换、储存、传输和应用的基础知识。

本章重点讨论太阳能光伏发电。首先介绍光伏发电基本原理，包括光电效应机理。光伏发电系统由太阳能光伏电池组件、控制器、蓄电单元三大部分组成。光伏电池分为三大类，其中尤以硅系光伏电池应用最为广泛，包括单晶硅和多晶硅等电池组件应用主体，同时也讨论了硅系光伏电池的电学特性，通过等效电路进行了分析。关于光伏发电的控制，重点对最大功率点跟踪（MPPT）控制方法进行了介绍，包括最大功率点跟踪算法、太阳光自动跟踪系统控制等，还给出了一个设计实例。从用户角度，分类介绍了离网非户用系统、离网户用系统、并网系统的结构和基本设计方法，以及离网系统的容量计算、蓄电池设计计算等。

太阳能热发电完全不同于光伏发电，本章 3.6 节介绍了太阳能热发电的构成和类型，发电原理等。

本章最后一节介绍了在小功率场合广泛应用的风光互补发电系统的结构特点及应用概况。

阅读材料

太阳能光伏发电历史

自从 1954 年第一块实用光伏电池问世以来，太阳光伏发电取得了长足的进步。但比计算机和光纤通信的发展要慢得多。其原因可能是人们对信息的追求特别强烈，而常规能源还能满足人类对能源的需求。1973 年的石油危机和 20 世纪 90 年代的环境污染问题大大促进了太阳光伏发电的发展。其发展过程简介如下：

1839 年，法国科学家贝克勒尔发现"光生伏特效应"，即"光伏效应"。

1876 年，亚当斯等在金属和硒片上发现固态光伏效应。

1883 年，制成第一个"硒光电池"，用作敏感器件。

1930 年，肖特基提出 Cu2O 势垒的"光伏效应"理论。同年，朗格首次提出用"光伏效应"制造"光伏电池"，使太阳能变成电能。

1931 年，布鲁诺将铜化合物和硒银电极浸入电解液，在阳光下起动了一个电动机。

1932 年，奥杜博特和斯托拉制成第一块"硫化镉"光伏电池。

1941 年，奥尔在硅上发现光伏效应。

1954 年，恰宾和皮尔松在美国贝尔实验室，首次制成了实用的单晶光伏电池，效率为 6%。同年，韦克尔首次发现了砷化镓有光伏效应，并在玻璃上沉积硫化镉薄膜，制成了第一块薄膜光伏电池。

1955 年，吉尼和罗非斯基进行材料的光电转换效率优化设计。同年，第一个光电航标灯问世。

1957 年，硅光伏电池效率达 8%。

1959 年，第一个多晶硅光伏电池问世，效率达 5%。

1960 年，硅光伏电池首次实现并网运行。

1962 年，砷化镓光伏电池光电转换效率达 13%。

1969 年，薄膜硫化镉光伏电池效率达 8%。

1973 年，砷化镓光伏电池效率达 15%。

1974 年，COMSAT 研究所提出无反射绒面电池，硅光伏电池效率达 18%。

1975 年，非晶硅光伏电池问世。

1976 年，多晶硅光伏电池效率达 10%。

1978 年，美国建成 100kWp 太阳地面光伏电站。

1980 年，单晶硅光伏电池效率达 20%，砷化镓电池达 22.5%，多晶硅电池达 14.5%，硫化镉电池达 9.15%。

1986 年，美国建成 6.5MWp 光伏电站。

1990 年，德国提出"2000 个光伏屋顶计划"，每个家庭的屋顶装 3～5kWp 光伏电池。

1995 年，高效聚光砷化镓光伏电池效率达 32%。

1997 年，美国提出"克林顿总统百万太阳能屋顶计划"，在 2010 年以前为 100 万户，每户安装 3～5kWp 光伏电池。有太阳时光伏屋顶向电网供电，电表反转；无太阳时电网向家庭供电，电表正转。家庭只需交"净电费"。

1997 年，日本"新阳光计划"提出到 2010 年生产 43 亿 Wp 光伏电池。

1997 年，欧洲联盟计划到 2010 年生产 37 亿 Wp 光伏电池。

1998 年，单晶硅光伏电池效率达 25%。荷兰政府提出"荷兰百万个太阳光伏屋顶计划"，到 2020 年完成。

中国太阳能资源非常丰富，理论储量达每年 17 000 亿 t 标准煤。太阳能资源开发利用的潜力非常广阔。中国光伏发电产业于 20 世纪 70 年代起步，90 年代中期进入稳步发展时期。光伏电池及组件产量逐年稳步增加。经过 30 多年的努力，已迎来了快速发展的新阶段。在"光明工程"先导项目和"送电到乡"工程等国家项目及世界光伏市场的有力拉动下，中国光伏发电产业迅猛发展。

2007 年，中国光伏电池产量首次超过德国和日本，居世界第一位。2008 年的产量继续提高，达到了 200 万 kW。2008～2011 年，中国光伏电池产量年增长速度为 1～3 倍，光伏电池产量占全球产量的比例也由 2002 年 1.07% 增长到 2013 年的超过 50%。

根据权威机构发布的《中国光伏发展报告》中的数据可以预计：到 2030 年，中国太阳能光伏发电装机容量将达到 1 亿 kW，年发电量可达 1300 亿 kW·h，相当于少建 30 多个大型燃煤发电厂。近年来全球光伏发电产业以平均 30% 以上的速度迅猛增长。预计在各国减排行动和优惠政策的拉动下，产业发展将进一步加快。

习　题

1. 简述太阳的构造。
2. 为什么地球有春、夏、秋、冬之分？
3. 简述太阳能的储存方法。
4. 太阳能光伏发电的基本原理是什么？
5. 简述光伏发电系统的结构。
6. 通过光伏电池的伏安特性，简述光伏阵列的功率输出特性，以及最大功率点的求取方法。
7. 简介常见的光伏电池最大功率点跟踪方法。
8. 离网及并网光伏发电系统的各自组成及其特点有哪些？
9. 简述光伏并网系统设计要点。
10. 某路灯光伏系统，为直流负载，工作电压为 48V，用电量每天 80A·h，这一地区最低的光照辐射是 1 月份，其倾斜面峰值日照时数是 3.5h。选用 80W 的光伏电池组件，其峰值电流为 3A，电压 36V，试计算光伏电池的组合。
11. 某小区的户外照明灯，灯具为两只 12V/8W 的 LED 灯，每天工作 7h，要求能连续工作 5 个阴雨天，已知当地的峰值日照时数是 5h，计算光伏电池总功率与蓄电池容量。
12. 某小区的户外照明灯，灯具为两只 12V/9W 的 LED 灯，每天工作 7h，要求能连续工作 5 个阴雨天，已知当地的全年辐照总量为 500kJ/cm²，计算光伏电池总功率与蓄电池容量。
13. 简述太阳能热发电系统的主要组成，以及其基本类型。
14. 风光互补发电的特点是什么？

第4章 海洋能发电

关键术语：

潮汐发电、波浪发电、海流发电、温差发电、盐差发电。

学过本章后，读者将能够：

了解地球海洋能资源及其丰富但又分散、低密度等特点；

掌握潮汐发电、波浪发电、海流发电、温差发电、盐差发电等五种发电方式的发电原理；

理解以上五种发电方式典型发电装置的工作过程原理；

理解渗透现象、渗透压等盐差发电的基本概念。

引例

海洋，占据地球70%的面积，具备无穷无尽的各类海洋资源，其中多种海洋资源可以通过一定的方式转化为电能。如图4-1所示的我国最大的海洋能发电站江夏潮汐发电站。

图 4-1　潮汐发电站

4.1 海洋能及其开发利用

海洋能（Ocean Energy）是指依附在海水中的可再生能源，海洋能主要以潮汐、波浪、海流、温度差、盐度差等形式存在于海洋之中。潮汐能和海流能源自月球、太阳和其他星球引力，其他海洋能均源自太阳辐射。海水温差能是一种热能。低纬度的海面水温较高，与深层水形成温度差，可产生热交换，其能量与温差的大小和热交换数量成正比。潮汐能、海流能、波浪能都是机械能。潮汐的能量与潮差大小和潮量成正比。波浪的能量与波高的二次方和波动水域面积成正比。在河口水域还存在海水盐差能（又称海水化学能），入海径流的淡水与海洋盐水间有盐度差，若隔以半透膜，淡水向海水一侧渗透，可产生渗透压力，其能量与压力差和渗透能量成正比。目前，发电是开发利用海洋能的主要方式。

地球表面积约为 5.1 亿 km²，其中海洋面积 3.61 亿 km²，占 70%；以海平面计，海洋的平均深度为 3800m，整个海水的容积多达 $1.37 \times 10^9 km^3$。一望无际的大海，不仅为人类提供航运、水源和丰富的矿藏，而且还蕴藏着巨大的能量，它将太阳能以及派生的风能等以热能、机械能等形式储存在海水里，不像在陆地和空中那样容易散失。

海洋能具有如下特点：

1）在海洋总水体中的蕴藏量巨大，但单位体积、单位面积、单位长度所拥有的能量较小，利用效率不高，经济性差。

2）具有可再生性。海洋能来源于太阳辐射能与天体间的万有引力，只要太阳、月球等天体与地球共存，这种能源就会再生，就会取之不尽，用之不竭。

3）能量多变，具有不稳定性。潮汐能与海流能不稳定，但其变化有一定规律，人们可根据潮汐和海流变化规律，编制出各地逐日逐时的潮汐与海流预报，潮汐电站与海流电站可根据预报表安排发电运行。波浪能是既不稳定又无变化规律可循的能源，而海水温差能、盐差能和海流能变化较为缓慢。

4）属于一种洁净能源，海洋能一旦开发后，其本身对环境污染影响很小。

4.1.1　海洋能的分类

根据呈现方式的不同，海洋能一般分为潮汐能、波浪能、海流能、海水温差能、盐差能等几种。

1）潮汐能。潮汐能是因月球、太阳引力的变化引起潮汐现象，潮汐导致海水平面周期性地升降，因海水涨落及潮水流动所引起的水的势能即为潮汐能。潮汐能利用的原理与水力发电的原理类似，而且潮汐能的能量与潮量和潮差成正比。

2）波浪能。波浪能是指海洋表面波浪所具有的动能和势能，是一种在风的作用下产生的，并以势能和动能的形式由短周期波储存的机械能。波浪的能量与波高的二次方、波浪的运动周期以及迎波面的宽度成正比。波浪能是海洋能源中能量最不稳定的一种能源。波浪发电是波浪能利用的主要方式，此外，波浪能还可以用于抽水、供热、海水淡化以及制氢等。

3）海流能。海流能是指海水流动的动能，主要是指海底水道和海峡中较为稳定的流动以及由于潮汐导致的有规律的海水流动所产生的能量，是另一种以动能形态出现的海洋能。海流能的利用方式主要是发电，其原理和风力发电相似。全世界海流能的理论估算值约为 $10^8 kW$ 量级。我国沿海海流能的年平均功率理论值约为 $1.4 \times 10^7 kW$，属于世界上功率密度最大的地区之一，其中辽宁、山东、浙江、福建和台湾沿海的海流能较为丰富，不少水道的能量密度为 $15 \sim 30 kW/m^2$，具有良好的开发价值。

4）海水温差能。海水温差能是指海洋表层海水和深层海水之间温差的热能，是海洋能的一种重要形式。低纬度的海面水温较高，与深层冷水存在的温差，蕴藏着丰富的热能资源，其能量与温差的大小和水量成正比。世界海洋的温差能达 $5 \times 10^7 MW$，而可能转换为电能的海水温差能仅为 $2 \times 10^6 MW$。我国南海地处热带、亚热带，可利用的海水温差能有 $1.5 \times 10^5 MW$。海水温差能利用的最大困难是温差太小，能量密度低，建设费用高，目前各国仍在积极探索中。

5）盐差能。盐差能是指海水和淡水之间或两种含盐浓度不同的海水之间的化学电位差能，是以化学能形态出现的海洋能，主要存在于河海交接处。世界海洋可利用盐差能约为 $2.6 \times 10^6 MW$，我国的盐差能蕴藏量约为 $1.1 \times 10^5 MW$。但总体上，对盐差能这种新能源的研究还处于实验阶段，离示范应用还比较遥远。

4.1.2　海洋能的开发

　　人类开发海洋能的历史和水能利用差不多。1930 年在法国首次试验成功海水温差发电，现在，许多国家都在进行海水温差发电的研究。利用海水的温差来进行发电还兼有海水淡化的功能。另一方面，由于电站抽取的深层冷海水中富含营养盐类，所以在海水温差发电站的周围，正是浮游生物及鱼类栖息的理想场所，这将有利于提高鱼类的近海捕捞量。

　　早在 12 世纪，人类就开始利用潮汐能。当时法国沿海就建起了"潮磨"，利用潮汐能代替人力推磨。随着科学技术的进步，人们开始筑坝拦水，建起潮汐电站。目前世界上最大潮汐电站是法国的朗斯潮汐电站。我国浙江省的江厦潮汐电站为国内最大。潮汐发电有许多优点，例如，潮水来去有规律，不受洪水或枯水的影响；以河口或海湾为天然水库，不会淹没大量土地，也不污染环境，而且不消耗任何燃料等。但潮汐电站的缺点也很明显，工程艰巨、造价高、海水对水下设备有腐蚀作用等。但综合经济比较结果，潮汐发电成本低于火电。

　　各种海洋能的蕴藏量非常巨大，很多海洋能至今没被利用的原因主要有两方面：一是经济效益差，成本高；以法国的朗斯潮汐电站为例，其单位千瓦装机投资合 1500 美元（1980 年价格），高出常规火力发电站。尽管如此，沿海各国，特别是美国、俄罗斯、日本、法国等都非常重视海洋能的开发。从各国的情况看，潮汐发电技术比较成熟，利用波浪能、盐度差能、海水温差能等海洋能进行发电还不成熟，目前仍处于研究试验阶段。不少国家一方面在组织研究解决海洋能开发面临的问题，另一方面在制定宏伟的海洋能利用计划。从发展趋势来看，海洋能必将成为沿海国家，特别是那些发达沿海国家的重要能源之一。

　　海洋能开发作为未来的海洋产业，将给海洋经济的发展带来新的活力。海洋资源的综合利用，要把海洋能发电技术与各种海洋能系统副产品的开发结合起来，例如，潮汐能发电可与海水养殖业、滨海旅游业相结合，海水温差发电、波浪能发电可以与海水淡化、渔业和养殖业相结合。目前，如果把发电以外的海洋能综合利用收益加在一起，开发利用海洋能的综合成本已具有与常规能源相竞争的能力，但没有使用常规能源而造成的环境污染及治理所付出的代价。这些特点为海洋能的开发利用提供了坚实的基础和广阔的产业市场，海洋能发电将会成为 21 世纪实用的新能源之一。

4.1.3　中国海洋能资源及开发利用概况

　　我国从北向南分布着四个内海和近海，分别是渤海、黄海、东海和南海。渤海三面环陆，在辽宁、河北、山东、天津三省一市之间。渤海的面积较小，约为 9 万 km^2，平均水深为 2.5m，总容量不过 $1.73 \times 10^{12} m^3$。黄海西临山东半岛和苏北平原，东边是朝鲜半岛，北端是辽东半岛。黄海面积约为 40 万 km^2，最深处在黄海东南部，约为 140m。东海北连黄海，东到琉球群岛，西接中国大陆，南邻南海，南北长约为 1300km，东西宽约为 740km。东海海域面积约为 70 多万 km^2，平均水深为 350m 左右，最大水深为 2719m。东海海域比较开阔，海岸线曲折，港湾众多，岛屿星罗棋布，我国一半以上的岛屿分布在这里。我国流入东海的河流多达 40 余条，其中长江、钱塘江、瓯江、闽江四大水系是注入东海的主要江河。

因而，东海形成一支巨大的低盐水系，成为我国近海营养盐比较丰富的水域，其盐度在3.4% 以上。东海位于亚热带，因此年平均水温为 20 ~ 24℃，年温差为 7 ~ 9℃。与渤海和黄海相比，东海有较高的水温和较大的盐度，潮差为 6 ~ 8m。同时又因为东海属于亚热带和温带气候，有利于浮游生物的生长和繁殖，是各种鱼虾繁殖和栖息的良好场所，也是我国海洋生产力最高的海域，我国著名的舟山渔场就在这里。从东海往南穿过狭长的台湾海峡，就进入了南海。南海是我国最深、最大的海，也是仅次于珊瑚海和阿拉伯海的世界第三大大陆缘海。南海位于中国大陆的南方，北边是我国广东、广西、福建和台湾，东南边至菲律宾群岛，西南边至越南和马来半岛，最南边的曾母暗沙靠近加里曼丹岛。浩瀚的南海面积最广，约有 356 万 km²，其中我国管辖海域约为 200 万 km²。南海也是邻接我国最深的海区，平均水深约为 1212m，中部深海平原中最深处达 5567m。南海四周大部分是半岛和岛屿，陆地面积与海洋面积相比显得很小。注入南海的河流主要分布于北部，包括珠江、红河、湄公河等。由于这些河流的含沙量很小，所以海阔水深的南海清澈度较高，总是呈现碧绿色或深蓝色。南海地处低纬度地域，是我国海区中气候最暖和的热带深海。

总体上看，中国沿海岸可开发潮汐能资源较丰富，有很多能量密度高、自然环境条件优越的坝址可供开发利用，据测算至少有 2×10^4 MW 潮汐电力资源，潜在的年发电量 600 亿 kW·h 以上。其中，仅长江口北支就能建 700MW 潮汐电站，年发电量为 22.8 亿 kW·h，接近新安江和富春江水电站的发电总量；杭州湾的"钱塘潮"的潮差达 9m，钱塘江口可建5000MW 潮汐电站，年发电量约 160 多亿 kW·h，约相当于 10 个新安江水电站的发电能力。我国从 20 世纪 80 年代开始，在沿海各地区陆续兴建了一批中小型潮汐发电站并投入运行发电。其中最大的潮汐电站是 1980 年 5 月建成的浙江省温岭市江厦潮汐电站，它也是世界已建成的较大双向潮汐电站之一。总库容 4.9×10^6 m³，发电有效库容 2.7×10^6 m³。该电站装有 6 台 500kW 水轮发电机组，总装机容量为 3000kW，拦潮坝全长 670m。江厦潮汐电站的单位造价为每千瓦 2500 元，与小水电站的造价相当。

除潮汐能外，我国海域的波浪能和海水温差能也较为丰富。统计显示，我国沿岸波浪能的蕴藏量约为 1.5×10^5 MW，可开发利用约 $3 \times 10^4 \sim 3.5 \times 10^4$ MW。这些资源在沿岸的分布很不均匀，以台湾沿岸为最多，占全国总量的 1/3，其次是浙江、广东、福建和山东沿岸也较多，约占全国总量的 55%。目前，一些发达国家已经开始建造小型的波浪发电站。中国也是世界上主要的波浪研究开发国家之一，波浪发电技术研究始于 20 世纪 70 年代，从80 年代初开始主要对固定式和漂浮式振荡水柱波能装置以及摆式波能装置等进行研究，且获得较快发展，微型波浪发电技术已经成熟，小型岸式波浪发电技术已进入世界先进行列。而海水温差能是海面上的海水被太阳晒热后，在真空泵中减压，使海水变为蒸汽，然后推动蒸汽轮机而发电。同时，蒸汽冷却后回收为淡水。这项技术我国正在研究和开发中。

海流发电研究国际上开始于 20 世纪 70 年代中期，主要有美国、日本和英国等进行海流发电试验研究，至今尚未见有关发电实体装置的报导。我国海流发电研究始于 20 世纪 70 年代末，首先在舟山海域进行了 8kW 海流发电机组原理性试验。20 世纪 80 年代一直进行立轴自调直叶水轮机海流发电装置试验研究，目前正在采用此原理进行 70kW 海流试验电站的研究工作，在舟山海域的站址已经选定。我国已经开始研建实体电站，在国际上居领先地位，但尚有一系列技术问题有待解决。

在我国海洋能的开发利用中，潮汐发电技术已基本成熟，波浪能开发中的浮式和岸式波浪发电技术已形成一定生产能力，并有产品出口。但从总体上说，我国海洋能产业仍处在初始发展阶段。要加快我国海洋能开发利用技术的发展，必须从现有基础上，抓好海洋能技术科技攻关，同时要通过市场机制，大力促进海洋能技术的产业化。

4.2　潮汐发电

潮汐是海洋的基本特征。和波浪在海面上不同，潮汐现象主要表现在海岸边。到了一定的时间，潮水低落了，沙滩慢慢露出了水面，人们在沙滩上捕捞贝壳，又过了一段时间，潮水又奔腾而来。这样，海水日复一日，年复一年的上涨、下降着，人们把白天海面的涨落现象称作"潮"，晚上海面的涨落称作"汐"，合起来就为"潮汐"。

潮汐是海水受太阳、月球和地球引力相互作用后所发生的周期性涨落现象。尽管太阳比月球大得多，但月球距离地球近，地球和月球的中心距离约为 38 万 km，而太阳离地球就比月球远多了。太阳和地球的中心距离大概是 1.5 亿 km，几乎是地球到月球距离的 390 倍之多。因此，对潮汐的影响月球充当了主要力量，而其他天体，如金星、木星等星球，在潮汐现象上影响不大，可以忽略不计。潮汐作为一种自然现象，为人类的航海、捕捞和晒盐提供了方便，同时它还可以转变为电能，给人类带来光明和动力。

潮汐振动以潮波的形式从大洋、外海向浅海和岸边传播，进入大陆架海岸边时，由于受到所处地球上位置、海底地形、海岸形态的影响，各地发生上升、收聚和共振等不同变化，从而形成了各地不同的潮汐现象。潮波周期和潮汐周期一致，主要为 12.4h（半日潮）和 24.8h（全日潮）。潮波是一种典型的长波，波长在大洋上可达 100km 以上，传至浅海后波长大幅度减小。潮波波高在大洋上很小，只有几厘米，传至岸边后在地形、海岸形态的影响下变大，可达几米，甚至十几米。潮波波峰到达某地时，表现为高潮位，波谷到达时，表现为低潮位。

图 4-2 所示为潮汐涨落的过程曲线，它表现为海面相对于某一基准面的垂直高度。从低潮到高潮，海面上涨过程称为涨潮。海水起初涨得较慢，接着越涨越快，到低潮和高潮中间时刻涨得最快，随后涨速开始下降，直至发生高潮为止。这时海面在短时间内处于不涨不落的平衡状态，称为停潮。把停潮的中间时刻定位低潮时。

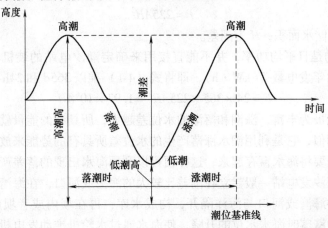

图 4-2　潮汐涨落的过程曲线

在潮汐涨落过程中，海面上涨到最高位置时的高度称为高潮高，下降到最低位置时的高度称为低潮高，相邻的高潮高与低潮高之差称为潮差 H。高潮高或低潮高相对于平均潮高的高度称为潮幅 $H/2$。

从低潮到高潮的潮位差称为涨潮潮差，从高潮到低潮的潮位差称为落潮潮差，两者的平均值即为这个潮汐循环的潮差。从低潮时到高潮时的时间间隔，称为涨潮时，从高潮时到低潮时的时间间隔，称为落潮时，两者之和为潮汐周期。

一般而言，大洋、外海潮差较小，越接近海岸潮差越大，尤其是在伸入陆地的海湾，潮差从湾口向湾顶递增，海湾两岸呈对称分布。潮汐不仅有地域的差别，在同一地点还随时间明显变化。由于运动着的地球、月球和太阳的相对位置存在着多种周期性变化，所以由月球和太阳引潮力产生的潮汐也存在多种周期组合在一起的复杂周期性变化，从而产生了潮汐各种周期性的不等现象，如日不等现象、半月不等现象、月不等现象和年不等现象等。根据潮汐涨落周期和相邻潮差的不同，可以把潮汐现象分为以下三种类型。

1）正规半日潮。一个地点在一个太阴日（24h50min）内，发生两次高潮和两次低潮，两次高潮和低潮的潮高近似相等，涨潮时和落潮时也近似相等，这种类型的潮汐称为正规半日潮。

2）混合潮。一般可分为不正规半日潮和不正规日潮两种情况。不正规半日潮是在一个太阴日内有两次高潮和两次低潮，但两次高潮和低潮的潮高均不相等，涨潮时和落潮时也不相等；不正规日潮是在半个月内，大多数天数为不正规半日潮，少数天数在一个太阴日内会出现一次高潮和一次低潮的日潮现象，但日潮的天数不超过 7 天。

3）全日潮。在半个月内，有连续 1/2 以上天数，在一个太阴日内出现一次高潮和一次低潮，而少数天数为半日潮，这种类型的潮汐，称为全日潮。

由于潮汐电站的建筑物及机组的运行会对潮汐过程产生反作用，以致影响潮波结构并产生一定的变化，估算一个具体潮汐电站从自然潮汐过程中获得的能量是极其困难的。因此，为了估算潮汐电站的发电量，除了要了解潮汐电站的技术特性外，还必须预测潮汐过程可能发生的变化，这就需要进行大量的复杂模拟计算。但是，在初步设计阶段，可以在一些假定的条件下，利用一些简化近似公式来估算潮汐电站的功率。根据国际上常用的伯恩斯坦潮汐能估算公式，正规半日潮海域的潮汐能日平均理论功率 $P(\mathrm{kW})$ 可以表示为

$$P = 225AH^2 \tag{4-1}$$

式中，A 为海湾内储水面积；H 为潮差。

因为 P 表示的是日平均功率，并不能直接用来确定潮汐电站的装机容量，但是可以用于确定潮汐电站的年发电量 $E(\mathrm{kW \cdot h})$，即将式（4-1）乘以 365d 和 24h 可得

$$E = 24 \times 365 \times 225AH^2 = 1.97 \times 10^6 AH^2 \tag{4-2}$$

大海的潮汐能极为丰富，涨潮和落潮的水位差越大，所具有的能量就越大。潮汐发电与水力发电的原理相似，它是利用潮水涨落产生的水位差所具有的势能来放电的。为了利用潮汐进行发电，首先要将潮水蓄存起来，这样便可以利用海水出现的落差产生的能量来带动发电机发电。因此潮汐发电站一般建立在潮差比较大的海湾或河口，在海湾或有潮汐的河口建一个拦水大坝，将海湾或河口与海洋隔开，构成水库，再在坝内或者坝房安装水轮发电机组，就可利用潮汐涨落时海水水位的升降，使海水通过水轮机推动发电机发电，如图 4-3 所示。当海水上涨时，闸门外的海面升高，打开闸门，海水向库内流动，水流带动水轮机并拖

动发电机发电；当海水下降时，把先前的闸门关闭，把另外的闸门打开，海水从库内向外流动，又能推动水轮机拖动发电机继续发电。

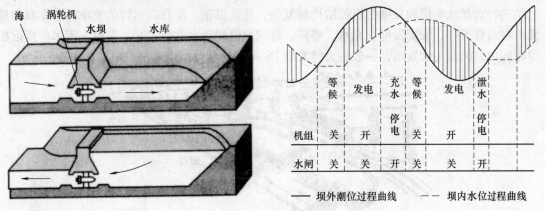

机组	等候 关	发电 开	充水 停电	等候 关	发电 开	泄水 停电
水闸	关	关	开	关	关	开

—— 坝外潮位过程曲线　　　- - - 坝内水位过程曲线

图 4-3　潮汐发电

4. 2. 1　潮汐电站分类

潮汐电站通常由七部分组成：潮汐水库，闸门和泄洪建筑，堤坝，输电、交通和控制设施，发电机组和厂房，航道、鱼道等。按照运行方式及设备要求的不同，潮汐电站分单库和双库两种。

1. 单库单向型潮汐电站

如图 4-4 所示，单库单向型潮汐电站一般只有一个水库，水轮机采用单向式。这种电站只需建设一个水库，在水库大坝上分别建一个进水闸门和排水闸门，发电站的厂房建在排水闸门处。当涨潮时，打开进水闸门，关闭排水闸门，这样就可以在涨潮时使水库蓄满海水。当落潮时，打开排水闸门，关闭进水闸门，水库内外形成一定的水位差，水从排水闸门流出时，带动水轮机转动并拖动发电机发电。由于落潮时水库容量和水位差比较大，因此通常选择在落潮时发电。在整个潮汐周期内，电站共存在充水、等候、发电和等候四个工况。单库单向型电站只要求水轮机组满足单方向的水流发电，只需安装常规贯流式水轮机即可，所以机组结构和水工建筑物简单、投资较少。由于只能在落潮时发电，而每天两次潮汐涨落的时候，一般仅有 10 ~ 20h 发电时间，所以潮汐能未被充分利用。

图 4-4　单库单向型潮汐电站

2. 单库双向型潮汐电站

单库双向型潮汐电站采用一个单库和双向水轮机，涨潮和落潮时都可以进行发电。这种电站的特点是水轮机和发电机组的结构较复杂，能满足正、反双向运转的要求。单库双向型潮汐电站有等待、涨潮发电、充水、等待、落潮发电和泄水六个工况。在海－库水位接近相等时间内，机组无法发电，一般每天能发电 16～20h。单库双向型潮汐电站如图 4-5 所示。

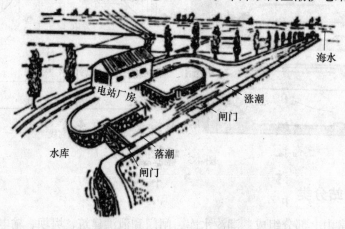

图 4-5　单库双向型潮汐电站

3. 双库单向型潮汐电站

为了提高潮汐能的利用率，在有条件的地方可建立双库单向型潮汐电站，如图 4-6 所示。电站需要建立两个相邻的水库，一个水库仅在涨潮时进水，称上水库或高位水库。另一个水库在退潮时放水，称下水库或低位水库。电站建在两水库之间。涨潮时，打开上水库的进水闸门，关闭下水库的排水阀，上水库的水位不断增加，超过下水库水位形成水位差，水从上水库通过电站流向下水库时，水流带动水轮机并拖动发电机发电。落潮时，打开下水库的排水阀门，下水库的水位不断降低，与上水库仍保持水位差。水轮发电机可全日发电，提高了潮汐能的利用率。但由于需建造两个水库，一次性投资较大。

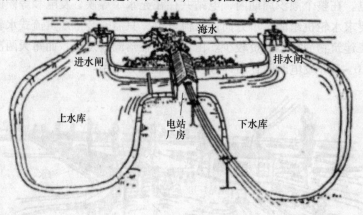

图 4-6　双库单向型潮汐电站

4.2.2　潮汐电站的水轮发电机组

水轮发电机组是潮汐电站的关键设备，要求水轮发电机组主要具有以下特点：应满足潮汐低水头、大流量的水力特性；机组一般在水下运行，因而对水轮发电机组的防腐、防污、密封和对发电机的防潮、绝缘、通风、冷却、维护等要求高；水轮发电机组随潮汐涨落发电，开、停机运行频繁，双向发电机组需要满足正、反向旋转，因而要选用适应频繁起动和停止的开关设备。潮汐电站的水轮发电机组主要有以下几种基本结构形式。

1. 竖轴式机组

竖轴式机组将轴流式水轮机和发电机的轴竖向连接在一起，垂直于水面，如图 4-7 所示。这种布置结构简单，运行可靠。由于竖轴式机组将水轮机置于较大的混凝土涡壳内，发电机置于厂房的上部，所需厂房面积较大，工程投资偏高。而且潮汐电站水头很低，竖轴水轮机只适用于小型潮汐电站机组。

2. 卧轴式机组

卧轴式机组将水轮发电机组的轴卧置，水轮机置于流道中，发电机置于陆地上，其间用长轴传动或采用齿轮增速器使发电机增速，具有可以合理选择发电机转速、检修方便、效率较高等特

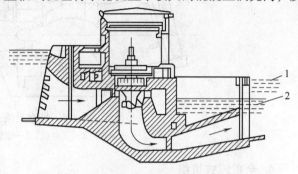

图 4-7　竖轴式机组
1—最高水位　2—最低水位

点。这种型式的机组进水管较短，并且进水管和尾水管的弯度均大大减小，因而厂房的结构简单，水流能量损失也较少，性能比竖轴式机组优越。由于需要很长的尾水管，所需厂房仍然较长。卧轴式机组如图 4-8 所示，适用于潮差 5m 以下的中小型机组。

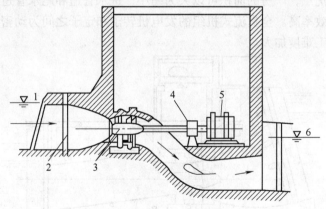

图 4-8　卧轴式机组
1—上游水位　2—闸门槽　3—水轮机　4—调速器　5—发电机　6—下游水位

3. 灯泡贯流式机组

贯流式机组是为了提高机组的发电效率、缩小输水管的长度以及厂房面积，而在卧轴式机组的基础上发展起来的一种新型机组。灯泡贯流式机组是两种贯流式机组的一种，灯泡贯流式机组将水轮机、齿轮箱、发电机全部放在一个用混凝土做成的密封灯泡体内，只将水轮机的桨叶露在外面，整个灯泡体设置于发电机厂房的水流道内，如图 4-9 所示。与竖轴式机组相比，灯泡贯流式机组具有流道顺直、水头损失小、单位流量大、效率较高、体积较小及

厂房空间较小等优点，适合用作低水头的大中型潮汐电站机组。目前世界上运行和在建的潮汐电站机组多采用灯泡贯流式机组。灯泡贯流式机组的缺点是安装操作不便、占用水道太多。

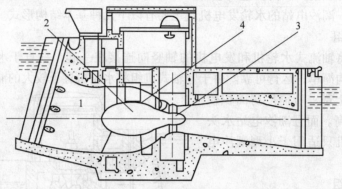

图 4-9　灯泡贯流式机组
1—流道　2—发电机　3—水轮机　4—灯泡体

4. 全贯流式机组

全贯流式机组将水轮机和发电机的转子装在水流通道中的一个密封体内，水轮机转子的外轮缘同时构成发电机转子的磁轭，而发电机定子同心地布置在发电机转子外面，并固定在水流道的周壁基础上，因而在水流道中所占的体积较灯泡贯流式机组小、操作运行方便。全贯流式机组如图 4-10 所示。全贯流式机组具有外形小、重量轻，发电机布置方便、机组紧凑、经济性较好等优点，厂房的面积可以大为缩小，进水管道和尾水管道短而直，因而水流能量损失小、发电效率高。全贯流式机组的发电机转子和定子之间为动密封结构，技术难度大，使得设备的加工难度加大。

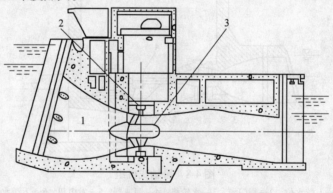

图 4-10　全贯流式机组
1—流道　2—发电机　3—水轮机

4.2.3　潮汐电站的站址选择

潮汐电站的站址选择应当综合考虑以下条件：

1）潮汐条件。潮汐条件是选择潮汐电站站址最主要的因素。潮汐电站的可利用水头与发电水量主要取决于潮汐情况，也与库区地形和大坝的位置有关。潮汐能的强度与潮差有关。

潮汐电站可利用水头主要取决于外海传入的潮汐情况，在库区确定以后，潮汐电站的发电水量取决于天文因素，应有较大的平均潮差。潮差是反映潮汐能量密度的指标，通常取其多年平均值作为电站站址比较时的衡量指标。

2）地貌条件。总体来说，应选择那些口门小而水库水域面积大，可以储备大量海水和修建土建工程的地域。

有较大的海湾和适度的湾口，有良好的坝基和环境条件，当地较大的潮差与有利的地理环境相配合，往往构成优良的站址。由于潮汐电站所利用的水头较低，因而其单位电能建设成本较一般水电站为高，有开发价值的潮汐电站除选在潮差较大的地区以外，着重寻找有利的库区和坝址地形。从潮汐电站的位置看，主要有海湾、河口、湾中湾、泻湖和围塘等。其中湾中湾最为理想，因其不直接受外海风浪作用，海区泥沙运动较弱，使电站淤积缓慢，厂房、堤坝和水闸等建筑也受到较好的掩护。浙江江厦电站便是例证，库内水色较清，电站运行十余年来，没有明显的淤积。而泻湖泥沙淤积较为严重。

3）地质条件。基岩是电站厂房最理想的地基，因此基岩港湾海岸是最适合建设潮汐电站的海岸类型。大坝通常都建在软粘土地基上，坝址尽可能选择软粘土层较薄而下面为不易压缩层或基岩为好。一般采用浮运沉箱法施工，把厂房建在河（海）床上，并作为挡水结构的组成部分，具有较好的经济性。

4）综合利用条件。潮汐电站工程的综合利用，不仅会增加经济效益，而且还会大幅度降低工程单位投资。因此，潮汐电站应以水库、堤坝和岸滩为依托，提高除发电以外的综合效益，包括水产养殖、围垦海滩、改善交通及发展旅游等多方面。

综合利用条件要好，距离负荷中心和电网尽量近，社会经济和生态条件较好；充分利用自身的水土资源优势，因地制宜地开展多种经营，方能具有生命力，并求得发展。潮汐电站宜以水库、堤坝和岸滩为依托，进行综合开发。在电站规划选址过程中，对不同坝址需把可能获得的综合利用效率和电站发电效益联系在一起加以综合利用。

5）工程、水文条件。进行站址评价时还应该考虑到潮汐挡水建筑物的总长度、厂房的位置及长度、地震情况、航道和鱼道设施的要求等工程条件，以及潮汐水库的规模、沿挡水建筑物轴线的平均水深、挡水建筑物对风和波浪的方位、潮流和截流的流速等水文条件。此外，影响潮汐电站正常运行的一个重要因素是泥沙淤积问题。潮汐电站建成后可能会促进泥沙落淤增多，导致电站不能充分发挥作用，但若潮汐电站选择适当，落潮平均流速大于涨潮平均流速，有利于泥沙的冲刷，且建造潮汐电站后，可利用水闸控制进出水量，冲刷现有河道淤沙。因此必须根据各地的水流、泥沙具体情况，利用潮汐能量和泥沙冲淤规律加以研究解决。

6）社会经济条件。除以上各项之外，潮汐电站站址选择必须综合考虑腹地社会经济状况、电力供需条件以及负荷输送距离等因素。

据海洋学家计算，世界上潮汐能发电的资源量在 10^6 MW 以上，世界上适于建设大型潮汐电站的地方都在研究、设计建设潮汐电站，其中包括美国阿拉斯加州的库克湾、加拿大芬地湾、英国塞文河口、阿根廷圣约瑟湾、澳大利亚达尔文范迪门湾、印度坎贝河口、俄罗斯远东鄂霍茨克海品仁湾、韩国仁川湾等地。随着技术的进步，潮汐发电成本的不断降低，将不断会有大型现代潮汐电站建成使用。

4.3　波浪发电

海水在风等外力作用下沿水平方向的周期性运动，形成波浪，俗称海浪。海浪经常表现为滚滚的波涛，如图 4-11 所示。

波浪的能量来自于风和海面的相互作用，是风的一部分能量传给了海水，变成波浪的动能和势能。风传递给海水的能量取决于风的速度、风与海水作用的时间及风与海水作用的路程长度，表现为不同速度、不同"大小"的波浪。

波浪可以用波高、波长（相邻的两个波峰间的距离）和波动周期（同一地出现相邻的两个波峰间的时间）等特征来描述。

图 4-11　海上的波浪

海浪的波高从几毫米到几十米，波长从几毫米到数千千米，波动周期从零点几秒到几小时以上。

4.3.1　波浪能资源的分布和特点

波浪能是指海洋表面的波浪所具有的动能和势能。波浪的前进，产生动能，波浪的起伏产生势能。

形成波浪的原动力主要来自于风对海水的压力以及其与海面的摩擦力，波浪能是海洋吸收了风能而形成的，其根本来源是太阳能（风能也来自于太阳能）。

波浪的能量与波浪的高度、波浪的运动周期以及迎波面的宽度等多种因素有关。因此，波浪能是各种海洋能源中能量最不稳定的一种。

1. 全球波浪能资源

根据联合国教科文组织 1981 年公布的估计数字，全球的波浪能的理论蕴藏量为 30 亿 kW(3×10^9 kW)。假设其中只有较强的波浪才能被利用，估计技术上允许利用的波浪能约占其中的 1/3，即 10 亿 kW。

另据国际能源理事会（IEA）的保守估计，全世界可供开发利用的波浪能资源为 20 亿 kW，对应于年可利用能源 17.5 万亿 kW·h（1.75×10^{13} kW·h）的电量，几乎相当于全世界每年的用电量。

图 4-12 所示为波浪能年平均功率密度（单位时间单位宽度波峰的能量）的全球分布图，图中的数字表示离岸深水处的波浪能平均值（kW/m）。

在盛风区和长风区的沿海，波浪能的密度一般都很高。在风速很高的区域，例如纬度为 40°~60°，波浪能密度最大。纬度为 30°以内信风盛行的地区，也有便于利用的波浪能。南半球的波浪能比北半球大，如夏威夷以南、澳大利亚、南美和南非海域的波浪能较大。北半球主要分布在太平洋和大西洋北部北纬 30°~50°。

大洋中的波浪能是难以提取的，因此可供利用的波浪能资源仅局限于靠近海岸线的地方。欧洲和美国的西部海岸、新西兰和日本的海岸均为利用波浪能有利的地区。例如，英国沿海、美国西部沿海和新西兰南部沿海等都是风区，有着特别好的波候。而我国的浙江、福建、广东和台湾沿海为波能丰富的地区。

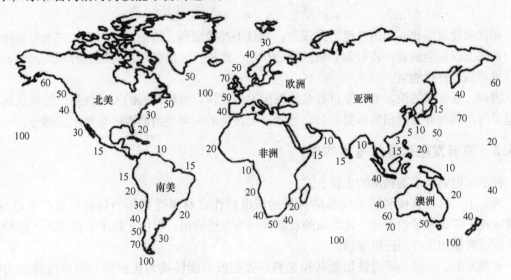

图 4-12　波浪能年平均功率密度的全球分布图

2. 我国波浪能资源

根据海洋观测资料统计，我国沿海海域年平均波高在 2 ~ 3m，波浪周期平均 6 ~ 9s。虽然算不上波浪能资源很丰富的国家，但在我国广阔的海域中所蕴藏的波浪能也相当可观。

根据《中国新能源与可再生能源 1999 白皮书》公布的调查统计结果，进入岸边的波浪能理论平均功率为 1285 万 kW（1.285×10^4MW）。波浪能是变化的，这里所说的平均功率，是指波浪能功率在一段时间（例如一年）内的平均值。

我国沿海的波浪能资源，90% 以上分布在经济发达而常规能源严重缺乏的东南沿海，主要是浙江、福建和广东沿海，以及台湾省沿岸。

台湾省沿岸的波浪能资源最丰富，以 429 万 kW 的功率占全国资源总量的近 1/3。其次是浙江、广东、福建和山东等省的沿岸，在 160 万 ~ 205 万 kW 之间，合计约为 706 万 kW，约占全国资源总量的 55%。广西沿岸最少，仅 8 万 kW 左右。

浙江中部、台湾、福建省海坛岛已北、渤海海峡等海区，平均波高大于 1m，周期一般在 5s 以上，是我国波浪能密度最高的海区，可达 5 ~ 7kW/m。此外，西沙、浙江的北部和南部、福建南部、山东半岛南岸等能源密度也较高。

按波浪能能流密度和开发利用的自然环境条件，我国首选浙江、福建沿岸应用为重点开发利用地区，其次是广东东部、长江口和山东半岛南岸中段。嵊山岛、南麂岛、大戢山、云澳、表角、遮浪等地区，波浪能的能量密度高、季节变化小、平均潮差小、近岸水较深，均为基岩海岸，也都是波浪能源开发利用的理想地点。

3. 波浪能的优点

在各种海洋能中，波浪能除了可以循环再生以外，还具有以下优点：①波浪能以机械能形式存在，是海洋能中品味最高的能量；②波浪能的能流密度最大，在太平洋、大西洋东海岸纬度 40° ~ 60° 区域，波浪能可达到 30 ~ 70kW/m，某些地方达到 100kW/m；③海浪无处不在，波浪能是海洋中分布最广的可再生能源。

这意味着：①波浪能可通过较小的装置实现其利用；②波浪能可以提供可观的廉价能量。

用波浪能发电比其他的发电方式安全，而且不耗费燃料，清洁而无污染。如果沿海岸设置一系列波浪发电装置，还可起到防波堤的作用。此外，波浪能可以为边远海域的国防、海洋开发等活动提供能量。

因此，近年来波浪发电备受世界各沿海国家的重视。世界各国的发展规划已经确认波浪发电是海洋能源开发利用的重要项目，是清洁无污染的可再生新能源的重要组成部分。

4.3.2　波浪发电装置的基本构成

波浪发电是波浪能利用的主要方式。

理论上，可以直接利用某些晶体材料的压电特性（材料受到压力以后可以产生电压）或海水离子穿过磁场的运动，将海浪的动能转换为电能输出。但由于技术上的原因，这种方法目前距离实用化应用还很遥远。

波浪发电，一般是通过波浪能转换装置，先把波浪能转换为机械能，再最终转换为电能。波浪上下起伏或左右摇摆，能够直接或间接带动水轮机或空气涡轮机转动，驱动发电机产生电力。

波浪能利用的关键是波浪能转换装置。通常要经过三级转换：第一部分为波浪能采集系统（也称受波体），作用是捕获波浪的能量；第二部分为机械能转换系统（也称中间转换装置），作用是把捕获的波浪能转换为某种特定形式的机械能（一般是将其转换成某种工质如空气或水的压力能，或者水的重力势能）；第三部分为发电系统，与常规发电装置类似，用涡轮机（可以是空气涡轮机或水轮机）等设备将机械能传递给旋转的发电机转换为电能。目前国际上应用的各种波浪能发电装置都要经过多级转换。

为了从海洋中捕获波浪的能量，必须用一种合适的结构和方式拦截波浪并与波浪相互作用。波浪能发电装置中的波浪能采集和机械能转换部分，大都源于以下几种基本思路。

1）利用物体在波浪作用下的振荡和摇摆运动。

2）利用波浪压力的变化。

3）通过波浪的会聚爬升将波浪能转换成水的势能等。

还可以通过波浪绕射或折射的聚波技术，或通过系统与波浪共振的惯性聚波技术，提高波浪能俘获量。

机械能转换系统有：空气涡流机、低水头水轮机、液压系统、机械机构等。

发电系统主要是发电机及传递电能的输配电设备。海浪能装置产生了电能之后，往往还需要复杂的海底电缆和电能调节控制装置，才能最终输送到用户或电网。

图 4-13 所示为一般波浪能转换发电系统的主要构造。

4.3.3　波浪能的转换方式

波浪发电装置的种类虽多，但波浪能的转换方式，大体上可分为 4 类。

1. 机械传动式

海面浮体在波浪作用下颠簸起伏，通过特殊设计的机械传动机构，把这种上下的往复运动转换为单向旋转运动，带动发电机发电。基于这种原理的波浪能发电装置，称为机械传动式波浪能装置。

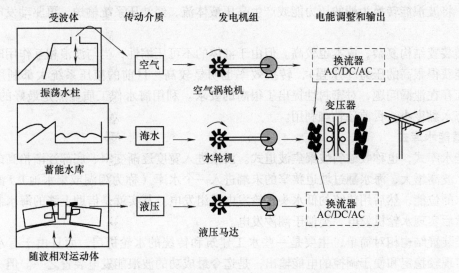

图 4-13 波浪能转换发电系统的主要构造

传动机构一般是采用齿条、齿轮和棘轮机构的机械式装置，如图 4-14 所示。随着波浪的起伏，齿条跟浮子一起升降，驱动与之啮合的左右两只齿轮做往复旋转。齿轮各自以棘轮机构与轴相连。齿条上升，左齿轮驱动轴逆时针旋转，右齿轮则顺时针空转。通过后面一级齿轮的传动，驱动发电机顺时针旋转发电。

机械式装置多是早期的设计，往往结构笨重，可靠性差，并没有获得实用。

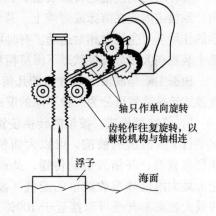

图 4-14 机械传动式波浪发电原理简图

2. 空气涡轮式

空气涡轮式（也称压缩空气式）波浪能发电方式，是指利用波浪起伏运动所产生的压力变化，在气室、气袋等容气装置（也可能是天然的通道）中挤压或者抽吸气体，利用得到的气流驱动汽轮机，带动发电机发电，如图 4-15 所示。这种装置结构简单，而且以空气为工质，没有液压油泄漏的问题。气动式装置使缓慢的波浪运动转换为汽轮机的高速旋转运动，机组尺寸小，且主要部件不和海水接触，可靠性高。但由于空气的可压缩性，这种装置获得的压力较小，因而效率较低。

发展最早、研究最多的振荡水柱式（OWC）波浪能发电装置，就是采用的空气涡轮式结构。

3. 液压式

液压式是指通过某种泵液装置将波浪能转换为液体（油或海水）的压力能或位能，再通过液压马达或

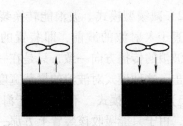

图 4-15 空气涡轮式波浪发电原理简图

水轮机驱动发电机发电的方式。

波浪运动使海面浮体升沉或水平移动，从而产生工作流体的动压力和静压力，驱动油压泵工作，将波浪能转换为油的压力能或产生高压液体流，经油压系统输送，再驱动发电机发电。

这类装置结构复杂，成本也较高。但由于液体的不可压缩性，当与波浪相互作用时，液压机构能获得很高的压力（压强），转换效率也明显较高。目前的液压系统大都利用液压油，因而存在泄漏问题，对密封性提出了很高的要求。利用海水作工质显然是最好的选择，但由于海水黏度小，目前还较难利用。

4. 蓄能水库式

蓄能水库式，也称收缩斜坡聚焦波道式。波浪进入宽度逐渐变窄、底部逐渐抬高的收缩波道后，波高增大，海水翻过坡道狭窄的末端进入一个水库（称为泻湖或集水池），波浪能转换为水的位能，然后用传统的低水头水轮发电机组发电。其实就是借助上涨的海水制造水位差，然后实现水轮机发电，类似于潮汐发电。

这类装置结构相对简单，主要是一些水工建筑和传统的水轮机房。而且由于有水库储能，可实现较稳定和便于调控的电能输出，是迄今最成功的波浪能发电装置之一。但一般获得的水位不高，因此效率也不高，而且对地形条件依赖性强，应用受到局限。

4.3.4　波浪能装置的安装模式

各种结构的波浪能转换装置，往往都需要一个主梁或主轴，即一种居中的、稳定的结构，系锚或固定在海床或海滩上。若干运动部件（例如挡板、浮子等）系于其上，并在波浪的作用下与主梁做相对运动。有时可以利用惯性或结构很大的主体，横跨若干个波峰，使整个装置在大多数波浪状态下保持相对稳定，如图 4-16 所示。

根据主梁与波浪运动方向的几何关系，波浪能转换装置可分为三种不同的模式。

1）终结型模式。波浪能转换装置的主梁平行于入射波的波前，可以大面积地直接拦截波浪，终结波浪的传播，从而在理论上最大限度地吸收波浪的能量（波浪能的最大收集率甚至可以接近于 100%）。不过，在设计时需要注意，遇到大风大浪时，这种装置会承受很大的外力，容易遭到破坏。

2）减缓型模式。波浪能转换装置的主梁垂直于入射波的波前，即装置的主梁方

图 4-16　波浪能转换装置的主梁

向与波浪的传播方向一致，只是在一定程度上减缓波浪的传播，可以避免承受狂风巨浪的全部冲击。这种模式对波浪的拦截宽度较小，能量收集率只有相同长度终结型装置的 62%。

3）点吸收模式。不用漂浮于海面的主梁，而是采用垂直于海面的主轴作为居中的稳定结构，由于只能吸收该装置上方那一点海面波浪变化的能量，因此被称为"点吸收"。点吸收装置的优点是，能够吸收超过其物理尺寸的波浪的能量（理论上可以是两倍宽度的波浪

的能量），而且可以同等地吸收来自各个方向的波浪能。但由于尺寸有限，不能高效地捕获长波浪的能量。

根据系留状态，波浪能转换装置可分为两大类：固定式和漂浮式。

1）固定式。优点是容易建造和维护。缺点是一般在潜水岸工作，从而获得的波浪能较小。此外，未来可以安装这类装置的天然区域是有限的。而且，岸式装置需要经受大风浪的考验，波浪拍岸时出现了高度非线性现象，它的作用力难以用现有方法正确估计。固定式装置又有岸边固定式和海底固定式两种。

2）漂浮式。主要优点在于：①由于海洋中的波浪能密度比岸边大，漂浮式波浪能装置比岸边固定式可收集更多的能量；②投放点较为灵活，安装限制少；③对潮位变化的适应性强。由于波浪的表面性，吸收波浪能的物体越接近水面越好，而漂浮式能在任何潮位下实现这一要求。相比之下，固定的空气式吸收波浪能的开口无法适应潮位的改变，意味着至少有一半时间处于不理想的工作状态，大大影响了总体效率。然而从工程观点出发，漂浮式波浪发电的难点在于系泊与输电。

波浪能发电装置最初发展是在岸边，可视为第一代装置，后来近岸或海床锚锭的第二代装置也被开发出来，第三代的创新离岸波浪能转换装置也开始出现。设置于岸边的发电系统较容易安装及维修，不需要深水系泊及非常长的海底输配电缆，缺点是能够符合有用的波浪能获取的特定场址较离岸装置的场址少，通常会利用各种聚波技术来补偿因为海岸地形所造成的波浪能损失。设置于离岸的波浪能发电系统，虽然传输成本及线路损失较大，但因动力来源随波浪振幅的二次方增加，且结构性成本较海岸线区域少，就发电效率而言，离岸波浪能发电通常会比设于岸边的或近岸的波浪能发电高。对于装置的系泊，近岸的设备通常使用重力锚停住或固定于海床上，离岸的系泊则较为复杂且海象较为险峻，系泊必须考虑装置相对于入射波浪的方向的负载及能量萃取的能力。

4.3.5　典型的波浪能发电装置

几十年来全世界出现了1000多种波浪能利用装置的设计方案。按波浪能采集系统的形式，主要有振荡水柱式（OWC）、振荡浮子式（Buoy）、点头鸭式（Duck）、海蛇式（Pelamis）、摆式（Pendulum）、收缩坡道式（Tapchan）等。

1. 振荡水柱式

振荡水柱式（Oscillating Water Colum，OWC）是发展最早、研究最多也是目前最成熟的波浪能利用装置。这种装置在天然的、人造的水槽或者特制容器中引入波浪，利用波浪起伏引起的水柱振荡来抽吸或者压缩空气，从而推动空气涡轮机旋转。

一种建在海岸的振荡水柱式波浪能转换装置的建筑结构如图4-17所示。波浪的起伏引起空气室下方的水位升级，从而改变空气室内气体的体积和压力，在气室的上方开口处形成向上或向下的气流。

2. 振荡浮子式

图4-18所示为瑞典 IPS Interproject Service AB 发明、美国 AquaEnergy 公司开发的振荡浮子式（Buoy）波浪能转换装置，包含浮体及连接在浮体上的加速管。加速管顶端及底端之中间部位称为工作圆筒（内有工作活塞），其开口在上下两边，可使水在工作圆筒和加速管所浸没的水体之间畅流无阻。能量吸收装置是一对具有弹性的软管泵，受工作活塞操控，一

端连接到工作活塞，另一端则固定于转换器上。随着波浪运动，浮子上下起伏使软管伸张及松弛，可以压迫海水经过阀到中心的涡轮机及发电单元。

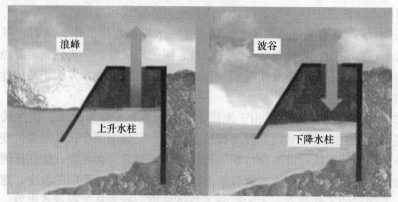

图 4-17　岸式振荡水柱式波浪能转换装置的建筑结构示意图

3. 点头鸭式

1983 年，爱丁堡大学 Stephen Salter 教授在英国波浪能研究计划资助下开发出 Salter's Duck，这是早期波浪能转换系统中效率较高的装置之一。

点头鸭式波浪能转换装置如图 4-19 所示，其工作原理为：鸭子的"胸脯"对着海浪传播的方向，随着海浪的波动，像不倒翁一样不停地摆动。摇摆机构带动内部的凸轮/铰链机构，改变工作液体（水或油）的压力，从而带动工作泵，推动发电机发电。

图 4-18　美国 AquaEnergy 公司开发的
振荡浮子式（Buoy）波浪能转换装置

图 4-19　点头鸭式波浪能转换装置

为提高能量的吸收效率，"点头鸭"的运动应与水粒子的运动轨迹相一致，甚至在某种特定的波浪频率下可以完全吻合，而在长波中的效率可以通过改变节点控制脊骨的弯曲度来实现。

这种设计可以同时将波浪能的动能和势能转换为机械能，在理论上为所有波浪能转换器中最有效的一种，效率达到 90% 以上。

实用中往往要在狭长的浮动主梁骨架上，并排（有一定的间隔）放置多个"鸭子"，甚至可以延伸到几千米长。"点头鸭"主要作为终结型装置，主梁的方向调整为沿着波前的方向。

4. 海蛇式

图 4-20 所示为英国海洋动力传递公司（Ocean Power Delivery Ltd）开发的 Pelamis（又名海蛇号）波浪能发电装置。由一系列圆柱形钢壳结构单元铰接而成，外形类似火车，当波浪起伏带动整条装置时就会起动铰接点，其内部的液压圆筒的泵油会起动液压马达经过一个能量平滑系统，在每个铰接点产生的电力通过一个共同的海底缆线传输到岸上。装置长度约为 130m，直径达 3.5m。

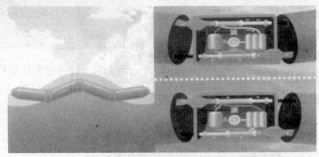

图 4-20　英国海洋动力传递公司开发的 Pelamis（又名海蛇号）波浪能发电装置

Pelamis 装置一般位于离岸位置，设计所采用的技术来自于离岸产业，满载规格已持续增加到额定输出电量为 750kW。2004 年，苏格兰外岛奥克尼群岛（Orkney Islands）的欧洲海洋能中心已与 Pelamis 所产生的电力并网使用。

5. 摆式

日本室兰工业大学于 1983 年在北海道室兰附近的内浦湾建造了一座摆式波浪能电站，其工作原理如图 4-21 所示，利用一个能在水槽中前后摇摆的摆板来吸取波浪能。摆板相当于一个活动阀门，链接在顶部，内部是一个长为 1/4 波长的容腔。摆板的运行很适合波浪的大推力和低频率特性，它的阻尼是液压装置。利用两台单向作用的液力泵驱动发电机便可吸取全周期的波浪能。

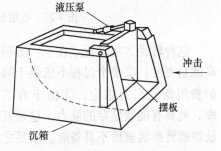

图 4-21　摆式波浪能转换装置示意图

这座装机容量为 5kW 的试验电站，摆宽为 2m，最大摆角为 ±30°。在波高 1.5m、周期为 4s 时的正常输出约为 5kW，总效率约为 40%，是日本的波浪能电站中效率较高的一个。

一座由三个水槽组成的 80kW 电站也已完成设计。现在，室兰工业大学又在研究 300~600kW 摆式波浪能装置，装置有 4 块 5m 宽摆板，建于一个 50m 长的防波堤上。

图 4-22 所示为以色列 S. D. E Energy 公司开发的 Hydraulic Platform 装置，通过浮板的摆动将波浪能转换为液压产生电力。收集器引导入射波浪向上推挤含液压油的导管，液压油用隔膜与海水分开，将波浪能转化为油压。导管系统引导液压油到接有液压马达的压力槽，再与发电机进行机械耦合。

根据该公司在 Jaffa 港口所建造的装置原型机测试，在每小时有 1m 的波浪高度时，每米海岸线装置可产出 40kW·h 的电力，不过需具备深水海岸线为宜。

6. 收缩坡道式

Tapchan（Tapered channel），意思是收缩坡道，有的文献称为楔形流道，即逐渐变窄的楔形导槽。1986 年，挪威波能公司（Norwave A. S.）建造了一座这种形式的波浪能电站，并取名为 Tapchan。在波浪能电站入口处设置喇叭形聚波器和逐渐变窄的楔形导槽，当波浪进入导槽宽阔的一端向里传播时，波高不断地被放大，直至波峰溢过边墙，将波浪能转换成势能。水流从楔形流道上端流出，进入一个水库，然后经过水轮机返回大海。这种形式的波浪能电站如图 4-23 所示。

图 4-22　以色列 S. D. E Energy 公司开发的 Hydraulic Platform 装置

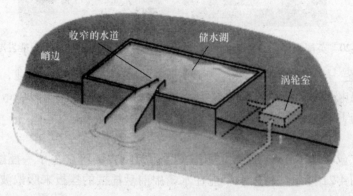

图 4-23　收缩坡道式（Tapchan）波浪能电站示意图

这种转换方法的优点在于：①利用狭道把大范围的波浪能聚集在很小的范围内，可以提高能量密度；②整个过程不依赖于第二介质，波浪能的转换也没有活动部件，可靠性好，维护费用低且出力稳定；③由于有了水库，就具有能量储存的能力，这是其他波浪能转换装置所不具备的。不足之处是，建造这种电站对地形要求严格，不易推广。

挪威 Egil Andersen 申请了一个新的概念专利，2003 年挪威 Wave Energy A. S. 公司买下此专利权，开始发展海波槽孔圆锥发电机（Seawave Slot-Cone Generator，SSG）概念。这种波浪能转换装置，如图 4-24 所示，包含 3 个水

图 4-24　挪威波能公司设计的 Seawave Slot-Cone Generator

槽，每一个水槽都能捕捉来自于波浪漫顶溢流的水量，储存在高处的海水会带动多阶段涡轮机，然后流回海洋。多个储水槽的构造可以确保在不同的波浪情况下有不中断的水头来源，从而持续发电。

7. 阿基米德海浪发电装置

这是一种位于水下的漂浮物，如图 4-25 所示，由英国 AWS 海洋能源公司设计。水底浮标利用海浪的起伏所产生的不同压力来发电。由于水压的大小跟水深成正比，海浪很高，水压增大，而当海浪降低时，水压又会减小。其上半部分在海浪经过时被迫向下移动，而后又重新回到原有位置。这一过程会压缩中空结构内部空气，被压缩的空气将穿过装置内部的发电机。在设计上，这些漂浮物至少要潜入水下 6m。

AWS 公司于 2009 年在苏格兰海域投放 5 个浮标用于测试，若效果理想，将在英国范围内大量普及。

8. CETO 漂浮系统

2008 年，英国 Trident Energy 公司在澳大利亚西部佛里曼特尔附近地区安装了一种漂浮系统，每个漂浮物可在海浪的作用下向下移动，进而带动海水穿过铺设于海床上的管道送到岸边。由于是在岸上，水轮机不会遭受具有腐蚀性和破坏性的海水侵袭。这个漂浮系统名为“CETO”，如图 4-26 所示，迄今为止的表现相当不错，第一个商业发电厂于 2009 年进行部署。Trident Energy 公司表示，一个面积达到 50 000m² 的漂浮物阵列可产生 50MW 的功率。

图 4-25　阿基米德海浪发电装置
（Archimedes Wave Swing）

图 4-26　英国 Trident Energy 公司在
澳大利亚西部布设的 CETO 漂浮系统

4.4　海流发电

4.4.1　海流和海流能

海流，主要是指海底水道和海峡中较为稳定的流动（称为洋流），以及由潮汐导致的有规律的海水流动（称为潮流）。

太平洋及周边海区的洋流分布如图 4-27 所示。

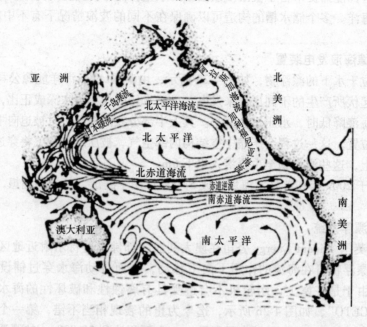

图 4-27 太平洋及周边海区的洋流分布

潮流是海流中的一种，海水在受月亮和太阳的引力产生潮位升降现象（潮汐）的同时，还产生周期性的水平流动，这就是人们所说的潮流。潮流比潮汐复杂，除了有流向的变化外，还有流速的变化。

海流遍布各大洋，纵横交错，日夜涌动，所以它们蕴藏的能量也是比较可观的。

海流能是指海水流动所产生的动能，是另一种以动能形态出现的海洋能。

海流能的能量与流速的二次方和流量成正比。相对波浪而言，海流能的变化要平稳且有规律得多。其中洋流方向基本不变，流速也比较稳定；潮流会随潮汐的涨落每天周期性地改变大小和方向。

一般来说，最大流速在 2m/s 以上的水道，其海流能均有实际开发的价值。潮流的流速一般可达 2 ~ 5.5km/h，但在狭窄海峡或海湾里，流速有时很大。例如，我国的杭州湾海潮的流速达 20 ~ 22km/h。

洋流的动能非常大，如佛罗里达洋流所具有的动能，约为全球所有河流具有的总能量的 50 倍。又如世界上最大的暖流——墨西哥洋流，在流经北欧时为 1cm 长海岸线上提供的热量大约相当于燃烧 600t 煤所产生的热量。

根据联合国教科文组织 1981 年出版物的估计数字，海流能的理论蕴藏量为 6 亿 kW。实际上，上述能量是不可能全部取出利用的，假设只有较强的海流才能被利用，估计技术上允许利用的海流能约 3 亿 kW。也有文献认为，世界上可利用的海流能约为 0.5 亿 kW。

值得指出的是，中国的海流能属于世界上功率密度最大的地区之一。根据《中国新能源与可再生能源 1999 白皮书》公布的调查统计结果，对 130 个水道估算统计，我国潮流能理论平均功率为 1394 万 kW。

我国辽宁、山东、浙江、福建和台湾沿海的海流能较为丰富，不少水道的能量密度为 $15 \sim 30 km/m^2$，具有良好的开发价值。其中尤以浙江最多，有 37 个水道，理论平均功率为 7090MW，约占全国的 1/2 以上。其次是台湾、福建、辽宁等省份，约占全国总量的 42%，其他省区较少。

根据沿海能源密度、理论蕴藏量和开发利用的环境条件等因素，浙江舟山海域诸水道开发前景最好，如金塘水道（$25.9kW/m^2$）、龟山水道（$23.9kW/m^2$）、西候门水道（$19.1kW/m^2$），舟山是我国早期最主要的海流发电试验站址。其次是渤海海峡和福建的三都澳等，如老铁山水道（$17.4kW/m^2$）、三都澳三都角（$15.1kW/m^2$）。这些海区具有理论蕴藏量大、能量密度高等优点，资源条件和开发环境都很好，可以优先开发利用。

4.4.2　海流发电的发展状况

在大海上航行的水手都懂得借助洋流和潮流的力量，而今人们开始考虑利用海流的能量来发电。海流发电将是海流能利用的主要方式。

世界上从事海流能技术研究和开发的国家，有中国、美国、英国、加拿大、日本、意大利等，其中美国、日本和英国等发达国家进行了较多的潮流发电试验研究，相对而言走在前列。

加拿大在 1980 年就提出用类似垂直轴风力机的水轮机来获取潮流能，还进行了 5kW 海流发电试验。随后，英国 IT 公司和意大利那不勒斯大学及阿基米德公司设想的潮流发电机都采用类似的垂直叶片的水轮机，适应潮流正反向流的变化。1985 年美国在墨西哥湾试验了小型的海流涡轮机，在研究船下方 50m 深处悬吊着 2kW 的发电装置。日本 1980 ~ 1982 年在河流中进行的抽水试验，以及 1988 年安装在海底的 215kW 海流机组，连续运行了近一年的时间，是比较成功的海流发电项目。

我国是世界上潮流发电研究最早的国家。

1978 年，我国舟山的农民企业家何世钧先生用几千元钱建造了一个试验装置，发电装置采用锚系轮叶式，在潮流推动下，通过液压传动装置带动发电机发电，并得到了 6.3kW 的电力输出。

20 世纪 80 年代初，哈尔滨工程大学开始研究一种直叶片的新型海流涡轮机，获得了较高的效率，并于 1984 年完成 60W 模型的实验室研究，之后开发出千瓦级装置并在河流中进行试验。2000 年建成 70kW 潮流实验电站，采用直叶片摆线式双转子潮流水轮机，并在舟山的岱山港水道进行海上发电试验。后因台风袭击，锚泊系统及机械发生故障，试验一度被迫中断，直到 2002 年恢复发电试验。

20 世纪 90 年代以来，我国计划建造海流能示范应用电站，试验站址选定在舟山海域。意大利与我国合作在舟山地区开展了联合海流能资源调查，计划开发 140kW 的示范电站。我国已经开始研建实体电站，在国际上居领先地位。

利用海流发电有许多优点，它不必像潮汐发电那样需修筑大坝，还要担心泥沙淤积；也不像海浪发电那样电力输出不稳。目前海流发电虽然还处在小型试验阶段，它的发展还不及潮汐发电和海浪发电，但人们相信，海流发电将以稳定可靠、装置简单的优点，在海洋能的开发利用中独树一帜。

4.4.3 海流发电原理

利用海流发电的装置主要是轮叶式结构，与风力发电类似，就是利用海流推动轮叶，轮叶带动发电机发电。区别在于动力来源于海洋里的水流而不是天空的气流。因此，人们形象地把海流发电装置比喻为水下风车，很多设计也是参照了风力机的结构。

海流发电装置的轮叶可以是螺旋桨式的，也可以是转轮式的。轮叶的转轴有与海流平行的（类似于水平轴风力机），也有与海流垂直的（类似于垂直轴风力机），如图 4-28 所示。

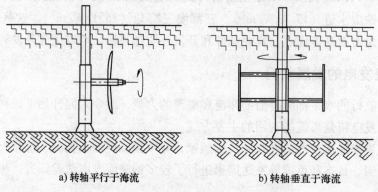

a) 转轴平行于海流　　　　　　　b) 转轴垂直于海流

图 4-28　海流发电装置的涡轮机示意图

轮叶可以直接带动发电机，也可以先带动水泵，再由水泵产生高压水流来驱动发电机组。

日本设计了一种海流发电装置，轮叶的直径达 53m，输出功率可达 2500kW。美国设计的类似海流发电装置，螺旋桨直径达 73m，输出功率为 5000kW。法国设计了固定在海底的螺旋桨式海流发电装置，直径为 10.5m，输出功率达 5000kW。

图 4-29 所示为英国洋流涡轮机公司（Marine Current Turbines）设计制造的 SeaGen 海流发电机。据英国《独立报》报道，这款名为"SeaGen"的新型海流能涡轮发电机由英国工程师彼得·弗伦克尔设计，长约 37m，形似倒置的风车。2008 年安装在北爱尔兰斯特兰福德湾入海口，这一海湾的海水流速超过 13km/h。该装置装有两个潮汐能涡轮机，可为当地提供 1.2MW 的电力，是世界上第一个利用洋流发电的商用系统。

图 4-29　轮叶式海流发电装置 SeaGen

图 4-30 所示为佛罗里达大西洋大学海洋能源科技中心（FAU Ocean Energy Technology）研发的"海底发电机"，计划沿着大西洋洋流设置几组这样的洋流发电机，而且即将开始进行雏形测试。

图 4-30　佛罗里达大西洋大学研发的"海底发电机"

4.5　温差发电

4.5.1　海水的温差和温差能

海洋是地球上储存太阳热能的巨大容器。海水的温度，主要取决于接收太阳辐射的情况。相对而言，海底地热、海水中放射性物质的发热等因素的影响就显得微不足道。

海水温度大体保持稳定，各处的温度变动值一般为 − 2 ~ 30℃，最高温度很少超过 30℃。而不同地域、不同深度的海水，温度是有差异的。海水温度的水平分布，一般随纬度增加而降低。

海水温度的垂直分布，随着深度增加而降低。海洋表面把太阳辐射能的大部分转化成为热能储存在上层。从海面到几十米或上百米深度，水温较高，而且在强烈的风和波浪作用下水温比较均匀，上下变化不大；往下直到 1000m 左右的深度，太阳已经照射不到，而且海水运动很弱，温度随水深的增加急剧下降；再往下直到海底，海水温度通常为 2 ~ 6℃，尤其是超过 2000m 深的海水温度大约保持在 2℃左右，几乎恒定不变。

海水温差能，是指由海洋表层海水和深层海水之间的温差所形成的温差热能，是海洋能的一种重要形式。低纬度的海面水温较高，与深层冷水存在较大的温差，因而储存着较多的温差热能，其能量与温差的大小和水量成正比。

根据联合国教科文组织 1981 年出版物的估计数字，温差能的理论蕴藏量为 400 亿 kW。考虑到温差利用会受热机卡诺效率的限制，估计技术上允许利用的温差能约为 20 亿 kW。

利用海水的温差可以实现热力循环并发电。按现有的科学技术条件，利用海水温差发电要求具有 18℃以上的温差。

地球两极地区接近冰点的海水在不到 1000m 的深度大面积地缓慢流向赤道，在许多热带或亚热带海域（从南纬 20°到北纬 20°）终年形成 18℃以上的垂直海水温差。

根据《中国新能源与可再生能源 1999 白皮书》公布的调查统计结果，对 130 个水道估算统计，我国潮流能理论平均功率为 1394 万 kW。我国南海的表层海水温度全年平均值为 25 ~ 28℃，其中有 300 多万平方公里海区，上下温差为 20℃左右，是海水温差发电的好地方。

4.5.2　温差发电原理

海洋温差能发电，就是利用海洋表层暖水与底层冷水之间的温差来发电的技术。

通常所说的海洋温差发电，大多是指基于海洋热能转换（Ocean Thermal Energy Conversion，OTEC）的热动力发电技术，其工作方式分为开式循环、闭式循环和混合循环三种。

最近，也有研究者提出根据温差效应利用海水温差直接发电的设想。

1. 开式循环系统

开式循环系统以表层的温海水作为工作介质。先用真空泵将循环系统内抽成一定程度的真空，再用温水泵把温海水抽入蒸发器。由于系统内已保持有一定的真空度，温海水就在蒸发器内沸腾蒸发，变为蒸汽；蒸汽经管道喷出推动蒸汽轮机运转，带动发电机发电。蒸汽通过汽轮机后，又被冷水泵抽上来的深海冷水所冷却，凝结成淡化水后排出。冷海水冷却了水蒸气后又回到海里。作为工作物质的海水，一次使用后就不再重复使用，工作物质与外界相通，所以称这样的循环为开式循环。

从 1926 年法国科学家克劳德在法兰西科学院的大厅里当众进行的温差发电实验，到 1948 年法国在非洲象牙海岸修造的海水温差发电站，采用的都是这种开式循环系统。

开式循环系统在发电的同时，还可以获得很多有用的副产品。例如，温海水在蒸发器内蒸发后所留下的浓缩水，可被用来提炼很多有用的化工产品；水蒸气在冷凝器内冷却后可以得到大量的淡水。

但是开式循环系统要用水泵输送大量冷海水进行冷却，同时只有不到 0.5% 的温海水变为蒸汽，因此必须泵送大量的温海水，以便产生出足够的蒸汽来推动巨大的低压汽轮机。电站发电量的 1/4 ~ 1/3 要消耗在系统本身的工作上，净发电能力受到限制。在海洋深处提取大量的冷海水，存在许多技术困难。开式循环的热效率很低（一般只有 2% 左右），为减少损耗，需把管道设计得很大。在低温低压下海水的蒸汽压很低，为了使汽轮发电机能够在低压下运转，机组必须制造得十分庞大。例如，1948 年非洲科特迪瓦的海水温差发电装置，功率只有 3500kW，而汽轮机直径却有 14m。

这种系统需要大量的投资，而且存在很多技术难题，实际输出电力却不大，因此不为人们所看好。迄今为止，经认证的开式循环系统成套设备，最大功率为 210kW。

2. 闭式循环系统

图 4-31 为闭式循环海水温差发电系统的示意图。工作介质在蒸发器中被表层海水（13 ~ 25℃）的热量蒸发后进入涡轮机，并驱动发电机运转。在涡轮机中做了功的工质在凝结器中被深层海水冷却又变为液体，由循环泵再次送入蒸发器。这与火电厂中的循环顺序是相同的。由于低沸点工质是在一个闭合回路中循环使用，所以称这种温差发电方式为闭式循环。

1964 年，美国海洋热能发电的创始人安德森和他的儿子，提出了用低沸点液体（如丙烷和液态氨）作为工质，用其所产生的蒸汽作为工作流体的闭式循环方案。

这种形式的海洋温差发电要利用氨和水的混合液。与水的沸点 100℃ 相比，氨水的沸点是 33℃，容易沸腾。

闭式循环系统的缺点是：蒸发器和冷凝器采用表面式换热器，导致这一部分耗资昂贵，此外也不能产生淡水。但它克服了开式循环中最致命的弱点，可使蒸汽压力提高数倍，发电装置体积变小，而发电量可达到工业规模。

闭式循环系统一经提出，就得到广泛的赞同和重视，成为目前海水温差发电的主要形式。

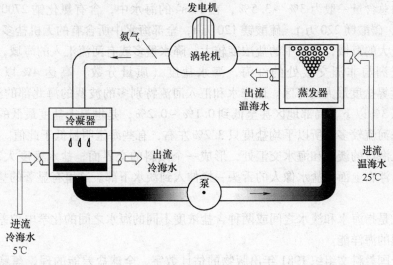

图 4-31 闭式循环海水温差发电系统

3. 混合循环系统

混合循环系统也是以低沸点的物质作为工质。用温海水闪蒸出来的低压蒸汽来加热低沸点工质，如图 4-32 所示。这样做的好处在于既能产生新鲜的淡水，又可减少蒸发器的体积，节省材料，便于维护。

总的来说，温差能因其蕴藏量最大，能量最稳定，在各种海洋能资源中，人们对它所寄托的期望最大。海洋温差发电的优点是几乎不会排放二氧化碳，可以获得淡水，因而有可能成为解决全球变暖和缺水这些 21 世纪最大环境问题的有效手段。

目前大多数海洋温差能发电系统仅停留在试验阶段，在达到商业应用前，还有许多技术问题和经济问题需要解决，包括：①转换效率低，20 ~ 27℃ 温差下的系统转

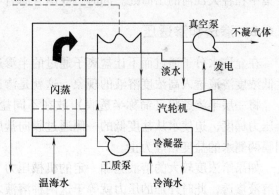

图 4-32 混合循环海水温差发电系统

换效率仅有 6.8% ~9%，加上发出电的大部分用于抽水、发电装置的净出力有限；②海洋温差小，所需换热面积大，热交换系统、管道和涡轮机都比较昂贵，建设费用高；③冷水管的直径又大又长，工程难度大，还有海水腐蚀、海洋生物的吸附，以及远离陆地输电困难等不利因素，建设难度大。

4.6 盐差发电

4.6.1 海洋的盐差和盐差能

在海水中已经发现有 80 多种化学元素，主要包括钠、钙、钾、锶、钡等金属元素，氯、

溴、碘、氧、硫等非金属元素。它们在海水中主要以盐类化合物的形式存在。据测算，海水中各种盐类的总含量一般为 3% ~ 3.5%，在 1km³ 的海水中，含有氯化钠 2700 多万吨，氯化镁 320 万 t，碳酸镁 220 万 t，硫酸镁 120 万 t，全部海水中所含有的无机盐多达 5 亿亿 t。

蒸发量最大的海域，海水中的盐浓度较大；降水量多或有河流汇入的海域，海水中的盐浓度较小。亚洲与非洲交接处的红海，海水盐度（质量分数）高达 4% 以上（最高为 4.3%），是世界盐度最大的海区。而降水和汇入河流特别多的波罗的海北部的波的尼亚海，海水盐度在 0.3% 以下，局部地区甚至低到 0.1% ~ 0.2%，是世界上盐度最低的海区。我国各海区的入海河流较多，所以平均盐度只 3.2% 左右，有些海区明显低于此值。

在河流入海口的淡水和海水交汇处，形成一个倾斜的交界面，盐水密度大，沉在下面，淡水密度小，浮在上面，盐水像人的舌头一样伸入到淡水下部。这里有显著的盐度差，盐差能最为丰富。

盐差能就是指海水和淡水之间或两种含盐浓度不同的海水之间的化学电位差能，是以化学能形态出现的海洋能。

根据联合国教科文组织 1981 年出版物的估计数字，全球盐差能的理论蕴藏量为 300 亿 kW。实际上，上述能量是不可能全部取出利用的，假设只有降雨量大的地域的盐度差才能利用，估计技术上允许利用的盐差能约 30 亿 kW。

也有文献认为，世界各河口区的盐差能达 300 亿 kW，可利用的盐差能约 26 亿 kW。

我国的盐差能资源理论蕴藏量约为 3.9×10^{15} kJ，理论功率为 1.25×10^5 MW，盐差能主要集中在各大江河的出海处。同时，我国青海省等地还有不少内陆盐湖可以利用。

4.6.2　渗透和渗透压

在允许水分子通过而不让盐离子通过的半渗透膜两侧有浓度差别的两种溶液之间，会发生低浓度溶液透入高浓度溶液的现象，这就是渗透现象。

将一层半渗透膜（简称半透膜）放在不同盐度的两种海水之间，通过这个膜会产生一个压力梯度，迫使水从盐度低的一侧通过膜向盐度高的一侧渗透，从而稀释高盐度的水，直到膜两侧水的盐度相等为止。

如果给浓度较大的溶液施加一定的机械压力（压强），有可能恰好阻止稀溶液向浓度大的溶液渗透，此时外加的压力就等于这两种溶液之间的渗透压力，简称渗透压。

海水与河水之间的盐浓度明显不同。在河海交界处只要采用半透膜将海水和淡水隔开，淡水就会通过半透膜向海水一侧渗透，使海水侧的高度超过淡水侧，高出的水柱部分所形成的压力等于渗透压。利用渗透压形成水位差，就可以直接驱动水轮发电机发电。

4.6.3　盐差能发电的方法

盐差能发电的原理，一般是利用浓溶液扩散到稀溶液时所释放出的能量来发电。具体实现方式，主要有渗透压法、蒸汽压法、浓差电池法等，其中渗透压法最受重视。

1. 渗透压法

渗透压法，就是利用半透膜两侧的渗透压，将不同盐浓度的海水之间的化学电位差能转换为水的势能，使海水升高形成水位差，然后利用海水从高处流向低处时提供的能量来发电，其发电原理及能量转换方式与潮汐发电基本相同。

渗透压式盐差能发电系统的关键技术是半透膜技术和膜与海水交界面间的流体交换技术，技术难点是制造有足够强度、性能优良、成本适宜的半透膜。

按具体实现方式，还可分为强力渗压发电、水压塔渗压发电和压力延滞渗透发电几种类型。

（1）强力渗压发电

强力渗压发电系统如图 4-33 所示。在河水与海水之间建两座水坝，并在水坝间挖一个低于海平面约 200m 的水库。前坝内安装水轮发电机组，并使河水与水库相连；后坝底部则安装半透膜渗流器，使水库与海水相通。水库的水通过半透膜不断流入海水中，水库水位不断下降，这样河水就可以利用它与水库的水位差冲击水轮机旋转，并带动发电机发电。

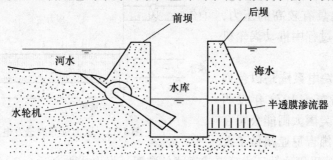

图 4-33　强力渗压发电系统

强力渗压发电系统的投资成本要比燃煤电站高，而且也存在技术上的难点，其中最难的是要在低于海平面 200m 的地方建造一个巨大的电站，能够抵抗腐蚀的半透膜也很难制造，因此发展的前景不大。

（2）水压塔渗压发电

水压塔渗压发电系统如图 4-34 所示。图中水压塔与淡水间用半透膜隔开，并通过水泵连通海水。系统运行前先由海水泵向水压塔内充入海水，运行中淡水从半透膜向水压塔内渗透，使水压塔内海水的水位不断上升，从塔顶的水槽溢出，溢出的海水冲击水轮机旋转，带动发电机发电。在运行过程中为了使水压塔内的海水保持一定的盐度，海水泵不断向塔内打入海水。根据试验结果，扣除各种动力消耗后该装置的总效率约为 20%。

在设计时，也可以让海水经导出管流出，这样具有一定势能的海水就可以更好地推动水轮机转动。发电量的大小，取决于海水导出管

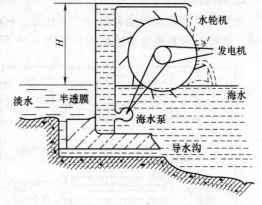

图 4-34　水压塔渗压发电系统

的流量大小和水位的高度。而流量大小又取决于淡水渗透过半透膜的速度。发电装置输出的能量中，有一部分要消耗在装置本身上，如海水泵所消耗的能量、半透膜进行洗涤所消耗的能量。预计此装置的总效率可达 25%，也就是说只要每秒能渗入 1m³ 的淡水，就可以得到 500kW 的电力输出。

此种盐差发电方式要投入实际使用，尚需要解决许多困难。例如，要建设几千米或几十千米的拦水坝和 200 多米高的水压塔，工程太浩大了。又如半透膜要承受 2MPa 的渗透压，难以制造；如果期望得到 1 万 kW 的电力输出，则需要 4 万 m^2 的半透膜，着实无法制造。如果半透膜的高度为 4m，那么它的长度就应有 10km，相应的拦水坝就要超过 10km，投资将是十分惊人的。

（3）压力延滞渗透发电

压力延滞渗透发电系统如图 4-35 所示。运行前压力泵先把海水压缩到某一压力后进入压力室。运行时在渗透压作用下，淡水透过半透膜渗透到压力室同海水混合，渗入的淡水部分获得了附加的压力。混合后的海水和淡水与海水相比具有较高的压力，可以在流入大海的过程中推动涡轮机做功。

压力延滞渗透发电系统是以色列科学家西德尼·洛布于 1973 年发明的。1978 年洛布和美国太阳能公司在密歇根州沃伦市和佛吉尼亚州做了大

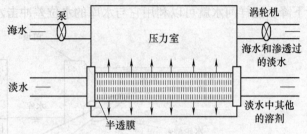

图 4-35 压力延滞渗透发电系统

量的试验，当时估算采用这种压力延滞渗透式的装置，发电成本高达 0.3 ~ 0.4 美元/（kW·h），而且还缺乏有效的半透膜。1997 年欧洲的 Stat kraft 公司开始从事压力延滞渗透发电的研究，2001 年 Stat kraft 公司开展了世界上第一个重点发展压力延滞渗透技术的项目。由于膜技术的进步，膜寿命提高到原来的 4 倍，膜性能也由原来的 $0.1W/m^2$ 提高到 $2W/m^2$，最高可达到 $5W/m^2$。Stat kraft 公司预计 2015 年这种装置的发电成本将降到 0.03 ~ 0.04 美元/（kW·h），渗透能发电即可投入商业运行，并且可以同其他可再生能源（如生物能、潮汐能）相竞争。

2. 蒸汽压法

蒸汽压发电装置外面看似一个筒状物，它由树脂玻璃、PVC 管、热交换器（铜片）、汽轮机、浓盐溶液和稀盐溶液组成，如图 4-36 所示。

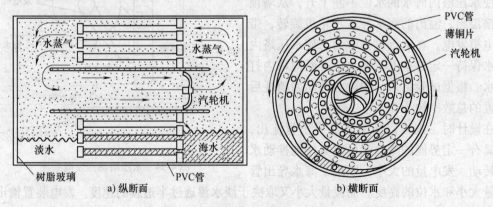

a）纵断面　　　　　　　　　　　　b）横断面

图 4-36 蒸汽压法发电装置示意图

由于在同样的温度下淡水比海水蒸发得快，因此海水一边的饱和蒸汽压力要比淡水一边低得多，在一个空室内蒸汽会很快从淡水上方流向海水上方并不断被海水吸收，这样只要装

上汽轮机就可以发电了。由于水气化吸收的热量大于蒸汽运动时产生的热量,这种热量的转移会使系统工作过程减慢而最终停止,采用旋转筒状物使海水和淡水分别浸湿热交换器(铜片)表面,可以传递水气化所要吸收的潜热,这样蒸汽就会不断地从淡水一边向海水一边流动以驱动汽轮机。试验表明这种装置模型的功率密度(表面积为 $1m^2$ 的热交换器所产生的功率)为 $10W/m^2$,是浓差电池发电装置的 10 倍。

蒸汽压发电最显著的优点是不需要半透膜,这样就不存在膜的腐蚀、高成本和水的预处理等问题。但是发电过程中需要消耗大量淡水,应用受到限制。

此外,在 70℃下淡水与海水的饱和蒸汽压差为 800Pa,而与盐湖的饱和蒸汽压差为 8kPa,显然,这种方法更适用于盐湖的盐差能利用。

3. 浓差电池法

浓差电池法,是化学能直接转换成电能的形式。浓差电池,也称渗透式电池、反电渗析电池。有人认为,这是将来盐差能利用中最有希望的技术。一般要选择两种不同的半透膜,一种只允许带正电荷的钠离子(Na^+)自由进出,一种则只允许带负电荷的氯离子(Cl^-)自由出入。浓差电池由阴阳离子交换膜、阴阳电极、隔板、外壳、浓溶液和稀溶液等组成,图中 4-37 所示,图中 C 代表阳离子交换膜、A 代表阴离子交换膜。

这种电池所利用的,是由带电薄膜分隔的浓度不同的溶液间形成的电位差。阳离子渗透膜和阴离子渗透膜交替放置,中间的间隔交替充以淡水和盐水,Na^+ 透过阳离子交换膜向阳极流动,Cl^- 透过阴离子交换膜向阴极流动,阳极隔室的电中性溶液通过阳极表面的氧化作用维持;阴极隔室的电中性溶液通过阴极表面的还原反应维持。

由于该系统需要采用面积大而昂贵的交换膜,因此发电成本很高。不过这种离子交

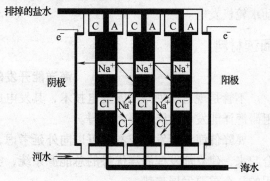

图 4-37　浓差电池示意图

换膜的使用寿命长,而且即使膜破裂了也不会给整个电池带来严重影响。例如,300 个隔室组成的系统中有一个膜损坏,输出电压仅减少 0.3%。另外,由于这种电池在发电过程中电极上会产生 Cl_2 和 H_2,可以帮助补偿装置的成本。

Wetsus 研究所于 2006 年开始对海水反电渗析发电进行研究,通过对几种不同浓度的溶液分别进行试验,发现该装置发电的有效膜面积是总膜面积的 80%,膜的寿命为 10 年,反电渗析发电的最大能量密度(单位面积膜产生的功率)为 $460MW/m^2$,装置投资为 6.79 美元/kW,这个投资是很高的,其中低电阻离子交换膜最昂贵,占了绝大部分投资,如果其价格降低 100 倍,反电渗析发电就可能与其他发电装置相竞争。

研究还发现:反电渗析发电不能商业化的主要障碍不单是膜的价格问题,运行中还受许多未知因素的影响,包括生物淤塞、水动力学、电极反应、膜性能和对整个系统的操作等,为了能使反电渗析发电装置很好运行,这些因素都需要进行研究。

浓差电池也可采用另一种形式:在一个 U 形连接管内,用离子交换膜隔开,一端装海水,另一端装淡水,如果两端插上电极,电极间就会产生 0.1V 的电动势。因为淡水的导电性很差,为了减小电池内阻,淡水中应加点海水。浓差电池的原理并不复杂,实验均获成

功，然而要把实验成果转化为实用化，应该说还有一段距离。

小结

海洋能表现为多种形式，可利用来发电的形式有：潮汐能、波浪能、海流能、温差能、盐差能。

本章首先介绍了海洋能的基本概念和国内外海洋能资源概况及开发利用简况。

潮汐发电是海洋能利用发电方式中技术上最成熟的一种，介绍了潮汐电站的类型、潮汐水电机组的原理，以及潮汐电站选址设计等问题。

波浪能发电国外研究较多，4.3 节介绍了波浪能资源分布及特点，波浪发电装置构成、转换方式、安装模式等，并介绍了几种典型的波浪发电系统装置原理。

海流能概况及海流发电原理在 4.4 节作了详细介绍。

温差能发电利用海水的温差来发电，4.5 节介绍了温差发电的原理。

4.6 节介绍盐差发电，盐差发电依靠一种特殊的材料和技术，分别叫做渗透膜和渗透压技术，在一定条件下，水分子可以渗透出渗透膜，而盐分子不行，利用这种特征产生压力驱动水轮机发电。

阅读材料

海洋能开发的综合利用

不管是现有哪种海洋能发电技术，其发电成本基本上都明显高于陆地火电厂成本，这是阻碍海洋能发电发展的一大障碍。

要降低海洋能发电成本，可以向外延考虑，把能源资源、水产资源和空间利用有效地结合起来，建立能发挥海洋优势的总能源系统，实现海洋能资源综合利用是未来海洋能开发利用的一个重要发展趋势。

海洋能发电以外的综合利用途径主要有以下几方面。

1. 海水淡化和冷水空调

在海洋温差（OTEC）发电技术的热力循环系统中，$25 \sim 30℃$ 的海表热水在低压锅炉里沸腾产生蒸汽，一方面可带动蒸汽机发电，另一方面在深海冷水（$5℃$ 左右）的作用下重新凝结带来丰富的淡水，还可利用这种冷水致冷。美国太平洋高技术研究国际中心（PICH-TR）设计了一个多产品的 1000kW OTEC 系统（MP-OTEC），除发电外，每天可产淡水 $4730m^3$，足够 2 万人使用，还为一家有 300 个客房的宾馆提供空调，运行费仅为常规空调的 25%。由此使 1000kW OTEC 系统的电价降为 $15 \sim 25$ 美分/kW · h，平均低于海岛上使用化石燃料的成本（$25 \sim 50$ 美分/kW · h）。

2. 燃料生产

从海洋能中生产燃料的途径有两类。

第一类，利用 OTEC 电站排放的大量深海冷水中富含的营养盐类来养殖深海巨藻，经厌氧消化产生中热值沼气，其转化率可达 80% 以上；或经发酵生产酒精、丙酮、乙醛等；或使用超临界水，将高含水量的海藻气化产生氢。

第二类，利用海洋能产生的大量电力，以海水和空气为原料生产氢、氨或甲醇，经液化后贮存，供应市场。

3. 发展养殖业和热带农业

由于深海水中氮、磷、硅等营养盐十分丰富，有利于海水养殖。据统计，一座 4 万 kW 的 OTEC 电站，其深海水流量约 800m³/s。这些深海水每年可输送约 8000t 氮到海洋表层，能增产 8 万 t 干海藻或 800t 鱼。在夏威夷，由 OTEC 派生的海水养殖业已投入 5 千万美元，养殖龙虾、比目鱼、海胆和海藻。夏威夷大学的科学家们还提出把深海水用于发展热带农业。即在耕地下埋一排冷水管，在热带地区创造一种冷气候环境，生产草莓和其他春季谷物、花卉等。另外，由于大气中水分在冷水管表面的凝结，还可产生滴灌效果。

4. 观光旅游、围海造地

海洋能电站建设的沿海地带一般风景皆为秀丽，可建旅游设施、海上乐园。对绵延几十公里的潮汐电站或海浪电站坝址所围成的海域可联合海岸线管理、环保、旅游等部门实施填海造地、掩埋垃圾、建高级住宅区和旅游区等进行综合开发。由此推动多元化新兴行业的发展，可获得数倍于海洋能发电的效益。如我国浙江温岭的江厦潮汐电站在库区周围围垦了 5600 亩（1 亩 = 666.6m²）土地，其中耕地 4500 亩，种植水稻、大麦、油菜、棉花、柑桔等，每年的垦殖收益约为电站发电收益的 6 倍。

各国的经验证明：开展海洋能资源的综合利用，不仅是降低海洋能发电综合成本的有效途径，也有利于改善自然、社会和经济环境，促进经济社会的发展和居民生活质量的提高。因此，海洋能开发的综合利用倍受各国关注，并将获得更大发展。

习　题

1. 海洋能有何特点使得其发电利用具有巨大意义。
2. 简述海洋能具体有哪些形式。
3. 什么是潮汐发电？具体有几种类型？
4. 简述潮汐电站及其水轮发电机组的类型。
5. 潮汐电站选址中主要需要注意什么？为什么？
6. 什么是波浪发电？有何特点？
7. 波浪发电的主要组成是什么？
8. 波浪能的转换方式有哪些？
9. 叙述几种典型的波浪能发电装置及其特点。
10. 什么是海流发电？它与风力发电有何异同？
11. 简述海流发电的原理。
12. 什么是海水温差发电？什么是温差能？
13. 海水温差发电的原理是什么？
14. 什么是盐差发电？什么是盐差能？什么是渗透和渗透压？
15. 简述盐差能发电的主要方法都有哪些，以及各自特点。

第 5 章　生物质能发电

关键术语：

　　生物质燃烧发电、生物质气化发电、沼气燃烧发电、沼气燃料电池发电、垃圾填埋气发电及垃圾焚烧发电。

学过本章后，读者将能够：

　　熟悉什么是生物质能，主要有哪些构成；

　　理解生物质燃烧技术、固体燃料成型技术；

　　掌握生物质燃烧发电原理，及污染排放的控制；

　　理解生物质气化技术和生物质气化发电原理；

　　理解什么是沼气及沼气产生原理；

　　掌握沼气燃烧发电和燃料电池发电原理，及控制策略；

　　理解垃圾填埋气发电和垃圾焚烧发电原理。

引例

　　随着经济的发展、城镇化的进程以及人民生活水平的提高，各类来自建筑、日常生活、工农业的废弃物与日俱增，它们污染环境、占用土地，如图 5-1a、b、c 所示，也许这就是您在日常生活中见到过的场景，常常令人扼腕叹息。

　　如何解决这类问题呢？答案是利用它们来发电，不仅仅能让这些废弃物少一些污染，而且能为清洁发电量的增加贡献力量。图 5-1d 为等待进入生物质发电厂的农业废弃物。

a) 建筑垃圾包围城市

b) 被垃圾污染的山川河流

c) 农田秸秆直接焚烧污染大气

d) 收集待利用的生物质资源

图 5-1　生物质资源

5.1　生物质能

5.1.1　生物质能的概念

顾名思义，生物质能是蕴藏在生物质中的能量，是绿色植物通过叶绿素将太阳能转化为化学能而储存在生物质内部的能量。目前广泛使用的化石能源如煤、石油和天然气等，也是由生物质能转变而来的。

生物质能是可再生能源，其原料通常包括 6 个方面：①木材及森林工业废弃物；②农作物及其废弃物；③水生植物；④油料植物；⑤城市和工业有机废弃物；⑥动物粪便。

在世界能源消耗中，生物质能约占 10%，而在不发达地区却占 60% 以上，全世界约 25 亿人所需的生活能源的 90% 以上是生物质能。

生物质能属于清洁能源，其优点是燃烧容易、污染少、灰分较低，燃烧后二氧化碳排放属于自然界的碳循环，不形成污染，并且生物质能含硫量极低，仅为 3%，不到煤炭含硫量的 1/4，可显著减少二氧化碳和二氧化硫的排放；缺点是热值及热效率低，直接燃烧生物质的热效率仅为 10%~30%，体积大而且不易运输。

生物质在生长过程中通过光合作用吸收 CO_2，在其作为能源利用过程中，排放的 CO_2 又有效地通过光合作用而被生物质吸收，因而，其产生和利用过程构成了一个 CO_2 的闭路循环。即

$$CO_2 + H_2O + 太阳能 \xrightarrow{\text{叶绿素}} (CH_2O) + H_2O \tag{5-1}$$

$$(CH_2O) \xrightarrow{\text{燃烧}} CO_2 + 热量 \tag{5-2}$$

(CH_2O) 是生物质生长过程中吸收的碳水化合物的总称。当上述两个反应的 CO_2 达到平衡时，将对缓解日趋严重的温室气体效应产生重要的作用。

生物质能转化技术可分为直接燃烧方式、物化转换方式、生化转化方式和植物油利用方式四大类。

1）直接燃烧方式。直接燃烧方式可分为炉灶燃烧、锅炉燃烧、垃圾燃烧和固体燃料燃烧四种方式。其中，固体燃料燃烧是新推广的技术，它把生物质固化成形后，再使用传统的燃煤设备燃用。这种方式的优点是充分利用生物质能源替代煤炭，可以削减大气 CO_2 和 SO_2 排放量。

2）物化转换方式。物化转换方式主要有三方面：一是干馏技术；二是汽化制取生物质可燃气体；三是热解制生物质油。干馏技术的主要目的是同时生产生物质炭和燃气，它可以把能量密度低的小物质转化为热值较高的固定炭或气，炭和燃气可分别用于不同用途。生物质热解汽化是把生物质转化为可燃气的技术，根据技术路线的不同，可以是低热值气，也可以是中热值气。热解制油是通过热化学方法把生物质转化为液体燃料的技术。

3）生化转换方式。生化转换方式主要有四种：①填埋制气与堆肥技术；②通过酶技术制取乙醇或甲醇液体燃料；③小型户用沼气池技术；④大中型厌氧消化技术。其中大中型厌氧消化技术又分为禽畜粪便厌氧消化技术和工业有机废水厌氧消化技术。

4）植物油利用方式。能源植物油是从油脂植物和芳香油植物中提取的燃料油，经加工后，可以替代石油使用。

5.1.2　生物质能存在的形式

1. 森林能源及其废弃物

森林能源是森林生长和林业生产过程提供的生物质能源，主要是薪材，也包括森林工业的一些残留物等。森林能源在我国农村能源中占有重要地位，农村消费森林能源占农村能源总消费量的30%以上，而在丘陵、山区、林区，农村生活用能的50%以上靠森林能源。薪材主要来源于树木生长过程中修剪的枝杈，木材加工的边角余料，以及专门提供薪材的薪炭林。

2. 农作物及其副产物

农作物秸秆，如麦秆、稻秆等，是农业生产的副产品，也是我国农村的传统燃料。秸秆资源与农业主要是种植业生产关系十分密切，我国农作物秸秆造肥还田及其收集损失约占15%。农作物秸秆除了作为饲料、工业原料、造肥还田之外，还可以作为农户炊事、取暖燃料，但其转换效率仅为10% ~ 20%。随着农村经济的发展，农民收入的增加，农村生活用能中商品能源（如煤、液化石油气等）的比例正以较快的速度增加，以传统方式利用的秸秆被大量弃于地头田间，许多地区废弃秸秆量已占总秸秆量的60%以上，既危害环境，又浪费资源。

3. 禽畜粪便

禽畜粪便也是一种重要的生物质能源。除在牧区有少量的直接燃烧外，禽畜粪便主要作为沼气的发酵原料。我国主要的畜禽是鸡、猪和牛，根据这些畜禽品种、体重、粪便排泄量等因素，可以估算出粪便资源量。据统计，2011年我国大中型牛、猪、鸡场近万家，禽畜粪便资源总量约11亿t，折合上亿吨标准煤，同时每天排出粪尿及冲洗污水100多万吨，全年粪便污水资源量2亿t，折合约1500万t标准煤。我国在粪便资源中，大中型养殖场的禽畜粪便更有利于集中开发和规模化利用。

4. 生活垃圾

城镇生活垃圾主要是由居民生活垃圾，商业、服务业垃圾和少量建筑垃圾等废弃物所构成的混合物，成分比较复杂，其构成主要受居民生活水平、能源结构、城市建设、绿化面积以及季节变化的影响。我国大城市的垃圾构成已呈现向现代化城市过渡的趋势，有以下特点：一是垃圾中有机物含量接近1/3甚至更高；二是食品类废弃物是有机物的主要组成部分；三是易降解有机物含量高。随着我国工业化及家庭消费水平的提高，工业固体废物和家庭生活垃圾的产生量也随之上升。

5.1.3　生物质能的开发利用

生物质能利用技术的研究与开发是21世纪初世界范围的重大热门课题之一，受到世界各国政府与科学家的关注。我国在生物质能源的开发利用研究方面投入了不少人力和物力，在农村已经有许多成功的案例，在部分城市也进行了一些推广，已初步形成具有中国特色的生物质能研究开发体系。

生物质能的高效转换技术不仅能够大大加快村镇居民实现能源现代化进程，满足农民富裕后对优质能源的迫切需求，同时也可在乡镇企业等生产领域中得到应用。由于我国地广人多，常规能源不可能完全满足广大农村日益增长的需求，而且由于国际上各种有关环境问题的公约，限制 CO_2 等温室气体排放，这就要求改变以煤炭为主要能源的传统格局。因此，立足于农村现有的生物质资源，研究新型转换技术，开发新型装备既是农村发展的迫切需要，又是减少排放、保护环境、实施可持续发展战略的需要。

生物质能的开发和利用，也就是生物质能的转化技术，将生物质能转化为人们所需要的热能或进一步转化为清洁二次能源，如电能。

1. 生物质可以转化的能源形式

1) 直接燃烧获取热能。这是生物质能最古老最直接的利用形式，燃烧就是有机物氧化的过程，其发热量与生物质的种类以及氧气的供应量有关，一般直接燃烧的转换效率很低。

2) 沼气。沼气是有机物质在厌氧条件下，经过微生物发酵生成以甲烷为主的可燃气体。沼气的主要成分是甲烷（55% ~70%）、CO_2（30% ~45%）和极少量的硫化氢、氨气、氢气、水蒸气等。

3) 乙醇。植物纤维素经过一定工艺的加工并发酵可以制取乙醇。乙醇的热值很高，可以直接燃烧，是十分清洁的能源燃料。

4) 甲醇。和乙醇类似，甲醇一般通过把植物纤维素经过一定工艺的加工制取得到。甲醇的燃烧效率较高，也是清洁的燃料。

5) 生物质汽化产生的可燃气体及裂解产品。可燃性物质如木材、秸秆、谷壳、果壳等，在高温条件下经过干燥、干馏热解、氧化还原等过程后会产生可燃混合气体，可燃气体有甲烷、氢气、CO 等。

2. 生物质能的实用转化技术

利用物理、化学以及生物技术，把生物质转化为液体、气体或固体形式的各种燃料，属于生物质能的转化技术。目前研究开发的转换技术主要有物理干馏、热裂解法、生物发酵，包括利用干馏技术制取木炭、秸秆汽化制取燃气、生物发酵制取乙醇、生物质直接液化制取燃料油、干湿法厌氧消化制取沼气等。

（1）生物质压缩成形和固体燃料制取技术

采用生物质干馏法制取木炭。生物质经过粉碎，在一定的压力、温度和湿度条件下，挤压成形，成为固体燃料，具有挥发性高、热值高、易着火燃烧、灰分和硫分低、燃烧污染物少以及便于储存和运输等优点，可以取代煤炭。

具有一定粒度的生物质原料，在一定压力作用下（加热或不加热），可以制成棒状、粒状、块状等各种成形燃料。原料经挤压成形后，密度可达 $1.1 \sim 1.4 t/m^3$，能量密度与中质煤相当，燃烧特性明显改善，而且便于运输和储存。

利用生物质炭化炉可以将成形生物质固形物块进一步炭化，生产成生物炭。由于在隔绝空气条件下，生物质被高温分解，生成燃气、焦油和炭，其中的燃气和焦油又从炭化炉释放出去，烟气中的污染物含量明显降低，是一种高品位的燃料。

（2）生物质汽化技术

生物质经过热裂解装置或汽化炉的一系列反应后，生成可燃气体。生物质汽化即通过化学方法将固体的生物质能转化为气体燃料。气体燃料具有高效、清洁、方便等特点，因此生物质汽化技术的研究和开发得到了国内外广泛重视。

　　我国已经将农林固体废弃物转化为可燃气的技术应用于集中供气、供热、发电等方面。如集中供热、供气的上吸式汽化炉,最大生产能力达 $6.3 \times 10^6 kJ/h$。我国已建成了用枝桠材削片处理并汽化制取民用煤气供居民使用的汽化系统。还研究开发了以稻草、麦草为原料,应用内循环流化床汽化技术,产生接近中热值的煤气,供乡镇居民集中供气系统使用。而下吸式汽化炉主要用于秸秆等农业废弃物的汽化,在农村居民集中居住地区得到较好的推广应用。

　　(3)生物质热裂解液化制取生物油技术

　　生物柴油于 1988 年诞生,由德国聂尔公司发明,它是以菜籽油等为原料提炼而成的洁净燃油。生物柴油具有突出的环保性和可再生性,受到世界发达国家尤其是资源贫乏国家的高度重视。生物柴油是清洁的可再生能源,它以大豆和油菜籽等油料作物、油棕和黄连木等油料林木果实、工程微藻等油料水生植物以及动物油脂、地沟油等为原料制成的液体燃料,是优质的石油、柴油替代用品。

　　(4)干湿法厌氧消化制取沼气技术

　　采用干湿法厌氧消化的方式制取沼气,并以沼气利用技术为核心的综合利用技术是具有中国特色的生物质能利用模式,典型的模式有"四位一体"模式,"能源环境工程"技术等。所谓"四位一体",就是一种综合利用太阳能和生物质能发展农村经济的模式,在温室的一端建地下沼气池,沼气池上方建猪舍、厕所,在一个系统内既提供能源,又生产优质农产品,沼气池、猪舍、农产品、能源等四位合于温室沼气池。"能源环境工程"技术是大中型沼气工程基础上发展起来的多功能、多效益的综合工程技术,既能有效解决规模化养殖场的粪便或城市污水污染问题,又有良好的能源、经济和社会效益。

3. 生物质能转化技术的应用前景

　　结合国外生物质能利用技术的研究开发现状,以及我国的生物质能转化技术水平和实际情况,我国生物质能应用技术应主要在以下几方面发展。

　　(1)高效直接燃烧技术和设备

　　我国有近 14 亿人口,多数居住在农村和小城镇。农业剩余物秸秆、稻草物料,是很多农村居民的重要能源。开发研究高效的燃烧炉,提高使用热效率,是生物质能转化技术在农村应用的重要问题。

　　(2)薪材集约化综合开发利用

　　生物质能尤其是薪材不仅是很好的能源,而且可以用来制造出木炭、活性炭、木醋液等化工原料。大量速生薪炭林基地的建设,为工业化综合开发利用木质能源提供了丰富的原料。把生物质能进行化学转换,产生的气体收集净化后,输送到居民家中做燃料,可提高使用热效率和居民生活水平。农村有着丰富的秸秆资源,大量秸秆被废弃和在田间直接燃烧,既造成生物质能大量的浪费,也给大气带来了严重的污染。研究开发和利用可再生的生物质能高效转化技术,可以大大解决由此而引发的环境问题。

　　(3)生物质能的液化、汽化等新技术开发利用

　　生物质能新技术的研究开发,如生物技术高效、低成本转化应用研究,常压快速液化制取液化油、催化化学转化技术的研究,以及生物质能转化设备,如流化床技术等是研究重点。生物质能的液化技术是指利用生物发酵技术及水解技术,在一定条件下,将生物质加工成为乙醇或甲醇等可燃液体;或将生物质经粉碎预处理后在反应设备中,添加催化剂,经化

学反应转换成液化油。生物质汽化是生物质原料在缺氧状态下燃烧和还原反应的能量转换过程，它可以将固体生物质原料转换成为使用方便而且清洁的可燃气体。

（4）城市生活垃圾的开发利用

生活垃圾数量以每年 8% ~ 10% 的速度快速递增，工业化开发利用垃圾发电，焚烧集中供热或汽化生产煤气供居民使用，不仅可以提供数字不小的能源，而且在一定程度上创建了城市良好的可再生环境，解决城市环境保护问题。

（5）能源植物的开发

能源植物也称为"绿色石油"，如油棕榈、黄连木、木戟科植物等，是生物质能利用丰富且优质的资源。能源植物经过热裂解或一定的其他化学反应，可以制取生物油。

5.2　生物质燃烧发电

生物质燃烧作为能源转化的形式具有相当古老的历史，人类对能源的最初利用就是从木材燃火开始的。所谓燃烧就是燃料中的可燃成分与氧发生激烈的氧化反应，在反应过程中释放出大量热量，并使燃烧产物的温度升高。由燃料获取热能在技术上是可行的，在经济上是合理的。生物质固体燃料，包括农作物秸秆、稻壳、锯末、果壳、果核、木屑、薪材和木炭等。

生物质燃料与化石燃料相比存在明显的差异，由于生物质组成成分中含碳量少，含氢、氧量多，含硫量低，因此，生物质在燃烧过程中表现出不同于化石燃料的燃烧特性。主要表现为：生物质燃料热值低，但易于燃烧和燃尽，燃烧时可相对减少供给空气量；燃烧初期析出量较大，在空气和温度不足的情况下易产生镶黑边的火焰；灰烬中残留的碳量较煤炭少；不必设置气体脱硫装置，降低了成本并有利于环境保护。

生物质燃烧的过程可以分为以下四个阶段：预热和干燥阶段，挥发分析出及木炭形成阶段，挥发分燃烧阶段，固定碳燃烧阶段。

1）预热和干燥阶段：在该阶段，生物质被加热，温度逐渐升高。当温度达到 100℃ 左右时，生物质表面和生物质颗粒缝隙的水被逐渐蒸发出来，生物质被干燥。生物质的水分越多，干燥所消耗的热量越多。

2）挥发分析出及木炭形成阶段：生物质继续被加热，温度继续升高，到达一定温度时便开始析出挥发分，并形成焦炭。

3）挥发分燃烧阶段：生物质高温热解析出的挥发分在高温下开始燃烧，同时释放大量热量，一般可提供占总热量 70% 份额的热量。

4）固定碳燃烧阶段：生物质中剩下的固定碳被燃烧着的挥发分包围着，减少了扩散到碳表面的氧的含量，抑制了固定碳的燃烧；随着挥发分的燃尽，炽热的固定碳开始和氧气发生激烈的氧化反应，且逐渐燃尽，形成灰分。

由于生物质中含有较高的碱金属，在高温燃烧过程中会给燃烧装置正常运行带来许多问题，其中一个很重要的问题就是积灰结渣。积灰是指温度低于灰熔点的灰粒在受热面上的沉积，多发生在锅炉对流受热面上。结渣主要是由烟气中夹带的熔化或半熔化的灰粒接触到受热面凝结下来，并在受热面上不断生长、积聚而成，多发生在炉内辐射受热面上。

5.2.1 生物质燃烧技术

生物质直接燃烧主要分为炉灶燃烧和锅炉燃烧。炉灶燃烧投资小、操作简便，但燃烧效率较低，造成生物质资源的浪费。当生物质燃烧系统的功率大于100kW时，一般采用现代化的锅炉燃烧技术，适合生物质大规模利用。

生物质现代燃烧技术主要分为层燃、流化床和悬浮燃烧等三种形式。

1. 层燃技术

在层燃方式中，生物质平铺在炉排上形成一定厚度的染料层，进行干燥、干馏、燃烧及还原过程。层燃过程经过灰渣层、氧化层、还原层、干馏层、干燥层和新燃料层等区域，如图5-2所示。

进入的冷空气首先通过炉排和灰渣层而被预热，在氧化层预热的空气与炽热的木炭相遇发生剧烈的氧化反应，大量消耗氧气并生成二氧化碳和一氧化碳，在氧化层末端气体的温度将达到最高；在还原层，气流中二氧化碳与碳起还原反应，即

$$CO_2 + C \rightarrow 2CO \tag{5-3}$$

温度越高，速度越快；生物质投入炉中形成的新燃料层被加热干燥、干馏，将水蒸气、挥发分等带离燃料层进入炉膛空间，挥发分及一氧化碳着火燃烧，形成木炭。

层燃技术的种类较多，主要包括固定炉排、滚动炉排、振动炉排、往复推动炉排等，层燃方式的主要特点是生物质无需严格的预处理，滚动炉排和往复推动炉排的拔火作用强，比较适用于低热值、高灰分生物质的焚烧。炉排系统可以采用水冷的方式，以减轻结渣现象的出现，延长设备使用寿命。

图 5-2　层燃过程

2. 流化床技术

流化床是基于气固流态化的一项技术，即当气流流过一个固体颗粒的床层时，若其流速达到使气流流阻压降等于固体颗粒层的重力时，固体床料被流态化。其适应范围广，能够使用一般燃烧方式无法燃烧的石煤等劣质燃料、含水率较高的生物质及混合燃料等。此外，流化床燃烧技术还可以降低尾气中氮与硫的氧化物等有害气体含量，保护环境，是一种清洁燃烧技术。

流化床的下部装有布风板，空气从风室通过布风板向上进入流化床，当气流速度发生变化时，流化床上的固体燃料层将先后出现固定床、流化床和气流输送三种不同的状态。

当气流速度较低时，燃料颗粒的重力大于气流的向上浮力，燃料颗粒处于静止状态，称为固定床。当气流速度逐渐增加到某一临界值时，颗粒出现松动，颗粒间空隙增大，床层体积出现膨胀。如果再进一步提高气流速度，燃料颗粒由气流托起上下翻腾，呈现不规则运动，燃料层表现出流体特性，称为流化床。随着气流速度的提高，颗粒的运动愈加剧烈，床层的膨胀也随之增大。当气流速度进一步增加，超过携带速度时，燃料颗粒将被气流携带离开燃烧室，燃料颗粒的流化状态遭到破坏，称为气流输送。对于流化床可以分为鼓泡流化床和循环流化床。

为了保证流化床内稳定的燃烧，流化床内常加入大量的惰性床料来储存热量，占总床料的90%~98%，惰性床料有石英砂、石灰石和高铝矾土等。炽热的床料具有很大的热容量，

仅占床料 5% 左右的新燃料进入流化床后，燃料颗粒与气流的强烈混合，不仅使燃料颗粒迅速升温和着火燃烧，而且可以在较低的过量空气系数下保证燃料充分燃烧。流化床床温一般控制在 800~900℃，属于低温燃烧，可显著减少 NO_x 的排放，同时也可以防止炉温过高导致的料层结渣，破坏正常流化。

鼓泡流化床燃烧存在一些问题，如飞灰可燃物大、埋管受热面磨损严重、大型化困难、石灰石脱硫时钙的利用率低等，制约了其进一步发展。为了解决上述问题，20 世纪 80 年代循环流化床锅炉应运而生。循环流化床主要优点之一是燃料适应性广，几乎可以燃用所有的固体燃料，燃烧效率也更高，能达到 95%~99%。它的这一优点对于充分利用劣质燃料，开发和节约能源具有重要的意义。

3. 悬浮燃烧技术

悬浮燃烧是首先将燃料磨成细粉，然后用空气流经燃烧器将燃料喷入炉膛，并在炉膛内进行燃烧。其特点是将燃料投入连续、缓慢转动的筒体内焚烧直到燃尽，故能够实现燃料与空气的良好接触和均匀充分的燃烧。西方国家多将该类焚烧炉用于有毒、有害工业垃圾的处理。悬浮燃烧时虽气流与燃料颗粒间的相对速度最小，但由于燃烧反应面积的极大增加，使得反应速度极快，燃烧强度和燃烧效率都很高。

5.2.2　固体燃料成型技术

生物质固体燃料成型技术，就是将各类生物质废弃物，如秸秆、稻壳、锯末、木屑等，经干燥并粉碎到一定粒度，在一定温度、湿度和压力条件下，挤压成规则的、较大密度的固体成型燃料，生物质固体燃料成型技术是生物质能源转化利用的一种重要方式。

生物质原料经挤压成型后，体积缩小，密度可达 $1t/m^3$ 左右，含水率在 20% 以下，便于储存和运输。成型燃料在燃烧过程中热值可达 16 000kJ/kg 左右，并且零排放，即基本不排渣、无烟尘、无二氧化硫等有害气体，热性能优于木材，体积发热量与中质煤相当，可广泛用于民用炉、小型锅炉，是易于进行商品化生产和销售的可再生能源。

1. 生物质燃料成型机理

生物质压缩成型原理可以解释为密实填充、表面变形与破坏、塑性变形三种原因。从结构上看，生物质原料的结构通常都比较疏松，堆积时具有较高的空隙率，密度较小。松散细碎的生物质颗粒之间被大量的空隙隔开，仅在一些点、线或者很小的面上有所接触。在外力作用下，颗粒发生位移并重新排列，使空隙减少、颗粒间的接触状态发生变化。在完成对模具有限空间的填充后，颗粒达到了在原始微粒尺度上的重新排列和密实化，实现密实填充。这一过程中通常伴随着原始微粒的弹性变形和因相对位移而造成的表面破坏，此过程为表面变形与破坏。在外部压力进一步增大之后，由应力产生的塑性变形使空隙率进一步降低，密度继续增加，颗粒间接触面积的增加比密度的提高要大几百倍甚至几千倍，将产生复杂的机械啮合和分子间的结合力，特别是添加胶黏剂时，此过程为塑性变形。

植物细胞中除含有纤维素、半纤维素外，还含有木质素。木质素为光合作用形成的天然聚合体，具有复杂的三维结构，属于高分子化合物，它在植物中的含量一般为 15%~30%。木质素不是晶体，没有熔点但有软化点，当温度为 70~110℃时开始软化具有黏性；当温度达到 200~300℃时呈熔融状，黏性高，此时施加一定的压力，增强分子间的内聚力，就可将它与纤维素紧密粘结并与相邻颗粒互相粘接，使植物体变得致密均匀，体积大幅度减少，密度显著增大。由于非弹性或粘弹性的纤维分子之间的相互缠绕和绞合，在去除外部压力后，一般不能再恢复原来的结构形状。在冷却以后强度增大，成为成型燃料。生物质压缩成型燃料就是利用这一原理，用压缩成型机将松散的生物质在一定的温度、压力条件下，靠机械与生物质之间及生物质相互之间摩擦产生的热量或外部加热，使木质素软化，经挤压成型而得到具有一定形状的新型燃料。

2. 生物质燃料成型工艺及设备

生物质燃料成型工艺有多种。根据成型主要工艺特征的差别，生物质成型工艺大致可以分为常温压缩成型、热压成型和炭化成型三种，可制成棒状、块状、颗粒状等各种成型燃料。生物质成型的工艺流程如下：

生物质→干燥→粉碎→调湿→成型→冷却→成型燃料

按成型加压的方法不同来区分，目前技术较为成熟、应用较多的成型燃料加工机有螺旋挤压式、活塞冲压式、辊模挤压式等。

生物质通过压缩成型，一般不使用添加剂，此时木质素充当了黏合剂。生物质压缩成型设备主要包括干燥设备、固化成型机和炭化成型设备。

（1）干燥设备

生物质固化成型要求原料的含水率小于10%。当物料的含水率太高时，无法保证物料成型以及成型产品的质量，因此必须对原料进行干燥。

（2）固化成型机

固化成型机是生物质固化成型的关键设备，由挤压螺杆、成型套筒、支撑托架、减速传动部分、电加热套圈、电动机和电控箱等组成。

螺旋挤压成型机源于日本，是目前国内比较常见的技术，生产的成型燃料为棒状，直径为 50 ~ 70mm。将已经粉碎的生物质通过螺旋推进器连续不断推向锥形成型筒的前端，挤压成型。因为生产过程是连续进行的，所以成型燃料的质量比较均匀，外表面在挤压过程中发生炭化，容易点燃。

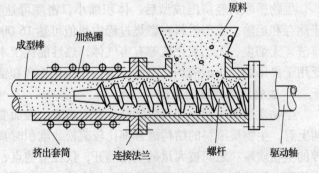

图 5-3　锥形螺旋挤压成型机

锥形螺旋挤压成型机如图 5-3 所示。生物质原料被旋转的锥形螺杆压入压缩室，然后被螺杆挤压头挤入模具，模具可为单孔或多孔。切刀将成品切成一定长度的成型棒。外部加热的螺旋成型机是将生物质压入横截面为方形、六边形或八边形的模具内，模具通常采用外部电加热的方式，成品为具有中心孔的燃料棒。

活塞冲压成型机的燃料成型是靠活塞的往复运动实现的，如图 5-4 所示。活塞冲压成型机首先将已经粉碎的生物质通过机械送入预压室形成预压块，当活塞向后退时，预压块进入压缩筒，当活塞向前运动时，将生物质挤压成型，然后送入保型筒。活塞冲压机通常不使用电加热装置，工作为间断式冲击，容易出现不平衡现象，成型燃料的密度稍低，容易松散。

环形辊模挤压成型机如图 5-5 所示，松散的生物质被送入压辊和环模与滚筒之间的空腔，在滚筒的压力作用下被挤入成型孔，压缩成颗粒状，可调整的刀具将其切割成合适的长度。环形辊模挤压成型机可分为卧式和立式两种形式。

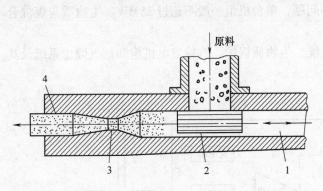

图 5-4　活塞冲压成型机
1—液压或机械驱动　2—活塞　3—喉管　4—成型块

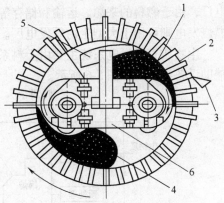

图 5-5　环形辊模挤压成型机
1—压辊　2—环模　3—切刀　4—原料
5—进料刮板　6—滚筒

（3）炭化设备

该设备可把成型燃料棒通过热裂解制成机制木炭，能够提高生物质成型燃料的价值品位，扩大其应用领域。生物质炭化后燃烧效果显著改善，烟气中污染物含量明显降低，是一种高品质的民用燃料，优质的生物质木炭还可以用于冶金工业。炭化设备采用炭化炉。

炭化成型工艺的基本特征是，首先将生物质原料在炭化炉中炭化或部分炭化，然后再加入一定量的黏结剂挤压成型。由于原料纤维素结构在炭化过程中受到破坏，高分子组分受热裂解转化成炭，并放出挥发分，使成型部件的磨损和能耗都明显降低。但炭化后的原料维持既定形状的能力较差，所以一般要加入黏结剂。炭化成型设备比较简单，类似于型煤成型设备。

5.2.3　生物质燃烧热发电

生物质发电技术主要是利用农业、林业和工业废弃物为原料，也可以将城市废弃物作为原料，采取直接燃烧或汽化的发电方式。生物质燃烧发电的技术路线主要有生物质直燃发电、生物质与煤混燃发电、城市废弃物焚烧发电。

1. 生物质直燃发电

利用生物质原料生产热能的传统办法是直接燃烧。生物质直接燃烧发电技术类似于传统的燃煤技术，现在已经基本达到成熟阶段。在发达国家，目前生物质燃烧发电方式占可再生能源（不含水电）发电量的 70% 左右。丹麦的 BME 公司率先研究开发了秸秆燃烧发电技术，其秸秆焚烧炉采用水冷式振动炉排，迄今在这一领域仍保持着世界最高水平。除了丹麦，瑞典、芬兰、西班牙、德国和意大利等多个欧洲国家都建成了多家秸秆发电厂。自2004 年以来，秸秆发电技术开始在我国推广和普及，目前，在我国江苏、山东、河北等地建有多个生物质秸秆发电厂。

生物质直接燃烧发电的原理是：生物质燃料与过量空气在锅炉中燃烧，产生的热烟气和锅炉的热交换部件换热，产生的高温高压蒸汽在蒸汽轮机中膨胀做功，带动发电机发电。在原理上，生物质直燃发电和燃煤锅炉火力发电没有什么区别。锅炉燃用生物质发电与煤发电相比，在生产规模上受到一定的限制。目前，纯生物质燃烧发电技术基本用于小型生物质发电厂，由于燃料的来源、运输和储存等问题，单台机组一般不超过35MW。生物质与煤混合燃烧发电则可用于大型生物质发电厂。

生物质直燃发电系统主要由上料系统、生物质锅炉、汽轮发电机组和烟气除尘系统及其辅助设备组成，如图5-6所示。

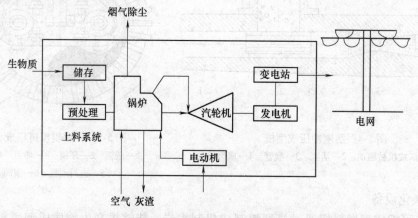

图5-6　生物质直燃发电系统原理

生物质直燃发电系统的上料系统是指燃料从进电厂卸料至进入炉前料仓为止的整个系统，上料系统是生物质直燃电厂区别于常规燃煤电厂的重要部分。根据燃料的不同，需要设置不同形式的上料系统，主要是秸秆上料系统和木质燃料上料系统两种。

生物质锅炉是生物质直燃发电厂的关键设备，功能上类似于常规燃煤电厂锅炉，但是其结构和材质上要适合农林生物质燃料的特点，应具有抗腐蚀等功能。

汽轮发电机组与常规燃煤电厂所采用的机组相同。

烟气除尘装置是去除并回收燃烧烟气中的飞灰，是生物质直燃发电厂重要的环境保护装置。由于生物质直燃发电厂的燃料与常规燃煤发电厂不同，草木灰与常规电厂的粉煤灰的性质不同，通常采用布袋除尘方式。

2. 生物质与煤混燃发电

可再生生物质能源应用的低效率、高成本及高风险，使其在能源市场的竞争中处于不利地位。而生物质与煤的混合燃烧技术，则充分利用了现有技术和设备，在现阶段是一种低成本、低风险可再生能源利用方式，并可实现燃料燃烧特性的互补，使得混合燃烧容易着火燃烧。混合燃烧常见的掺烧比例在1% ~20%之间。这一技术在北欧和北美地区使用相当普遍，可替代常规能源，减少CO_2、NO_x和SO_2的排放，同时建立生物质燃料市场，促进当地经济的发展，提供大量的就业机会。

混合燃烧存在以下的缺点：生物质含水量高，产生的烟气体积大，影响现有锅炉热交换系统正常运行；生物质燃料的不稳定性使锅炉的稳定燃烧复杂化；生物质灰的熔点低，容易产生结渣问题；生物质如秸秆、稻草等含有氯化物，当热交换器表面温度超过400℃时，会产生高温腐蚀；生物质燃烧生成的碱，会使燃煤电厂中脱硝催化剂失活。

生物质与煤混燃的技术大体上可以分为生物质与煤直接混燃和生物质与煤间接混燃两

类。直接混燃是指经前期处理的生物质直接输入燃煤锅炉中使用，根据混燃给料方式的不同，直接混燃可以分为煤与生物质使用同一加料设备及燃烧器、煤与生物质使用不同的加料设备及相同的燃烧器、煤与生物质使用不同的预处理装置及不同的燃烧器三种形式。间接混燃是指生物质在汽化炉中汽化之后，将产生的生物质燃气输送至锅炉燃烧。这相当于用汽化器替代粉碎设备，即将汽化作为生物质燃料的一种前期处理方式。

在传统火电厂中进行混合燃烧，遵从生物质发电的工艺路线，既不需要气体净化和冷却设备，也不需要投资于额外的小型生物质发电系统，即可从大型传统火电厂中直接获利。生物质混燃发电方式的比较见表 5-1。

表 5-1　生物质混燃发电方式的比较

发电方式	直接混燃	间接混燃
技术特点	生物质与煤直接混合后在锅炉中燃烧	生物质汽化后与煤在锅炉中一起燃烧
主要优点	技术简单、使用方便；不改造设备情况下投资最省	通用性较好、对原燃煤系统影响很小；经济效益明显
主要缺点	生物质处理要求较严、对原系统有些影响	增加汽化设备、管理较复杂；有一定的金属腐蚀问题
应用条件	木材类原料、特种锅炉	要求处理大量生物质的发电系统

3. 城市废弃物焚烧发电

城市废弃物焚烧发电是利用焚烧炉对城市废弃物中可燃物质进行焚烧处理，通过高温焚烧后消除城市废弃物中大量的有害物质，达到无害化、减量化的目的，同时利用回收到的热能进行供热、供电，达到资源化利用。城市废弃物的处理方法与其成分有很大关系，而城市废弃物的成分则与燃料结构、消费水平、收集方式、地域和季节等多种因素有关。随着我国城市建设的发展和社会进步，城市废弃物的构成已发生了质的变化，有机物含量开始高于无机物含量。废弃物组成正由多灰、多水、低热值向较少灰、较高热值的方向发展，给我国城市废弃物的焚烧处理奠定了基础。

城市废弃物焚烧发电的典型工艺流程如图 5-7 所示。焚烧发电对城市废弃物的发热值有一定的要求，当垃圾中低位发热值为 3344kJ/kg 时，焚烧需要掺煤或投油助燃；垃圾低位发热值大于 5000kJ/kg 时燃烧效果较好。城市废弃物低位发热值一般在 3344 ~ 8360kJ/kg 范围内。焚烧炉根据其燃烧方式可分为炉排炉、转炉和流化床三种类型，国内外应用较多的是炉排炉和转炉。

废弃物焚烧发电在垃圾减量化（减重约 80%，减容约 80% ~ 90%）和热能利用方面有较大优势，但在发展中还存在一些问题。例如，焚烧设备投资成本高；废弃物热值受季节变化影响较大，使废弃物焚烧运行不很稳定；废弃物焚烧后产生的尾气中含有多种有害物质，特别是严重致癌物质二恶英，若处理不当将对环境造成二次污染等。20 世纪 90 年代以后，很多环保组织都反对将城市废弃物直接焚烧，反对垃圾焚烧的主要理由是空气污染问题，而是鼓励循环利用以减少垃圾的产生。相比填埋处理，废弃物焚烧在短期内还是一个不错的废弃物处理方式。

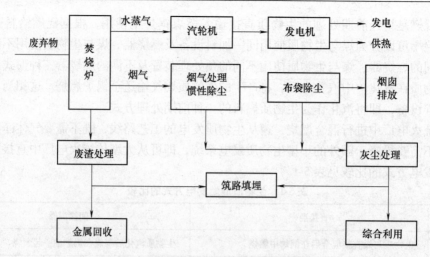

图 5-7　城市废弃物焚烧发电的典型工艺流程

5.2.4　生物质燃烧的污染排放与控制

生物质燃烧对环境的影响主要表现为排放物对大气环境的污染。生物质燃烧污染物的数量和种类依赖于燃料的特性、燃烧技术、燃烧过程以及控制措施等诸多因素，主要包括烟尘、CO、NO_x 及 HCl 等。生物质燃烧主要污染物及其对环境的影响见表 5-2。

表 5-2　生物质燃烧主要污染物及其对环境的影响

污染物	来　　源	对大气、环境和人类健康的影响
烟尘	未完全燃烧的炭颗粒、飞灰及盐分等	影响人类呼吸系统，致癌
CO_2	燃烧的主要产物	温室效应(生物质生长期要吸收 CO_2，对环境的影响可抵消)
CO	未完全燃烧的产物	通过 O_2 形成非直接的温室效应
$NO_x(NO、NO_2)$	一般为生物质含有的氮；另外，一定条件下可由空气中的氮形成	温室效应、酸雨、破坏植被、形成烟雾及腐蚀材料；影响人类呼吸系统
$SO_x(SO_2、SO_3)$	生物质中含有的硫	酸雨、破坏植被、形成烟雾及腐蚀材料；影响人类呼吸系统
HCl	生物质中含有氯	酸雨、破坏植被及腐蚀材料；影响人类呼吸系统
重金属	生物质中含有的重金属	在食物链中积累，有毒素，致癌

生物质燃烧过程中，产生的污染物主要是颗粒物和有害气体，重金属和有机污染物很少，能实现达标排放。

颗粒物：是生物质燃烧后被烟气带入大气的粉尘。

有害气体：主要包括 CO、SO_2、NO_x 及 HCl 等。

烟气中 CO 的产生主要是由于不完全燃烧所引起的，运行过程中要组织好炉膛内气氛、控制好炉膛温度和空气供给量。生物质中挥发分含量较多，合理设计二次风口位置和二次风量显得非常重要。

生物质燃料中硫和氮的含量一般都比较低，燃烧温度也不高，生成的氮氧化物基本上是

燃料型 NO_x。所以，即使不安装额外减排设备，烟气中的 SO_2 和 NO_x 也能达标排放。

生物质中含有一定量的氯，烟气中也能测出少量的 HCl，但低于排放标准。

综上所述，生物质燃烧时污染物的排放很少，在控制好运行工况的情况下，能做到烟气的达标排放，所以说生物质燃料是一种清洁能源，是实至名归。

5.3　生物质汽化发电

生物质汽化发电是更洁净的利用方式，它几乎不排放任何有害气体，生物质汽化技术能够在一定程度上缓解我国对气体燃料的需求，生物质被汽化后利用的途径也得到了扩展，提高了利用效率。

生物质汽化技术已有一百多年的历史，早期的生物质汽化技术主要是将木炭汽化后用作内燃机燃料，在 20 世纪 20 年代大规模开发使用石油以前，汽化器与内燃机的结合一直是人们获取动力的有效方法。第二次世界大战后，中东地区油田的大规模开发使世界经济的发展获得了廉价优质的能源，几乎所有发达国家的能源结构都转向了以石油为主，生物质汽化技术在较长时期内陷于停顿状态。20 世纪 70 年代以来，作为一种重要的新能源技术，世界各国对生物质汽化的研究重新活跃起来，各学科技术的渗透使这一技术发展到新的高度。

5.3.1　生物质的汽化技术

1. 生物质汽化的基本原理

生物质汽化是以生物质为原料，以氧气（空气或者富氧、纯氧）、水蒸气或氢气等作为汽化剂，在高温条件下通过热化学反应将生物质中可燃的部分转化为可燃气的过程。生物质汽化时产生的气体，主要有效成分为 CO、H_2 和 CH_4 等，称为生物质燃气。

生物质汽化的过程随反应器类型、反应条件和原料性质而变化，对于单个生物质颗粒而言，其主要经历如下反应过程：

1）干燥：生物质进入反应器后受热干燥，此过程一般发生在 100～300℃ 范围内。

2）热解：干燥后的生物质继续受热，温度达到 300℃ 以上时，开始发生裂解，大部分挥发分从固体中析出，主要产物为木炭、焦油、水蒸气和挥发分气体（CO_2、CO、H_2、CH_4、C_2H_4）。

3）焦油二次裂解：热解产生的焦油在超过 600℃ 的高温下发生二次裂解，主要生成木炭和小分子气体，如 CO、H_2、CH_4、C_2H_4、C_2H_6 等。

4）木炭、气态产物的氧化反应：木炭在氧气充足的情况下发生氧化反应，燃烧生成 CO_2，同时释放出大量热量，以保证各区域的反应能正常进行，气态产物燃烧后进一步降解，主要化学反应为

$$C + O_2 \rightarrow CO_2$$
$$2C + O_2 \rightarrow CO$$
$$2CO + O_2 \rightarrow 2CO_2$$
$$2H_2 + O_2 \rightarrow 2H_2O$$

5）木炭、气态产物的还原反应：上述氧化反应已经耗尽供给的氧气，CO_2 及水蒸气与木炭会在反应器内继续发生还原反应，生成的 CO、H_2、CH_4 等可燃气体，它们是生物质燃

气的主要可燃部分。还原反应发生在反应器的还原区，这些反应都需要在高温下进行并吸收热量，所需热量由氧化反应提供，主要化学反应为

$$C + H_2O \rightarrow CO + H_2$$
$$C + CO_2 \rightarrow 2CO$$
$$C + 2H_2 \rightarrow CH_4$$

2. 生物质汽化的工艺

根据所处气体的环境，生物质汽化可分为空气汽化、富氧汽化、水蒸气汽化和热解汽化。

（1）空气汽化

空气汽化技术直接以空气为汽化剂，汽化效率较高，是目前应用最广，也是所有汽化技术中最简单、最经济的一种。由于大量氮气（占总体积 50% ~ 55%）的存在，稀释了燃气中可燃气体的含量，燃气热值较低，通常为 5 ~ 6MJ/m³。

（2）富氧汽化

富氧汽化使用富氧气体作汽化剂，在与空气汽化相同的当量比下，反应温度提高，反应速率加快，可得到焦油含量低的中热值燃气。燃气发热值一般在 10 ~ 18MJ/m³，与城市煤气相当。富氧汽化需要增加制氧设备，电耗和成本增加，但在一定场合下，生产的总成本降低，具有显著的效益。富氧汽化可用于大型整体汽化联合循环系统、城市固体废弃物汽化发电等。

（3）水蒸气汽化

水蒸气汽化是指在高温下水蒸气同生物质发生反应，涉及水蒸气和碳的还原反应，CO与水蒸气的变换反应等甲烷化反应以及生物质在汽化炉内的热分解反应。燃气质量好，H_2含量高（30% ~ 60%），热值在 10 ~ 16MJ/m³。由于系统需要水蒸气发生器和过热设备，一般需要外供热源，系统独立性差，技术较复杂。

（4）热解汽化

热解汽化不使用汽化介质，又称干馏汽化。产生固定碳、焦油和可燃气，热值在 10 ~ 13MJ/m³。

3. 生物质汽化反应设备

汽化炉是汽化反应的主要设备。针对汽化炉运行方式的不同，可将汽化炉分为固定床汽化炉和流化床汽化炉两种，而固定床汽化炉和流化床汽化炉又分别具有多种不同的形式。

（1）固定床汽化炉

固定床汽化炉中，生物质原料发生汽化反应是在相对静止的床层中进行，其结构紧凑，易于操作并具有较高热效率。固定床汽化炉具有一个容纳原料的炉膛和承托反应料层的炉栅。应用较广泛的是下吸式汽化炉和上吸式汽化炉，工作原理分别如图5-8和图5-9所示。下吸式汽化炉中，原料由上部加入，依靠重力下落，经过干燥区后水分蒸发，进入温度较高的热分解区生成炭、裂解气、焦油等，继续下落经过氧化还原区将炭和焦油等转化为 CO_2、CO、H_2 和 CH_4 等气体。炉内运行温度在 400 ~ 1200℃，燃气从反应层下部吸出，灰渣从底部排出。下吸式汽化炉工作稳定，汽化产生的焦油在通过下部高温区时，一部分可被裂解为永久性小分子气体，使气体热值提高，并降低了出炉燃气中焦油含量。上吸式汽化炉中，原料移动方向与气流方向相反，汽化剂由炉体底部进气口进入炉内，产生的燃气自下而上流

动，由燃气口排出。上吸式汽化炉的氧化区在还原区的下面，位于四个反应区的最底部，其反应温度最高。还原区产生的生物质燃气向上经过热解区和干燥区，其携带的热量传递给原料并使原料干燥和发生热解，降低了燃气的温度，汽化炉热效率较高。同时热解区和干燥区的原料对燃气有一定的过滤作用，使出炉燃气灰分少，但存在燃气焦油含量高，不易燃气净化的缺点。

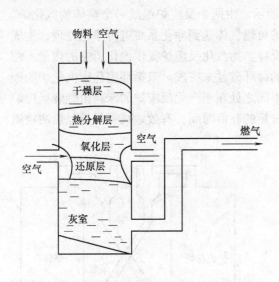

图 5-8　下吸式固定床汽化炉的工作原理

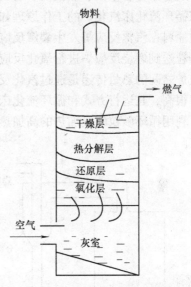

图 5-9　上吸式固定床汽化炉的工作原理

（2）流化床汽化炉

流化床汽化炉在吹入的汽化剂作用下，原料颗粒、惰性床料、汽化剂充分接触，受热均匀，在炉内呈"沸腾"状态，汽化反应速度快，产气率高。按汽化炉结构和汽化过程，可将流化床分为鼓泡流化床、循环流化床和双循环流化床。

鼓泡流化床汽化炉是最简单的流化床，其工作原理如图 5-10 所示。在鼓泡流化床汽化炉中，汽化剂从位于汽化炉底部的气体分布板吹入，在流化床上同生物质原料进行汽化反应，生成的燃料气直接由汽化炉出口送入气体净化系统，汽化炉的反应温度一般为 800℃ 左右。鼓泡流化床汽化炉的流化速度比较小，比较适合于颗粒较大的生物质原料，同时需要向反应床内加入热载体，即惰性床料（如石英砂）。总的来说，鼓泡流化床汽化炉由于存在着飞灰和夹带炭颗粒严重，运行费用较大等问题，不适合小型汽化系统，只适合于大中型汽化系统。

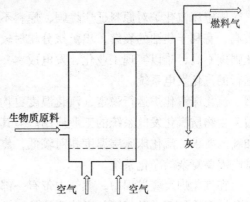

图 5-10　鼓泡流化床汽化炉的工作原理

循环流化床汽化炉的工作原理如图 5-11 所示。与鼓泡流化床汽化炉的主要区别是，在汽化炉的出口处设有旋风分离器或袋式分离器。循环流化床的流化速度较大，致使燃料气中含有大量的固体颗粒，燃料气经过旋风分离器或袋式分离器后，通过回料腿将这些固体颗粒返回到流化床中，再重新进行汽化反应，这样大大地提高了碳的转化率。循环流化床汽化炉的反应温度一般控制在 700～900℃。它适用于较小的生物质颗粒，在一般情况下，它不需要加流化床热载体，所以运行简单，有良好的混合特性和较高的气固反应速率。循环流化床汽化炉适合水分含量大、热值低、着火困难的生物质燃料。

双循环流化床汽化炉的工作原理如图 5-12 所示。由两个反应炉组成一个整体的汽化炉。生物质原料在汽化反应炉发生裂解反应，产生的可燃气体送到净化系统进行净化处理，生成的炭颗粒送到燃烧反应炉进行氧化反应，燃烧反应炉为汽化反应炉提供汽化所需的热量。两个反应炉之间的热量传递是通过汽化反应炉中的循环砂粒来完成。双循环流化床汽化炉的碳转化率很高，其运行方式和循环流化床类似，不同之处在于汽化反应炉的床料由燃烧反应炉加热，利用循环砂粒间接加热的高加热速率和较短的驻留时间，有效地减少了类似焦油物质的形成。

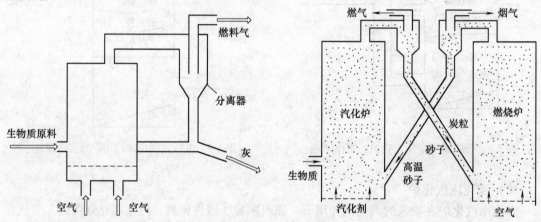

图 5-11　循环流化床汽化炉的工作原理　　　图 5-12　双循环流化床汽化炉的工作原理

固定床汽化炉对原料适应性强，原料不用预处理，而且设备结构简单紧凑，反应区温度较高，有利于焦油的裂解，出炉灰分相对较少，净化可以采用简单的过滤方式。但固定床汽化强度不高，难以实现工业化，发电成本一般较高。固定床汽化炉比较适合于小型、间歇性运行的汽化发电系统。

流化床汽化炉运行稳定，汽化温度更均匀，汽化强度更高，而且连续可调，便于放大，适于生物质汽化发电系统的工业应用。但其缺点是原料一般需进行预处理，以满足流化床与加料的要求；流化床床层温度相对较低，焦油裂解受到抑制，产出气中焦油含量较高，用于发电需要复杂的净化系统。

在汽化炉反应过程中，燃气中带有一部分杂质，包括灰分和焦油，必须从中分离出来，避免堵塞输气管道和阀门，影响系统的正常运行。可燃气的除尘与生物质燃烧过程中的除尘技术相同，不同点是汽化产物可燃气体在较高温度下进行净化，应考虑和解决高温下除尘器材料的寿命问题。

焦油的处理较复杂。焦油的成分十分复杂，主要为苯的衍生物和多环芳香烃，它们在高温下呈气态，在温度低于200℃时凝结为液体。一般而言，焦油的含量与反应温度、加热速率和汽化过程的滞留时间有关。焦油所含能量一般占可燃气体总能量的 5% ~ 15%，这部分能量在低温时难与可燃气体一起被利用，大大降低了汽化效率。目前适用生物质汽化焦油的去除方法主要包括普通法和催化裂解法，普通法除焦油可分为湿法和干法两种。

湿法去除焦油是生物质汽化燃气净化技术中最为普通的方法，它利用水洗燃气，使之快速降温从而达到焦油冷凝并从燃气中分离的目的。中小型汽化发电或集中供气系统出于成本方面的考虑，大多采用湿法。湿法的优点是同时有除焦、除尘和降温三方面的效果；其缺点是产生的洗焦废水会造成一定的二次污染。

干法去除焦油是将吸附性强的物质（如炭粒、玉米芯等）装在容器中，当燃气穿过吸附材料和过滤器时，把其中的焦油过滤出来。

催化裂解法是在一定温度下，使用白云石（$MgCO_3 \cdot CaCO_3$）和镍基等催化剂把焦油分解成永久性小分子气体，裂解后的产物与燃气成分相似。催化裂解的技术相当复杂，多用于大中型生物质汽化系统。

5.3.2　生物质的汽化发电

生物质汽化发电的基本原理是把生物质原料在汽化炉汽化生成可燃气体并净化，再利用可燃气体推动燃气发电设备进行发电。这是一种最有效和最洁净的现代化生物质能利用方式。设备紧凑，污染少，可以克服生物质燃料的能量密度低和资源分散的缺点。目前，国际上有很多发达国家开展提高生物质发电效率方面的研究，如美国 Battelle（63MW）项目，英国（8MW）和芬兰（6MW）的示范工程。

生物质汽化发电技术按燃气发电方式可分为内燃机发电系统、燃气轮机发电系统及燃气-蒸汽联合循环发电系统。表 5-3 给出了不同规模生物质汽化发电技术比较。大规模生物质汽化发电引入了先进的生物质燃气-蒸汽联合循环（BIGCC）发电技术，增加了余热回收和发电系统，汽化发电系统的总效率可达到 40% 左右。

典型的生物质燃气-蒸汽联合循环发电工艺流程如图 5-13 所示。

表 5-3　不同规模生物质汽化发电技术的比较

性能参数	小规模	中等规模	大规模
装机容量/kW	<200	500 ~ 3000	>5000
汽化技术	固定床	循环流化床	循环流化床
发电技术	内燃机、微型燃气轮机	内燃机	整体燃气-蒸汽联合循环
系统发电效率（%）	11 ~ 14	15 ~ 20	35 ~ 45
主要用途	适用于生物质丰富的缺电地区	适用于山区、农场、林场的照明或小型工业用电	电厂、热电联产

由于生物质燃气热值低，炉子出口气体温度较高（800℃ 以上），要使生物质燃气-蒸汽联合循环发电达到较高的效率，需具备两个条件：一是燃气进入燃气轮机之前不能降温；二是燃气必须是高压的。这就要求系统必须采用生物质高压汽化和燃气高温净化两种技术才能使生物质燃气-蒸汽联合循环发电的总体效率较高（40% 以上）。目前欧美一些国家正开展这方面的研究。

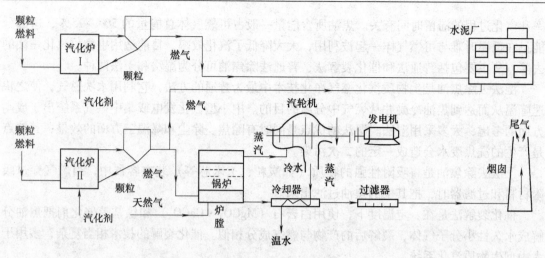

图 5-13　生物质燃气-蒸汽联合循环发电工艺流程

5.3.3　城市固体废弃物汽化熔融技术

欧洲在世界上最早开发了城市固体废弃物焚烧技术，并将固体废弃物焚烧余热用于发电和区域性集中供热。但是，焚烧过程对大气环境造成的二次污染一直是人们关注的热点。城市固体废弃物汽化熔融技术正是在此背景下，结合生物质热解汽化技术和高温熔融技术，提出并发展起来的。它实现了彻底的无害化、显著的减容性、广泛的物料适应性和高效的能源与物资回收，因此汽化熔融技术被称为新一代的废物处理技术，发展潜力巨大。

1. 汽化熔融技术的原理

汽化熔融技术是先将废弃物送入汽化炉，在 400 ~ 700℃ 的还原性气氛下，废弃物中的有机物迅速热解或者汽化，产生可燃气体，大部分金属在还原性气氛中不会被氧化，可以随底渣排出，经过磁选或重力分离后可进一步回收利用。分选后的底渣中含二恶英和重金属都很少，可以直接填埋。汽化炉中生成的可燃气体进入燃烧熔融炉，在较低的过量空气系数下完全燃烧，使含炭灰渣在 1350 ~ 1400℃ 条件下熔融，成为玻璃态物质，二恶英完全分解、重金属被固化到熔渣中，高温烟气经过余热锅炉和烟气净化处理系统后排出。烟气中的重金属和二恶英含量很少，大大降低了烟气处理系统的投资和运行成本。典型城市固体废弃物汽化熔融系统如图 5-14 所示。废弃物的汽化熔融包括废弃物低温汽化和高温熔融两个过程，即两步法汽化熔融焚烧技术。如果这两个过程集中在一个反应器内完成，则为所谓的一步法汽化熔融焚烧技术。

2. 汽化熔融技术的分类

城市固体废弃物的汽化熔融技术可以根据其装置的类型分为高炉型汽化熔融系统、流化床汽化熔融系统和回转窑汽化熔融系统。

高炉型汽化熔融系统是最常见的一步法汽化熔融技术，它是由炼铁高炉演变而来。固体废弃物、焦炭、石灰石从炉顶加入，在汽化熔融炉的内部自上而下依次呈层状分成干燥预热段（200 ~ 300℃）、热分解汽化段（300 ~ 1000℃）和熔融燃烧段（1500 ~ 1800℃）。固体废弃物在干燥带受高温烟气的预热将水分蒸发掉，被干燥后的垃圾一次降到热分解汽化段进行汽化，热分解汽化产生的可燃气体从炉顶排向二次燃烧室进行完全燃烧，然后进入余热锅炉进行余热发电或供热。汽化后的残留物和焦炭在熔融燃烧段与供入的富氧空气进行高温燃烧，熔融渣和金属从渣口中排出并被水急速冷却，被冷却的熔融渣和金属经分选机分选出金属和无机残渣，金属回收利用，无机残渣则作为建材。这种炉子不需要对垃圾进行特别的处理，该炉型的主要不足是无法灵活选择对无害底灰的处理方法。

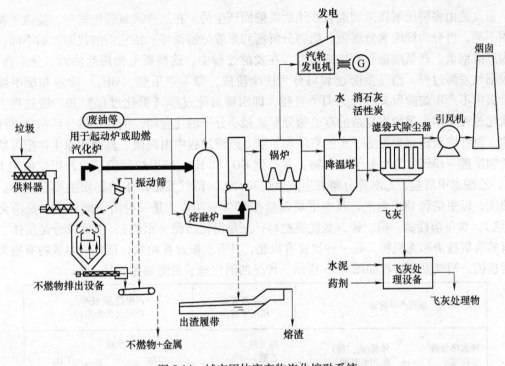

图 5-14　城市固体废弃物汽化熔融系统

固体废弃物的流化床汽化熔融装置是一种两步法的低温汽化高温熔融的汽化熔融装置。经预处理的废弃物用加料器送入鼓泡流化床汽化炉中，在 600℃使用空气汽化，从汽化炉底将不燃物的砂子的混合物排出，采用分离装置将它们分离，砂子将重新送入炉内。生成的可燃气体进入旋风熔融炉在 1300℃的高温下燃烧，熔渣经水冷后排出。该炉型的主要特点是，废弃物先在流化床内较低的过量空气系数下汽化燃烧，炉内温度保持在 500~600℃。该炉型一般仅在废弃物热值较低时需要添加辅助燃料。垃圾的前处理要求与垃圾的流化床焚烧要求相同。

回转窑熔融系统是另一种两步法汽化熔融系统，废弃物在破碎后由给料器加入到回转窑内，废弃物原料一边接受由回转形成的搅拌作用，一边在约 500℃无氧气氛下缓慢进行热分解汽化，从回转窑排出的可燃气体直接进入下游的回旋式熔融炉内。生成的半焦和不燃物从回转窑下部排出，经冷却器冷却后，由分离装置将粗大的不可燃物和细小的半焦分离。然后将半焦用粉碎机粉碎并储存在筒仓中，经气力输送至回旋式熔融炉，与自回转窑排出的可燃气体一起在约 1300℃下进行高温燃烧，因高温而形成熔融状态的炉渣从炉底排出。废弃物在回转窑内通过外部热源间接加热汽化，使炉温保持在 500℃左右。该炉型要求固体废弃物需先粉碎到小于 150mm。

5.4　沼气发电

5.4.1　沼气的产生原理

沼气是由多种厌氧微生物混合作用后发酵而产生的。在这些厌氧微生物中，按微生物的作用不同，可分为纤维素分解菌、脂肪分解菌和果胶分解菌等；按它们的代谢产物不同，可分为产酸细菌、产氢细菌和产烷细菌等。在发酵过程中，这些微生物相互协调、分工合作，完成沼气发酵过程。沼气发酵过程可分为两个阶段，即不产甲烷（CH_4）阶段和产甲烷阶段。其中不产甲烷阶段又可分为两个过程，即水解液化过程（消化过程）和产酸过程。水解液化过程中多个菌种将复杂的有机物分解成较小分子的化合物，例如纤维分解菌分泌纤维素酶，使纤维素转化为可溶于水的双糖和单糖。产酸过程中由细菌、真菌和原生物把可溶于水的物质进一步转化为小分子化合物，并产生 CO_2 和 H_2。产甲烷阶段是由产甲烷菌把 H_2、CO_2、乙酸、甲酸盐、乙醇等分解并生成甲烷和 CO_2。沼气发酵产生的物质主要有三种：一是沼气，以甲烷和 CO_2 为主，其中甲烷含量在 55% ~ 70%，是一种清洁能源；二是消化液（沼液），含可溶性氮、磷、钾，是优质肥料；三是消化污泥（沼渣），主要成分是菌体、难分解的有机残渣和无机物，是一种优良有机肥，具有土壤改良功效，沼气的生成物有很高的应用价值。沼气发酵过程如图 5-15 所示。传统的消化池示意图如图 5-16 所示。

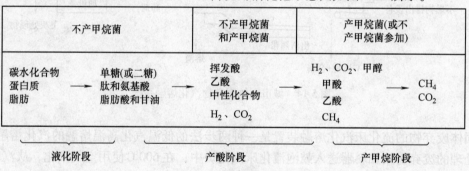

图 5-15　沼气发酵过程

沼气发酵有以下四个特点：

1）沼气微生物自身耗能少。沼气发酵过程中，沼气微生物自身繁殖需要的能量是好氧微生物的 1/30 ~ 1/20。对于基质来说，大约 90% 的 COD（化学需氧量）被转化为沼气。

2）沼气发酵能够处理高浓度的有机废物。在好氧条件下，一般只能处理 COD 含量在 1000mg/L 以下的废水，而沼气发酵处理废水 COD 含量可以高达 10 000mg/L 以上。酒精醪液、白酒废水、造纸黑液、制革废水、黄酒废水、柠檬酸废水、淀粉废水、豆制品废水、制药废液、乳品加工废水、高浓度啤酒废水、味精废水、汤米酒精废水、猪粪水、鸡粪水、奶牛粪水等各种农产品加工废水，都可作为沼气发酵的

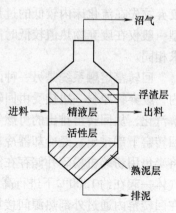

图 5-16　传统的消化池示意图

原料。

3）沼气发酵能处理的废物种类多。沼气发酵可以处理人、畜粪便，作物秸秆，农产品加工企业的废水、废渣等。沼气发酵除去了90%的有机质，余下的部分再经过好氧处理，便可达到国家排放标准。

4）沼气发酵受温度影响较大。沼气发酵可分为高温（50～60℃）、中温（30～35℃）和常温（自然温度）发酵。高温发酵处理能力最强，中温次之，但需要一定的热能来维持所需要的恒定温度。

沼气是由沼气发酵池产生的，能否快速、高效、高质地产生沼气与沼气池的设计密切相关。根据应用环境的不同，沼气池可分为城镇工业化发酵装置和农村家用沼气装置。工业化发酵装置包括单级发酵池、二级高效发酵池和三级化粪池高效发酵池。农村家用沼气池包括水压式沼气池、浮动罩式沼气池和薄膜气袋式沼气池。

农村户用小型沼气技术已比较成熟，目前主推的是埋地圆柱形水压式沼气池，这种沼气池解决了进料和出料的矛盾，可以连续生产。图5-17为我国农村推广使用的水压式沼气池的结构。正常情况下，这种家用沼气池在我国南方可年产沼气250～300m³，提供一个农户8～10个月的生活燃料。北方在沼气池上加盖塑料大棚，使沼气与养猪种菜相结合，组装成"四位一体"模式，解决了冬季低温沼气发酵问题。

大中型沼气主要用来处理城市污水、高浓度工业有机废水、人畜粪便及生活垃圾。近20年，世界各国积极发展大中型沼气，创造出许多新的工艺，

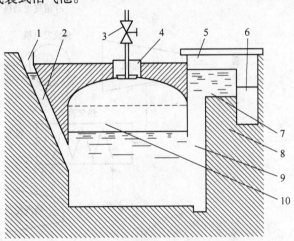

图 5-17　水压式沼气池的结构
1—进料口　2—零压水位　3—输出阀门　4—盖板　5—溢流口
6—储留室　7—水压箱　8—渗井　9—发酵室　10—储气室

随着高效、常温厌氧消化工艺的开发，大中型沼气技术日臻成熟。

大中型沼气是消化有机污染物的最有效方式。国家需要把发展大中型沼气列入发展计划，制定促进大中型沼气发展的优惠政策，调动企业建设沼气的积极性，使我国大中型沼气的发展出现一个良好发展的新局面，既生产可再生能源，又促进污染环境的治理。

5.4.2　沼气燃烧发电

沼气以燃烧方式进行发电，是利用沼气燃烧产生的热能直接或间接地转化为机械能并带动发电机而发电。沼气可以被多种动力设备使用，如沼气发动机（内燃机）、燃气轮机、蒸汽轮机（锅炉）等。图5-18是采用沼气发动机（内燃机）、燃气轮机和蒸汽轮机（锅炉）发电的结构示意图。燃料燃烧释放的热量通过动力发电机组和热交换器转换再利用，相对于不进行余热利用的机组，其综合热效率较高。从图中可见，采用发动机方式的结构最简单，而且还具有成本低、操作简便等优点。

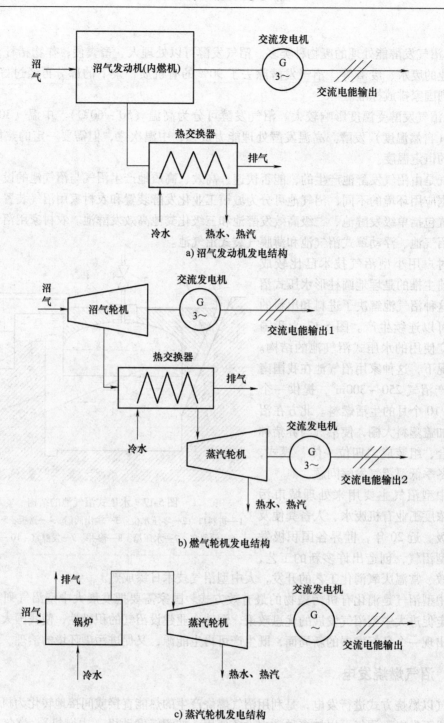

a) 沼气发动机发电结构

b) 燃气轮机发电结构

c) 蒸汽轮机发电结构

图 5-18　采用沼气发动机、燃气轮机和蒸汽轮机发电的结构示意图

　　图 5-19 是采用不同种类动力发电装置的效率比较。从中可见，在 4000kW 以下的功率范围内，采用沼气发动机（内燃机）具有较高的利用效率。相对燃煤、燃油发电来说，沼气发电的特点是功率小，对于这种类型的发电动力设备，国际上普遍采用沼气发动机（内

燃机）发电机组进行发电，否则在经济上不可行。因此采用沼气发动机发电机组，是目前利用沼气发电的最经济而高效的途径。

几种典型燃气及燃-空混合气的低位热值比较情况见表5-4。沼气的主要成分是甲烷，从表5-4可以知道，它的低位热值仅次于天然气，而在燃烧时，其燃-空混合气的低位热值也是比较高的，因而沼气是一种优质的燃气。

沼气的燃烧发电技术就是利用沼气燃烧带动发电机而产生电能，是随着沼气综合利用的不断发展而出现的一项沼气利用技术，它将沼气用于发动机上，并装有综合发电装置，以产

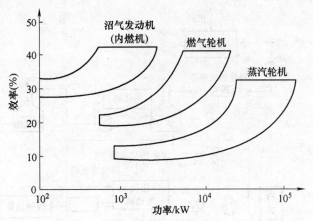

图 5-19　不同种类动力发电装置的效率比较

生电能和热能，是有效利用沼气的一种重要方式。目前用于沼气发电的设备主要有内燃机和汽轮机。

表 5-4　几种典型燃气及燃-空混合气的低位热值比较情况

燃气种类	燃气低位热值 /（kJ/m³）	理论空气量 /m³	理论燃烧温度 /℃	燃-空混合气低位热值 /（kJ/m³）
天然气	36 586	9.64	1970	3438
焦炉煤气	17 615	4.21	1998	3381
混合煤气	13 858	3.18	1986	3315
发生炉煤气	5735	1.19	1600	2618
沼气	21 223	5.56		3191
秸秆煤气	5316	0.9	1810	2798

典型的沼气内燃机发电系统的工艺流程如图5-20所示。沼气发电系统主要由消化池、储气柜、供气泵、沼气发动机、交流发电机、沼气锅炉、废热回收装置（冷却器、预热器、热交换器、汽水分离器、废热锅炉等）、脱硫化氢及二氧化碳塔、稳压箱、配电系统、并网输电控制系统等部分组成。

沼气内燃机发电系统主要由以下几部分组成：

1）沼气发动机（内燃机）。与通用的内燃机一样，沼气发动机也具有进气、压缩、燃烧膨胀做功及排气四个基本过程。由于沼气的燃烧热值及特点与汽油、柴油不同，沼气发动机必须适合于甲烷的燃烧特性而设计，一般具有较高的压缩比，点火期比汽、柴油机提前，必须采用耐腐蚀缸体和管道等。

2）交流发电机。与通用交流发电机一样，它没有特殊之处，只需与沼气发动机功率和其他要求匹配即可。

3）废热回收装置。采用水-废气热交换器、冷却水-空气热交换器及余热锅炉等废热回

收装置回收由发动机排出的废热尾气，提高机组总能量利用率。回收的废热可用于消化池料液升温或采暖。

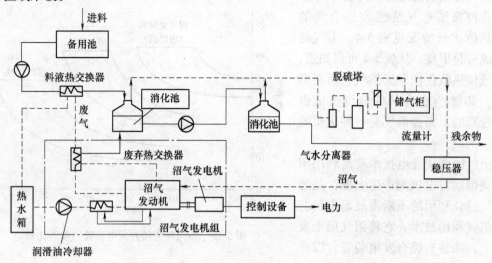

图 5-20　典型的沼气内燃机发电系统的工艺流程

4）气源处理。由于沼气在发生过程中，也会产生一些有害气体，如硫化氢等，因而在进入内燃机之前必须经过一定的处理，即净化处理，通过疏水、脱硫化氢处理后，将硫化氢含量降到 500mg/m³ 以下。

图 5-21 是垃圾处理场沼气发电站的工艺流程。

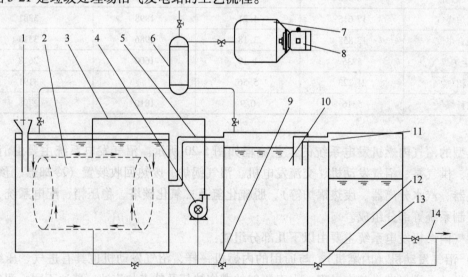

图 5-21　垃圾处理场沼气发电站的工艺流程

1—污泥进料口　2—发酵池　3—循环管道　4—循环泵　5—溢流管　6—沼气储气罐
7—沼气发动机　8—三相交流发电机　9—消化污泥阀　10—沉淀池　11—溢流管
12—排渣阀　13—储留池　14—排污管

图 5-22 是沼气与天然气双气源的锅炉，在沼气可以满足锅炉燃烧要求时，采用由沼气

供气的方式；当沼气不能满足锅炉燃烧要求时，切换至天然气供气方式。这种方式是共用了一个燃烧器，即采用一拖二的方式使两种气源合用一个燃烧控制器。锅炉燃烧产生高温高压饱和蒸汽，进入蒸汽轮机，并带动发电机高速旋转实现发电。沼气和天然气双气源锅炉发电系统的控制框图如图 5-23 所示。

沼气与天然气双气源锅炉发电系统一般适用于中小型用户群，是典型的分布能源供给系统，对于我国农村比较合适。由于沼气和天然气的燃-空混合比例不同，在进行燃烧气源切换时，需要考虑燃-空混合比例的相应调整。

图 5-22　沼气与天然气双气源的锅炉

目前采用沼气燃烧发电的三种形式的沼气综合利用率对比如下：

1）沼气锅炉。利用沼气燃烧产生热源加热消化污泥。这种利用途径只能利用沼气热值的 50%。

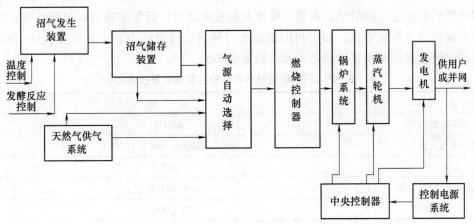

图 5-23　沼气和天然气双气源锅炉发电系统的控制框图

2）沼气发动机-余热回收-鼓风机组。利用沼气发动机驱动鼓风机，并利用余热回收装置回收沼气发动机的余热加热消化污泥。这种利用途径能充分利用沼气热值，一般可达沼气热值的 85%~90%。

3）沼气发动机-余热回收-发电机组。利用沼气发动机驱动发电机发电并与厂内公共电网并网，利用余热回收装置回收沼气发动机的余热加热消化污泥。这种利用途径能充分利用沼气热值，其利用率也可达 85%~90%。

5.4.3　沼气燃料电池发电

燃料电池是一种将储存在燃料中的化学能直接转化为电能的装置，当源源不断地从外部向燃料电池供给燃料和氧化剂时，它就可以连续发电。依据电解质的不同，燃料电池分为碱性燃料电池、磷酸型燃料电池、熔融硅酸盐燃料电池、固体氧化物燃料电池及质子交换膜燃料电池等。沼气燃料电池是将沼气化学能转换为电能的一种装置，它所用的"燃料"并不燃烧，而是直接产生电能。

燃料电池具有以下优点：不受卡诺循环限制，直接把燃料的化学能转变成电能，能量转化效率高，为内燃机的 2 ~ 3 倍；污染性极低，燃料电池的燃料是氢和氧，燃料电池的反应生成物是清洁的水，几乎不排出 CO_2 和 SO_2；寿命长，燃料电池本身工作没有噪声，没有运动件，没有振动；模块结构、积木性强，比值功率高，既可以集中供电，也适合于分散供电。

燃料电池的高效率、无污染、建设周期短、易维护以及低成本的潜能将引发 21 世纪新能源与环保的绿色革命。在北美、日本和欧洲，燃料电池发电正以急起直追的势头快步进入工业化规模应用的阶段。

现在的燃料电池以氢气为主要原料，燃料电池的发电容量可根据需要来组合，基本上是模块式的，小的燃料电池在 1 ~ 5kW，可适合于一个家庭的应用，如质子交换膜燃料电池、固体氧化物燃料电池；也可以根据需要组合成数百万 kW 级甚至兆瓦级的燃料电池发电站，如磷酸型燃料电池、熔融碳酸盐燃料电池等。我国直接采用氢气作燃料的燃料电池技术已成熟。

沼气燃料电池是一种清洁、高效、噪声低的发电装置，近年来在日本和欧美国家研究较多，国内研究也在不断增多，如广州市番禺水门种猪场建设的由日本政府提供的 200kW 的沼气燃料电池装置，其主要性能及技术指标见表 5-5。

表 5-5　PC25TMC 型燃料电池的主要性能及技术指标

参数（项目）	指　标
发电输出功率	200kW
输出电压（频率）	400V（50Hz），480V（60Hz）
发电效率	40%
余热利用效率/温度	41%/60℃热水
燃料/消耗量	天然气/43m³/h
有害排放物	NO_x：低于 5×10^{-6}；SO_x：可忽略不计
噪声	约 60dB（距设备 10m 处）
排水	净水（接近于零污染）
应用时供应水	自来水或纯净水（接近于零污染）
应用时供应氮气	4 个圆柱形容器存有 7m³ 的氮气用于一次起动与停机循环（保护）
操作	自动，可远程控制

沼气燃料电池系统一般由三个单元组成：燃料处理单元、发电单元和电流转换单元。

1）燃料处理单元的主要部件是改质器，它以镍为催化剂，将甲烷转化为氢气，反应过程为（参与反应的水蒸气来自发电单元）

$$2CH_4 + 3H_2O(g) \xrightarrow{Ni} 7H_2 + CO + CO_2 \tag{5-4}$$

为了降低 CO 的浓度，在铜和锌的催化作用下，混合气体在改质器后的变成器中得到进

一步的改良，反应式为

$$7H_2 + CO + CO_2 + H_2O(g) \xrightarrow{Cu,Zn} 8H_2 + 2CO_2 \tag{5-5}$$

2）发电单元的基本部件由两个电极和电解质组成，氢气和氧化剂（O_2）在两个电极上进行电化学反应，电解质则构成电池的内回路，其工作原理简图如图 5-24 所示。

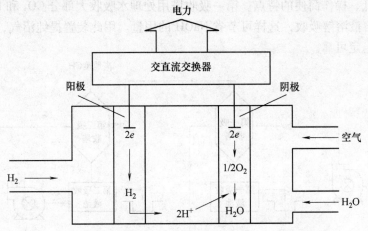

图 5-24　沼气燃料电池（磷酸型燃料电池）的工作原理简图

电解质可采用磷酸，其发电效率虽然较低，但温度低（约 200℃）。在磷酸电解质中，电池反应为

$$阳极　H_2(g) \rightarrow 2H^+ + 2e \tag{5-6}$$

$$阴极　\frac{1}{2}O_2(g) + 2H^+ + 2e \rightarrow 2H_2O \tag{5-7}$$

电子通过导线构成回路时，形成直流电。燃料电池由数百对这样的发电单元组成。

3）电流转换单元的主要任务是把直流电转换为交流电，供交流负载使用还可以实现并网供电。

燃料电池产生的水蒸气、热量可供消化池加热或采暖用。排出废气的热量也可用于加热消化池。沼气中的有用成分是 CH_4，燃料电池要求 CH_4 的浓度（体积分数）在 90% 以上，其他成分如 CO_2、H_2S 等对燃料电池有不利影响，必须对沼气进行提纯后才能作为燃料电池的燃料。表 5-6 是沼气燃料电池对各种气体含量的最高限值及超过此限制值时对燃料电池的影响。

表 5-6　沼气燃料电池对各种气体含量的最高限制值及超过限值时对燃料电池的影响

有害物质	限制值	对燃料电池的影响	有害物质	限制值	对燃料电池的影响
H_2S	7.12mg/m³ 以下	缩短内部催化剂的寿命	O_2	1.0% 以下	对脱硫催化剂有不利影响
HCl		使内部催化剂能力低下	粉尘	3mg/m³ 以下	使催化剂压力损失增大
SO_x	浓度尽可能低	对内部催化剂有不利影响	CO_2	浓度尽可能低	减少电池发出的电力
NO_x		对内部催化剂有不利影响	CH_4	浓度尽可能高	90% 以上
F 化合物		使内部催化剂能力低下			

沼气燃料电池所用的沼气，其纯度要求较高，因而需要对沼气进行提纯。沼气提纯常用的方法有：①用 NaOH 水溶液溶解吸收法；②沸石吸附法（PSA 法）；③膜法，利用 CH_4 和 CO_2 透过膜的速度差来提纯 CH_4。

双塔式吸收法是沼气提纯的一种简单而有效的方法，如图 5-25 所示。这种装置具有组成简单、成本低、操作简便的特点。第一吸收塔用处理水吸收大部分 CO_2 和 H_2S；第二吸收塔用 NaOH 水溶液溶解吸收，这样可节省 NaOH 的用量。用此装置提纯沼气，CH_4 的回收率高，系统运行稳定可靠。

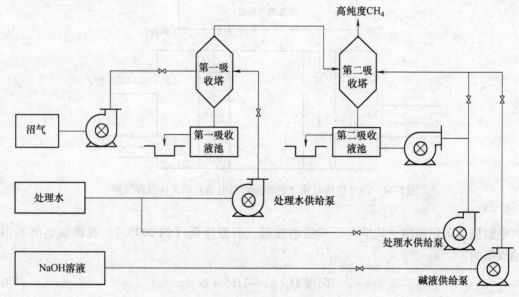

图 5-25　双塔式吸收法提纯沼气工艺流程

燃料电池的效率比较高。与沼气内燃机效率不同，燃料电池能量转换的效率不受内燃机因素的限制，其值等于电池反应的吉布斯焓变 ΔG 与燃烧反应热 ΔH 之比，能量转换的效率可达 90% 左右。若考虑电动机、传动系统的效率损失，系统的发电效率可达 40% ~ 60%，有废热回收的系统总的能量利用率为 70% ~ 90%。沼气燃料电池与一般燃料电池一样，具有如下的优缺点。

沼气燃料电池的主要优点：①电池的工作效率高，能量转换的效率可达 90% 左右，而一般内燃机受卡诺循环的限制，效率仅达 40%；②电池在工作时没有或极少有污染物排放；③电池在工作时不产生噪声和机械振动；④维护管理容易。

沼气燃料电池的主要缺点：①缺乏长期运行经验；②排气中除 H_2S 外，还可能含有微量磷废气，它们对环境的影响尚不清楚。

5.4.4　沼气发电的控制策略

围绕着提高沼气燃烧发电或沼气燃料电池的转化效率，沼气发电的控制主要从以下两个方面进行考虑：

1. 净化及提纯沼气

净化及提纯沼气，可以提高沼气发电机的转化效率和热电联合利用效率，提高沼气燃料电池的燃料利用率。沼气发动机要解决的核心问题是沼气的净化处理和混合。

1）沼气的净化处理。沼气的产生主要是通过厌氧消化，而厌氧消化是利用无氧环境下生长于污水、污泥中的厌氧菌群的作用，使有机物经液化、汽化而分解成沼气。生成的沼气中含有微量的水分和 H_2S 等腐蚀性介质，这些有害成分会对输气管道和发动机部件产生腐蚀，影响发动机的正常运行和使用寿命。

为了除去沼气中的水分和 H_2S，可在进气管道上安装干式脱硫塔，脱硫剂为铁屑；或者湿式脱硫塔，脱硫剂为浓度为 30% 的 NaOH 碱液。另外，还要在进气管道上安装过滤除尘、除湿、除油装置。

2）沼气发电机组的防腐处理。沼气中含有的 H_2S 和水分形成弱酸液，对管道及发动机的金属部件产生腐蚀，特别是对铜质及铝质部件腐蚀更为严重。因此，应对输气管道、中冷器、增压器、活塞等部件进行涂漆、渗瓷、渗氮等防护处理。另外，由于 H_2S 燃烧后的产物 SO_2 具有更强的腐蚀性，燃烧室周围相关部件及排水管均应考虑采取防腐措施。

3）电控混合器技术。普通燃气发动机使用等真空度混合器，不能根据气源 CH_4 浓度的变化自动调节空燃比，使用时容易导致发动机转速和输出功率波动较大。沼气发电机组采用电控混合器，计算机监控系统实时监控燃烧室内的燃烧状况，并将燃烧信号反馈到电气控制单元（ECU），ECU 发出指令，使电控混合器的执行器带动操纵机构，改变沼气与空气的进气流道面积，根据沼气中 CH_4 浓度的变化合理匹配空气和沼气流量，达到实时调节空燃比的目的，实现稳定的稀薄燃烧，有效地控制了发动机的热负荷。

根据沼气发动机的工作特点，在组建沼气发动机发电机组系统时，需考虑以下四个方面：

1）沼气脱硫及稳压、防爆装置。沼气中含有少量的 H_2S，该气体对发动机有强烈的腐蚀作用，因此供发动机使用的沼气要先经过脱硫装置。沼气作为燃气，其流量调节是基于压力表，为了使调节准确，应确保进入发动机时的压力稳定，故需要在沼气进气管路上安装稳压装置。另外，为了防止进气管回火引起沼气管路发生爆炸，应在沼气供应管路上安置防回火与防爆装置。

2）进气系统。在进气管上，需加装一套沼气-空气混合器，以调节空燃比和混合气进气量，混合器应调节精确、灵敏。

3）发动机。沼气的燃烧速度很慢，若发动机内的燃烧过程组织不利，会影响发动机运行寿命，所以对发动机有较高的要求。

4）调速系统。沼气发动机的运行是联轴驱动发电机稳定运转，以用电设备为负荷进行发电。由于用电设备的装载、卸载都会使沼气发动机的负荷产生波动，为了确保发电机正常发电，沼气发动机上的调速与稳速控制系统必不可少。

可以利用沼气热、电、冷三联供，提高沼气发电系统的总体利用率，系统如图 5-26 所示。

2. 沼气燃料电池的发电控制

沼气燃料电池发电系统的工作方式与内燃机相似，必须不断地向电池内部输入燃料气体与氧化剂才能确保其连续稳定地输出电能。同时还必须连续不断地排除相应的反应产物，如所生成的水及热量等。沼气在进入燃料电池之前必须经过重整改质，转化成富氢气体并去除对阳极氧化过程有毒的杂质。

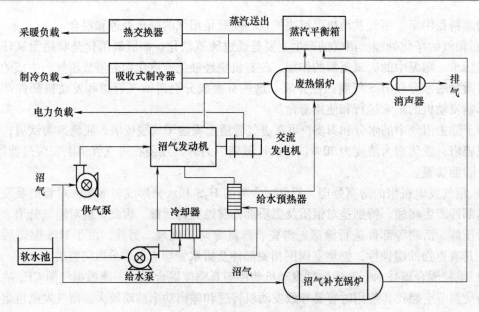

图 5-26　沼气热、电、冷三联供系统

目前一般燃料电池的电能转化效率为 40% ~ 60%，而剩余的部分大多数以热能形式存在，因而为保持电池的工作温度不致过高，必须将这些热量排出电池本体或者加以循环利用。

一套完整的沼气燃料电池发电系统除了具备沼气燃料电池组、沼气供气系统、沼气净化及提纯系统、DC-DC 变换器、DC-AC 逆变器以及热能管理与余热回收系统之外，最重要的是燃料电池控制器，这样才能对系统中的气、水、电、热等进行综合管理，形成能够自动运行的发电系统。沼气燃料电池的交流发电系统框图如图 5-27 所示。

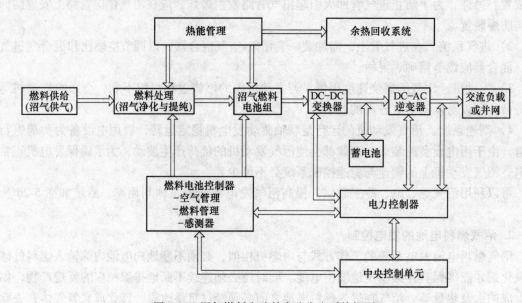

图 5-27　沼气燃料电池的交流发电系统框图

5.5　垃圾发电

城市有机垃圾也是一种重要的生物质能资源，它可以通过一定的工艺过程转化为电能或其他形式的能源产品。利用垃圾发电主要有两种途径，一是将有机垃圾填埋或沼气发酵生产沼气，再由燃气内燃机或燃气轮机发电机组发电；二是采用特殊的垃圾焚烧炉燃烧，生产蒸汽，以蒸汽轮机发电机组发电。前者与沼气发电的原理相同，只是沼气需要较复杂的脱水和脱硫预处理；后者与生物质直接燃烧发电原理相同，但需要前处理、特殊焚烧炉和较严格的烟气处理工艺。

随着经济的发展、城镇化的推进，城市垃圾的产出量在迅速地增加，并逐渐形成了"垃圾包围城市"的局面。垃圾必须清除，否则它势必要占用越来越多的土地，并且会造成严重的环境污染。

城市垃圾从整体来看可分为两大类：一是工业、建筑业的固体废弃物，可用来填沟补壑，甚至围海造田，限于本书的内容，不作介绍；二是生活垃圾，其中混有较多的有机物、可燃物，是本节论述的主要内容。

有关部门对 2003 ~ 2012 年全国 10 座较大城市的生活垃圾年产出量进行了调查研究，将其中 6 座城市生活垃圾的成分平均含量比例与几个发达国家的情况进行了对比，列于表 5-7 中。

表 5-7　国内几座城市和国外生活垃圾成分对比

地区	有机类（%）				无机类（%）			
	动植物厨房垃圾	纸类	塑料橡胶	破布	煤渣土砂等	玻璃陶瓷	金属	其他
美国	22	47	4.5		5	9	3	4
英国	23	33	1.5	3.55	19	5	10	
日本	18.6	46	18.3		6.1			10.7
德国	16	31	4	2	22	13	5.2	7
法国	15	34	4	3	22	9	4	9
荷兰	50	22	6.2	2.2	4.3	11.9	3.2	
比利时	40	30	5	2	5	8	5.3	
福州	21.8	0.53	0.48		66.22	1.1	0.5	3.4
上海	42.7	1.63	0.40	0.47	53.79	0.43	0.53	
北京	50.29	4.17	0.61	1.16	42.27	0.92	0.80	
武汉	26.53	2.36	0.31	0.74	68	0.85	0.17	1.04
哈尔滨	16.62	3.6	1.46	0.5	74.71	2.22	0.88	
南宁	14.57	1.83	0.56	0.6	81.5	0.64	0.47	

从调查研究结果我们可以得出以下结论：

1）我国城市垃圾总量的大幅度增长主要是由于城市规模、数量和城市人口的增加所造成的。统计资料显示，我国城市人均年产垃圾已超过 600kg，是人均拥有粮食的 1.2 倍。人口多使城市垃圾的绝对产量就高，在城市垃圾管理中承受的压力也越大。

2）直辖市和省会城市在垃圾产量方面占有重要比例。

3）中小城市垃圾产量的比例呈增加趋势。

4）城市生活垃圾成分比例复杂，不同国情，不同地域，产出的垃圾成分差异较大。我国大城市生活垃圾构成已呈现向现代化过渡的趋势，主要表现在：垃圾中有机物含量接近1/3或高过1/3；食品类废弃物是有机物的主要组成部分；易降解有机物（食物、纸品类）含量较高。

5）一般情况下，气化率（煤气、暖气）高的城市，垃圾中有机质含量高；经济发达的南方城市，垃圾中有机质含量高，但含水量也较大；北方城市垃圾中有机质含量相对少一些。

垃圾作为一种可再生能源资源，是因为垃圾中混有可燃物。不同的垃圾成分、不同的含水率，其热值见表5-8～表5-10。我国城市生活垃圾中无机类物质比例较大，其热值与发达国家有较大的差距，但随着城市燃气化普及率的逐年上升，纸和塑料等高热值可燃物成分的增加，生活垃圾的热值也会不断提高的。

表5-8　各种有机垃圾的热值

垃圾成分	原始容量/（kg/m³）	含水量（%）	热值/（kJ/kg）
食品垃圾	290	70	4583.7
废纸	80	6	16 830.9
废纸板	50	5	16 378.8
废塑料	65	2	32 727.4
纺织品	65	10	17 534.3
废橡胶	130	2	23 372.4
废皮革	160	10	7285.9
园林废物	105	60	6541.5

表5-9　三种类型国家垃圾的密度、含水量及热值

类别	垃圾密度/（kg/m³）	含水量（%）	垃圾热值/（kJ/kg）
工业发达国家	100～150	20～40	6300～10 000
中等收入国家	200～400	40～60	<4200
低收入国家	250～500	40～80	<4200

表5-10　北京市不同来源的垃圾热值（kJ/kg）

来源	热值	来源	热值
大饭店	10 869	双层楼房	4534
事业区	9910	垃圾场	2872
商业区	8173	平房	2847
医院区	7557	高级住宅	904

5.5.1　垃圾填埋气发电

填埋是目前处理垃圾的主要方法。

1. 填埋气的形成及其成分

城市生活垃圾包括居民家庭垃圾、道路清扫（包括果皮箱收集）垃圾、商业营业垃圾（包括菜场垃圾）、企事业单位和露天公共场所的垃圾等，亦有一部分工业垃圾和建筑垃圾混杂其中。因此在投入填埋场的垃圾中，含有相当丰富的有机物质。

垃圾一旦进入填埋场，微生物的分解过程就开始了。第一步是耗氧分解，消耗填埋场中的氧气，产生大量的热。第二步是生物厌氧降解过程，其最终产物主要是 CO_2 和 CH_4。垃圾被填埋的初期，有机物分解产生的废气主要是 CO_2，经过一段时间以后，气体中的 CH_4 成分逐渐上升，产气高峰一般要在垃圾填埋 3~5 年之后才出现。

CH_4 是有机物在多种微生物联合作用下形成的。发酵菌将复合有机物水解为单糖、氨基酸、脂肪酸等，继而转化为中间化合物（如丙酸盐、酪酸盐、乳酸盐等），最后经甲烷菌转化为 CH_4。其过程大致如图 5-28 所示。

Ⅰ阶段：数天至数星期的耗氧期，主要产物为 CO_2。

Ⅱ阶段：继续数月的厌氧期，产出大量 CO_2。

Ⅲ阶段：CH_4 加速形成，CO_2 有所减少，H_2 几乎排尽。

Ⅳ阶段：CH_4 产出速率保持在高峰水平。

第Ⅲ、Ⅳ阶段要历时 20 年左右的时间。

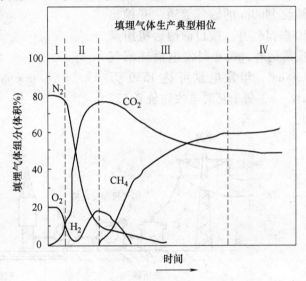

图 5-28　堆埋气的形成过程（指主要成分）

德国斯图加特垃圾填埋场年处理能力为 $3.2 \times 10^6 m^3$ 垃圾，在第Ⅲ阶段的中后期，该场的产气量为 $700 m^3/h$，填埋气的组成是：CH_4（53.6%）、CO_2（38.8%）、N_2（6.2%）、O_2（1.4%）、H_2O（13.9mg/L）、H_2S（317mg/m^3）、F（29mg/m^3）、Cl（70.9mg/m^3）、CO（400mg/m^3）、SO_2（45mg/m^3）及非硫化物排放物（1000mg/m^3）。

2. 填埋气用于发电和供燃

从填埋气的组成看，它是一种良好的燃料，经净化的填埋气，只要 CH_4 含量在 30%~60%，低热值在 13~18MJ/m^3 时，即可在锅炉中燃用，或做各种动力机械（内燃机、燃气轮机、斯特林发动机等）的燃料，发电或产热向居民、企事业单位、温室供电与供热。

图 5-29 和图 5-30 所示为垃圾填埋场集气、燃用和发电情况。斯图加特垃圾填埋场年发电量为 6000MW·h，可供 145 000 个居民用电，发电效率为 28.5%，机组本身耗电 5%，投资回收期与垃圾场的产气期 10~15 年相当。

由于填埋气的热值较低，工业锅炉用时可与少量天然气混烧，或对燃烧器做适当改装

（如加大进气孔）；在作内燃机燃料时，可混入少量柴油，以双燃料方式运行。

3. 我国城市生活垃圾填埋气发电概况

我国的垃圾填埋场蕴藏丰富的填埋气资源。2004 年 8 月，江苏无锡桃花山垃圾填埋场投资 2000 万元建设的我国自主开发建设的首个垃圾填埋沼气发电厂正式向省电网输电。桃花山垃圾填埋场经 10 年堆积，底层沼气十分丰富，沿着原先散气的沟、垄，铺设 1400m 的输气管道，开挖出 50 多口气井。按目前两台机组满负荷运转，每小时发电消耗沼气 1300m³，年发电量可达 1530 万 kW·h，每千瓦时电收购价 0.527 元。

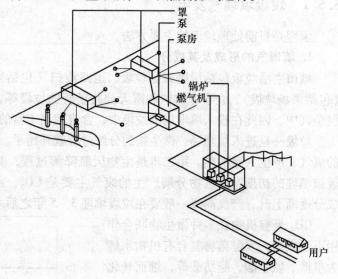

图 5-29　垃圾填埋场的集气及燃用系统

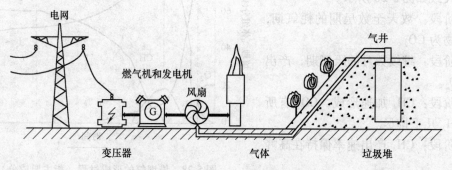

图 5-30　垃圾填埋气的典型应用

广州市兴丰垃圾填埋场沼气发电项目也于 2004 年 8 月点火成功，每天发电超过 5 万 kW·h，最高年发电量可达 1.67×10^8 万 kW·h，除满足垃圾填埋场自用外，75% 左右的电力上网销售。到 2010 年，兴丰垃圾填埋场填满封场，沼气发电机增至 12 台机组，装机总容量超过 1 万 kW，发电时间可持续超过 20 年。此外还有杭州市天子岭垃圾填埋沼气发电厂、南京水阁垃圾场填埋气发电厂、南昌市麦园垃圾填埋场沼气发电厂、贵阳市高雁垃圾填埋场沼气发电厂等。

垃圾填埋场的填埋作业按地形、地址情况的不同分为平面作业法、斜坡作业法、勾填法、坑填法和水中作业法等数种。表 5-11 为国内典型的采用坑填作业法的三个垃圾填埋场的规模情况。

这三个垃圾填埋场有许多相似之处，其中贵阳市高雁垃圾填埋场具有代表性，其生产工艺流程如图 5-31 所示。

表5-11　三个垃圾填埋场的规模

垃圾场名称	起始年填埋量 /（t/d）	垃圾年递增率 （%）	填埋库容积 （$10^4 m^3$）	服务年限 /年	场区征地面积 （$100 m^2$）
杭州市天子岭垃圾场	606	10	600	13	620
南昌市麦园垃圾场	1000	2	1793	31.5	1366
贵阳市高雁垃圾场	800	4	1980	31	1455

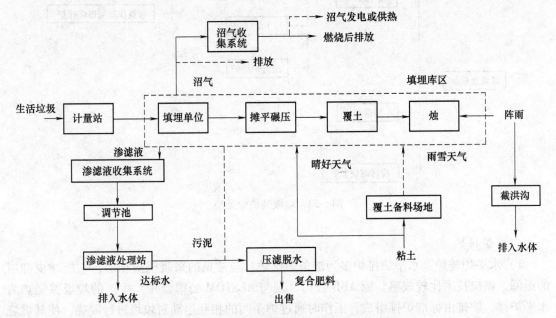

图 5-31　贵阳市高雁垃圾填埋场生产工艺流程

5.5.2　垃圾焚烧发电

1. 垃圾焚烧处理的优点

焚烧作为垃圾处理的一项技术，不包括露天点燃垃圾的粗放做法，而是收集从城市生活垃圾中分选出来的可燃物，在焚烧炉中与氧进行燃烧，生成烟气和固体残渣。热能要回收，烟气要净化，残渣需消化或填埋，这是焚烧处理应具有的工艺过程。其优点为：

1）能大幅度地减少体积和重量，焚烧后残渣重量是垃圾重量的 25%~30%，体积是原来的 8%~12%。

2）处理彻底，无害化程度高，易达到环保要求的排放标准。焚烧能分解和破坏有毒、有害废弃物，使之成为无毒、无害的简单化合物，而且排出的残渣容易处理。

3）易有效地收回能源资源，焚烧产生的热量可以用来供热和发电。

4）焚烧处理机械化程度高，操作方便，劳动强度低。总之，用焚烧法处理城市生活垃圾能实现减量化、无害化和资源化的目的，是一种有效的、先进的方法。

2. 垃圾焚烧炉

在焚烧法处理城市生活垃圾方面，日本发展得较快，1992 年，日本的垃圾焚烧处理厂有 1864 个，每天的处理垃圾能力达 184 000t，占垃圾的产出量 75% 左右。随着垃圾中的塑料和纸类成分的增长，垃圾的热值也逐渐增大。为了更有效地利用垃圾的热能，配有发电设备的垃圾处理设施也逐年增多。

纵观各国垃圾焚烧炉，基本可以分为三种类型：炉排炉、沸腾炉和旋转燃烧室炉，图5-32为垃圾焚烧炉类型，其中炉排炉应用的最多。

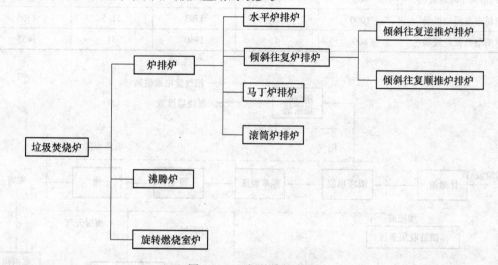

图 5-32　垃圾焚烧炉类型

（1）炉排炉

1）水平炉排炉。水平炉排炉多为链条炉排炉，与常见的采暖锅炉相似，它能减少细屑的泄漏，燃烧技术比较成熟。原 ABB 公司（现与 ALSTOM 公司合并）生产的垃圾焚烧炉为水平炉排，炉排由标准炉排组成，工作时通过炉条间的相互运动对垃圾进行混拢，使其燃烧完全。北京市朝阳区兴建的 1200t/d 生活垃圾焚烧发电厂就是采用这种炉排形式。

2）倾斜往复炉排炉：倾斜往复炉排炉有逆推炉排和顺推炉排两种。

倾斜往复逆推炉排炉：主要生产厂商有德国 MARTIN 公司和法国 ALSTOM 公司。MARTIN 倾斜往复逆推炉排炉如图 5-33 所示，炉排倾角一般为 26°，固定炉排与活动炉排交替安装，炉排运动方向与垃圾运动方向相反，逆向运动，可使垃圾有效地翻转、搅拌。炉排下面有空气送风系统。炉排往复运动的速度、垃圾在炉排

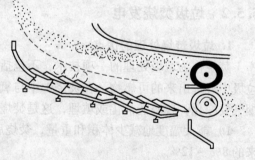

图 5-33　MARTIN 倾斜往复逆推炉排炉示意图

上的停留时间可根据垃圾的性质及燃烧状况通过液压装置进行调节。MARTIN 炉排具有自动清洁功能。深圳环卫综合处理厂引进日本三菱重工技术，采用 MARTIN 炉排建成我国第一个现代生活垃圾焚烧厂。

ALSTOM 公司是世界著名跨国企业集团，其开发的 SITY2000 型炉排如图 5-34 所示，炉排倾角为 24°，炉排分为 2 段，分别采用 2 套液压传动装置，炉排材质为耐热铸铁。

ALSTOM SITY2000 型焚烧炉排也属于倾斜往复逆推炉排，但与 MARTIN 炉排相比，作了如下改进：炉排的炉条更换方便，可实现炉条在高低温区位置的交换；炉条形状简单，制

造及维修方便；可根据炉内垃圾燃烧情况改变炉排运动速度；炉排的通风效果好，操作温度低，使用寿命长。

倾斜往复顺推炉排炉：该炉炉排运动方向与垃圾运动方向相同。图 5-35 是丹麦 VOLUND 公司生产的倾斜往复顺推炉排炉示意图。

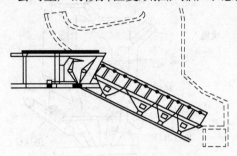

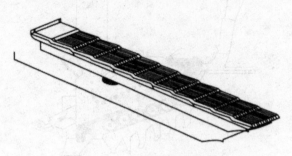

图 5-34　SITY2000 型炉排示意图　　　　　　　图 5-35　VOLUND 炉排示意图

该炉排根据垃圾的热值、含水量和成分被设计为 5 部分，即进料、烘干、点火、燃烧和燃尽炉排。

每条炉排都被放在炉排梁上，通过炉排梁的交错运动推动垃圾向前运动。炉排运动速度通常为每分钟 0 ~ 4 行程。

1931 年，丹麦首都哥本哈根成功地应用此种炉排系统，建造了世界上第一个可以连续运行的大型垃圾焚烧发电厂。到目前为止，VOLUND 炉排系统经过几代改进，在世界 20 多个国家和地区的 300 多个垃圾焚烧处理厂得到了广泛的应用。

3）马丁炉排炉：图 5-36 所示是马丁炉排炉（图中的左半部分炉排）与水平炉排炉（图中右半部分）相结合的垃圾焚烧炉，这是德国制造的多用于焚烧医院垃圾的炉排炉。马丁炉排实际上是阶梯式布置的连续炉排，垃圾在炉排上由高到低逐级流动，逐级燃烧至尽。每个炉排都有单独的电动机驱动。这种炉排有利于

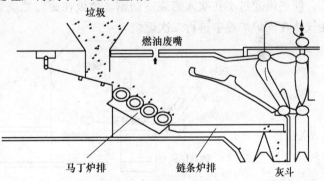

图 5-36　两种炉排相结合的焚烧炉

垃圾的充分燃烧，早期的垃圾焚烧炉中大都采用这种炉排，现在国外应用得也比较广泛。

4）滚筒炉排炉：滚筒炉排炉（见图 5-37）是由德国 BABCOCK 公司开发生产的，它是由 6 个直径为 1.5m 的滚筒组成的比较特殊的机械炉排，6 个滚筒呈 20°倾斜角自上而下排列，当垃圾特征与处理量有较大变化时，可更换不同直径的滚筒。每个滚筒可单独电动调速，使各处的垃圾都有充分的燃烧机会。转动的滚筒处于间歇性的半周工作、半周冷却的状态，因此对滚筒的材质要求不高。该技术已有几十年的使用经验，目前世界上有 250 多座生活垃圾焚烧炉采用了该技术。

（2）沸腾炉

为了更好地处理日益增多的城市生活垃圾，使不同特征的生活垃圾都能被完全燃烧处

理，而采用了沸腾炉焚烧方式（或称流态床燃烧方式）。空气以高速度穿过垃圾层（见图 5-38），使其膨胀沸腾起来，与空气强烈混合，充分燃烧。日本还采用炉膛添加一定量的流动介质—沙子的方法，以进一步提高燃烧效果。

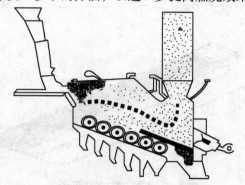

图 5-37　滚筒炉排炉示意图

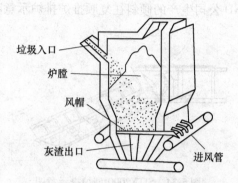

图 5-38　沸腾床式垃圾焚烧炉示意图

向沸腾炉中投入的垃圾，需做必要的粉碎预处理（或切断）。沸腾炉的优点：

1）燃烧稳定，容易控制，基本上可实现连续燃烧，处理量大。

2）炉内无机械运动部件，使用寿命长，耐火材料损失小。

（3）旋转燃烧室炉

这是一种新型垃圾焚烧炉（见图 5-39），其特点在于焚烧炉的前端设置有一个水冷却旋转燃烧室，旋转燃烧室主要由两端的环形集箱管和鳍片水冷壁构成。水冷壁上开有许多小孔，使热风通过小孔吹入燃烧室助燃。垃圾在旋转燃烧室中连续地翻转和扰动，产生的可燃性气体在锅炉炉膛中进行二次燃烧。

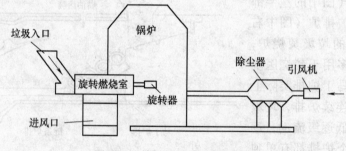

图 5-39　旋转燃烧室垃圾焚烧炉

这种炉型具有的优点有：①焚烧能力较强；②能量回收率高；③动力消耗低；④操作维修方便；⑤由于冷却水的水冷作用，使燃烧温度降低，抑制 NO_x 的生成，减轻腐蚀作用。

小结

本章首先向读者介绍了什么是生物质能，以及生物质能存在的形式和当前开发利用概况。

生物质燃烧发电是比较传统的一种方式，介绍了生物质燃烧技术和固体燃料成型技术与装备；重点介绍了利用生物质进行燃烧发电的机理和设备，以及由此产生的污染排放的控制方法。

生物质汽化发电一节，包含了汽化技术机理，利用汽化后的可燃气燃烧发电，最后介绍了城市固体废弃物的汽化熔融技术原理。

沼气发电在城市和乡村具备非常广泛的条件，首先介绍了沼气产生的机理。沼气直接燃烧发电是比较传统的一种方式，而利用沼气进行燃料电池的发电形式颇具发展前途。本节还讨论了沼气发电的控制策略。

本章最后介绍垃圾发电这种形式，随着人类生产生活水平提高，垃圾产量与日俱增，利用垃圾发电具备非常大的潜力，垃圾发电目前主要包括垃圾填埋气发电和垃圾焚烧发电，前者适合于利用早期垃圾填埋场产生的沼气为主的可燃气发电，后者进行分类直接焚烧发电。

阅读材料

城市垃圾焚烧发电综合效益及前景简介

随着国民经济的发展，城镇化的大力推进，城市人口急剧增加，在人民生活水平日益提高的同时，工业以及生活垃圾也随之大量产生，严重污染了环境，影响了市容市貌，制约着城市的进一步发展建设。因此，城市垃圾处理已经成为各个城市首要解决的问题，它关系到每个人的切身利益以及城市的可持续发展。目前，比较成熟的城市生活垃圾的处理方式主要有三种：填埋、堆肥以及焚烧。这三种处理方式都有其一定的局限性，很可能会对环境造成二次污染。而运用垃圾焚烧发电不仅可以解决垃圾对环境的污染问题，而且还能通过发电上网产生一定的经济效益，也在一定程度上缓解了我国的能源压力。垃圾发电具有很高的综合效益，符合可持续发展的要求，前景广阔。

1. 城市生活垃圾的现状

据统计，全世界每年产生城市生活垃圾 6 亿 t，而我国每年就产生 2 亿 t，目前，中国城市生活垃圾累积堆存量已达 90 亿 t，占地 100 多万亩，近年来还在以平均每年 4.8% 的速度持续增长。有科学研究表明，人均垃圾日产量与经济发展水平有着密切联系，国民收入每增加 100 元，人均年产垃圾就增加 408g。而中国的国民经济正处于飞速发展时期，因此，垃圾的产量也在与日俱增。据国家环保总局预测，到 2020 年我国城市每年将产生生活垃圾 2.8 亿 t。作为城市的主要污染源之一，城市生活垃圾直接影响到城市的建设以及人民生活水平的提高。如何经济有效地对垃圾进行处理，已经成为当前一个亟待解决的问题。

2. 垃圾焚烧发电概述

垃圾焚烧发电是指对垃圾进行分类，然后将分离出的可燃物质送入焚烧炉处理，利用焚烧后产生的大量热能进行发电，并且通过焚烧产生的高温消除垃圾中大量的有害物质，使其体积减小，危害降低。

垃圾其实是一种放错地方的资源。随着经济的发展和人民生活水平的提高，垃圾的成分也趋于复杂化，但总的来说，有机物含量正在逐年增加，其热值也随之增加。只要对垃圾进行合理地分类与处理，就可最大限度地回收利用垃圾中的物质和能量，产生不错的经济效益。

焚烧垃圾发电对于垃圾热值是有一定要求的，当垃圾热值大于 5000kJ/kg 时，燃烧效果较好，不需要助燃。当垃圾热值低于 3300kJ/kg 时，焚烧需要加煤或油助燃。而城市生活垃圾的热值并不是不变的，它要随着季节以及地域的不同而变化，一般为 2000 ~ 8000kJ/kg。就中国当前的现状来说，城市生活垃圾的热值普遍偏低，但经过对垃圾初步的处理以及焚烧时掺煤或投油助燃是可以基本满足发电要求的。

3. 垃圾焚烧发电的综合效益

首先，垃圾焚烧发电具有巨大的环境效益。随着城市规模的不断扩大，城市生活垃圾也在不断地增长，垃圾包围城市的现象比比皆是。大量的垃圾堆放，不仅影响市容整洁，而且污染环境，滋生病菌，传染疾病。垃圾的简单填埋虽然投资少，处理量大，简单方便，但这种方法不能使垃圾的体积减少，需要占用大量土地资源，而且如果处理不当，很可能会造成二次污染。而将垃圾焚烧发电，则既可以使垃圾得到较为安全的处理，又可以产生一定的经济效益。垃圾经过焚烧之后，可以使其体积减少 90%，质量减轻 75%，燃烧产生的高温可以去除垃圾中大量的有害物质以及难闻的气味。当然，燃烧后的烟气是要经过处理达标之后才可以排放到大气中的。然后再结合填埋处理，将大大缩容后的垃圾进行填埋即可，这样既节约了土地资源又保护了环境。

其次，垃圾焚烧发电具有一定的经济效益。近年来，我国电力产业面临着巨大的挑战。电力供应紧张，而需求量却在高速增长，煤石油等自然资源日趋枯竭，而且资源分布不均，使得电网要投入大量资金进行长距离输电。因此，通过城市生活垃圾发电，就地取材，变废为宝，就可以在一定程度上缓解电力供应紧张的压力。按 3t 垃圾相当于 1t 标准煤计算，我国每年产生城市生活垃圾约 2 亿 t，如果全部用来发电，每年可节约标准煤 7000 万 t。但事实上，我国超过 80% 的城市生活垃圾只是经过简单的填埋处理，真正得到利用的非常少。可见垃圾发电的发展空间很大，其经济效益极为可观。

最后，垃圾焚烧发电具有显著的社会效益。垃圾发电可以为社会提供更多的就业岗位，改善环境，提高居民的生活水平。符合全面构建和谐社会的基本要求，也可促进垃圾分类回收等相关产业的发展，促进科技进步，从而提高我国企业在国际上的竞争力。

4. 垃圾焚烧发电前景展望

垃圾焚烧发电是一项利国利民的环保产业，我国政府也在政策以及法律上为环保产业营造了良好的投资环境，再加上国际环境的推动，为垃圾发电产业创造了有利的发展条件。垃圾发电不同于其他的发电形式，其重点在于环境保护而不是发电，因此，并不能单纯地追求发电量，垃圾发电厂的建设也要根据城市的发展状况而定。垃圾发电的优势在于其所创造的综合效益，垃圾减量无害化处理和转换为能源是其突出优点。虽然现在垃圾发电还存在着不少问题，在焚烧锅炉的设计以及排放废气的处理等方面还有待提高与改善，但是随着人们环保意识的不断增强，我们相信垃圾发电必将成为环保产业的一支生力军。

要做好垃圾焚烧发电，按照热值不同做好垃圾分类，对提高垃圾焚烧发电效益、保护发电设备安全等非常重要，所以，从我做起，日常生活中的垃圾做好分类投放非常有必要。当前，许多城市政府部门从垃圾桶的颜色区分、垃圾袋的免费提供等方面助力垃圾分类，但最关键的还是居民的垃圾分类意识和行动。让我们携起手来，为整洁干净、无害环保的城市垃圾处理贡献力量吧！

习　题

1. 什么是生物质？什么是生物质能？

2. 生物质能存在的形式有哪些?

3. 什么是生物质燃烧发电? 有几种燃烧技术?

4. 简述生物质固体燃料成型工艺。

5. 生物质燃烧热发电有哪几种形式? 各有何特点?

6. 什么是生物质汽化发电? 汽化反应设备有哪些?

7. 沼气的产生原理是什么? 沼气发酵有何特点?

8. 简介几种沼气燃烧发电设备,各有何特点。

9. 沼气燃料电池发电原理是什么? 应用沼气燃料电池发电应注意什么?

10. 简述垃圾发电的意义。

11. 简述垃圾填埋气发电的原理。

12. 垃圾焚烧发电的特点是什么? 简述几种垃圾焚烧炉的原理和特点。

第6章　地热能发电

关键术语：

地热资源定义、蒸汽型地热发电、热水型地热发电及干热岩地热发电。

学过本章后，读者将能够：

熟悉地热资源的定义，了解地热能的分类和国内分布；

理解蒸汽型地热能汽轮机发电系统的构造和原理；

理解热水型地热能发电系统构造和原理；

了解干热岩地热发电。

引例

我国历史上记载最早利用地热能的例子就是杨贵妃入浴华清池的典故。图6-1是现在的华清池。

图6-1　现在的华清池

直接利用地热水进行沐浴或其他生产生活活动，是最简单的，在电气化的现代社会，电能是最洁净、精确、易于控制的能源，所以，地热能转化为电能受到人类的重视。

6.1　地热能及其利用

地热能是来自地球深处的热能，它源于地球的熔融岩浆和放射性物质的衰变。地下水深处的循环和来自极深处的岩浆侵入到地壳后，把热量从地下深处带至近表层。在有些地方，热能随自然涌出的蒸汽和水到达地面。地热能不但是无污染的清洁能源，而且如果热量提取速度不超过补充的速度，那么热能还是可再生的。

地球是一个平均直径为12 742.2km的巨大实心椭圆球体，其构造像是一只半熟的鸡蛋，主要分为三层。地球最外面一层是地壳，平均厚度约为30km，主要成分是硅铝和硅镁盐；地壳下面是地幔，厚度约为2900km，主要由铁、镍和镁硅酸盐构成，大部分是熔融状态的岩浆，温度在 1000℃ 以上；地幔以下是液态铁-镍物质构成的地核，其内还有一个呈固态的内核，地核的温度在 2000~5000℃ 之间，外核深 2900~5100km，内核深地面以下 5100km 至地心。

地球物质中放射性元素衰变产生的热量是地热的主要来源，包括放射性元素铀 238、铀 235、钍 232 和钾 40 等。放射性物质的原子核，无需外力的作用，就能自发地放出电子和氦核、光子等高速粒子并形成射线。在地球内部，这些粒子和射线的动能和辐射能，在同地球物质的碰撞过程中便转变成了热能。地壳中的地热主要靠传导传输，但地壳岩石的平均热流密度低，一般无法开发利用，只有通过某种集热作用，才能开发利用。大盆地中深埋的含水层可大量集热，每当钻探到这种含水层，就会流出大量的高温热水，这是天然集热的常见形式。岩浆侵入地壳浅处，是地壳内最强的热传导形式。侵入的岩浆体形成局部高强度热源，为开发地热能提供了有利条件。地壳表层的温度为 0~50℃，地壳下层的温度约为 500~1000℃。

地热资源是指地壳层以下 5000m 深度内，15℃ 以上岩石和热流体所含的总热量。全世界的地热资源达 1.26×10^{27} J，相当于 4.6×10^{16} t 标准煤，超过了当今世界技术和经济水平可采煤储量含热量的 7 万倍。地球内部所蕴藏的巨大热能，通过大地的热传导、火山喷发、地震、深层水循环、温泉等途径不断地向地表层散发，平均年流失热量达到 1×10^{21} kJ。但是，由于目前经济上可行的钻探深度仅在 3000m 以内，再加上热储空间地质条件的限制，因而只有热能转移并在浅层局部地区富集时，才能形成可供开发利用的地热田。

地热能在很久以前就被人类所用。地热能直接应用于烹饪、沐浴及暖房，已有悠久的历史。至今，天然温泉与人工开采的地下热水，仍被人类广泛使用。1904 年，意大利在拉德瑞罗地热田首次试验成功地热发电装置，新西兰、菲律宾、美国、日本等国都先后投入到地热发电的大潮中，其中美国地热发电的装机容量居世界首位。

6.1.1 地热资源的分类

赋存于地球内部的热能，是一种巨大的自然能源，它通过火山爆发、温泉、间隙喷泉及岩石的热传导等形式不断地向地表传送和散失热量。地热资源是指在某一未来时间内能被经济而合理地取出来的那部分地下热能，可见地热资源只是地热能中很小的一部分。

按照地热资源的温度不同，通常把热储温度大于 150℃ 的称为高温地热资源，小于 150℃ 而大于 90℃ 的称为中温地热资源，小于 90℃ 的称为低温地热资源。中低温地热资源分布较为广泛，我国已发现的地热田大多属于这种类型。高温地热资源位于地质活动带内，常表现为地震、活火山、热泉、喷泉和喷气等现象。地热带的分布与地球大构造板块或地壳板块的边缘有关，主要位于新的活火山区或地壳已经变薄的地区。

地质学上常把地热资源分为蒸汽型、热水型、地压型、干热岩型和岩浆型等五类，见表 6-1。

蒸汽型和热水型统称为水热型，是现在开发利用的主要地热资源。干热岩型和地压型两大类尚处于试验阶段，目前开发利用很少。由于干热岩型的储量十分丰富，目前大多数国家把这种资源作为地热开发的重点研究目标。地压型是目前尚未被人们充分认识的一种地热资源，它一般储存于地表以下 2~3km 的含油盆地深部，并被不透水的页岩所封闭，甚至可以形成长 1000km、宽几百米的巨大的热水体。而且除热能外，地压水中还有甲烷等碳氢化合物的化学能及高压所致的机械能。

表 6-1　地热资源分类

热储类型	简介	蕴藏深度/km	热储状态	开发技术状况
蒸汽型	蒸汽型是理想的地热资源，是指以温度较高的饱和蒸汽或过热蒸汽形式存在的地下储热	3	200～240℃干蒸汽（含少量其他气体）	开发良好（分布区很少）
热水型	以热水形式存在的地热田	3	高温级≥150℃，中温级为90～150℃，低温级<90℃	开发中，量大面广，是重点研究对象
地压型	以高压高盐分热水的形式储存于地表以下	3～10	深层沉积地压水，溶解大量碳氢化合物，可同时得到压力能、热能、化学能，温度>150℃	初级热储实验
干热岩型	地层深处普遍存在的没有水或蒸汽的热岩石，其温度范围广	3～10	150～600℃干热岩体	应用研究阶段
岩浆型	蕴藏在地层更深处，处于动弹性状态或完全熔融状态的高温熔岩	10	600～1500℃熔岩	应用研究阶段

6.1.2　中国的地热资源

从世界范围内来说，地热资源的分布是不平衡的。地热异常区主要分布在板块生长、开裂-大洋扩张脊和板块碰撞、衰亡-大洋削减带部位。环球性的地热带主要有环太平洋地热带、地中海-喜马拉雅地热带、大西洋中脊地热带和红海-亚丁湾-东非裂谷地热带等四个。

我国地热资源的分布主要与各种构造体系及地震活动、火山活动密切相关。其中能用于发电的高温地热资源主要分布在西藏、滇西和台湾地区，其他省区均为中低温地热资源。由于中低温地热资源温度不高（小于150℃），适合直接供热。据初步估算，全国主要沉积盆地距地表2000m以内储藏的地热能，相当于2500亿 t 标准煤的热量，主要分布在松辽盆地、华北盆地、江汉盆地、渭河盆地、太原盆地、临汾盆地、运城盆地等众多的山间盆地以及东南沿海的福建、广东、赣南、湘南等地。从分布情况看，中低温资源由东向西减弱，东部地热田位于经济发展快、人口集中、经济相对发达的地区。

根据地热资源的成因，可将我国地热资源划分为现（近）代火山型、岩浆型、断裂型和断陷-凹陷盆地型四种类型。其中，现（近）代火山型地热资源主要分布在台湾北部大屯火山区和云南西部腾冲火山区，在台湾已探到293℃高温地热流体，并在靖水建有3MW地热试验电站。沿雅鲁藏布江分布的西藏南部的高温地热田，是岩浆型的典型代表，其中西藏羊八井地热田在井深1500～2000m处，探获329.8℃的高温地热流体。断裂型地热带主要分布在板块内侧基岩隆起区或远离板块边界由断裂所形成的断层谷地、山间盆地，如辽宁、山东、山西以及福建、广东等地，热储温度以中温为主，单个地热田面积较小、热能潜力不大，但这类资源分布点多、面广，整体储量大。断裂-凹陷盆地型地热资源主要分布在板块内部巨型断裂、凹陷盆地之内，如华北盆地、松辽盆地、江汉盆地等，单个地热田的面积较大，达几十甚至几百平方千米，其地热资源潜力大，有很高的开发利用价值。

图 6-2 所示为我国的地热分布，根据现有资料，按照地热资源的分布特点、成因和控制等因素，可把我国地热资源的分布划分为如下几个带：

图 6-2 我国的地热分布

1）藏滇地热带。主要包括喜马拉雅山脉以北，冈底斯山、念青唐古拉山以南，西起西藏阿里地区，向东至怒江和澜沧江，呈弧形向南至云南腾冲火山地区，特别是雅鲁藏布江流域。这一地带水热活动强烈，是中国大陆上地热资源潜力最大的地区。

2）台湾地热带。台湾地热资源主要集中在东、西两条强地震集中发生区。在 8 个地热区中有 6 个温度在 100℃ 以上。台湾北部大屯火山区是一个大的地热田，已发现 13 个气孔和热泉区，热田面积在 50km² 以上，在 11 口 300～1500m 深度不等的热井中，最高温度可达 294℃，地热蒸汽流量 350t/h 以上。大屯地热田的发电潜力可达 80～200MW。

3）东南沿海地热带。主要包括福建、广东、浙江以及江西和湖南的一部分地区，其地下热水的分布和山麓受一系列北东向断裂构造的控制。这个带主要是中、低温热水型的地热资源。

4）鲁皖鄂断裂地热带。庐江断裂带自山东招远向西南延伸，贯穿皖、鄂边境，直达汉江盆地。这是一条将整个地壳断开的、至今仍在活动的深断裂带，也是一条地震带。这里蕴藏的主要是低温地热资源。

5）川滇青新地热带。主要分布在从昆明到康定一线的南北狭长地带，经河西走廊延伸入青海和新疆境内。以低温热水型资源为主。

6）祁吕弧形地热带。包括河北、山西、汾渭谷地、秦岭及祁连山等地。是近代地震活动带，主要是低温热水型地热资源。

7）松辽地热带。包括整个东北大平原的松辽盆地属于新生代沉积盆地，沉积厚度不大，盆地基地多为燕山期花岗岩，有裂隙地热形成，温度为 40～80℃。

地热资源温度的高低是影响其开发利用价值的最重要因素，我国地热资源的等级分类见表 6-2。

表 6-2　我国地热资源的等级分类

温度等级		温度界限/℃	主要用途
高温		$t \geqslant 150$	发电、烘干
中温		$90 \leqslant t < 150$	工业利用、烘干、发电、制冷
低温	热水	$60 \leqslant t < 90$	采暖、工艺流程
	温热水	$40 \leqslant t < 60$	医疗、洗浴、温室
	温水	$25 \leqslant t < 40$	农业灌溉、养殖、土壤加温

6.1.3　国内外地热能发电开发利用现状

1913 年，第一座装机容量为 0.25MW 的电站在意大利建成并运行，标志着商业性地热发电的开端。目前世界最大的地热电站是美国的盖瑟尔斯地热电站，其第一台地热发电机组（11MW）于 1960 年起动，20 世纪 70 年代，共投产 9 台机组，80 年代以后，又相继投产一大批机组，至 1985 年电站装机容量已达到 1361MW。除此之外，许多发展中国家也在积极利用地热发电以补能源的不足，如萨尔瓦多、肯尼亚、尼加拉瓜、哥斯达黎加等国的国家电网有 10% 以上的电力是来自地热发电。

地热发电在我国也有了较大的发展。1970 年，我国在广东丰顺建成第一座地热电站，机组功率为 0.1MW。随后，河北怀来、西藏羊八井等地也建了地热电站。到目前为止，西藏羊八井地热电站是我国最大、运行最久的地热电站，至今仍在安全、稳定发电。羊八井地热电站装机容量已达到 9 台共 25.18MW，机组最大单机容量为 3MW 等级。目前，国内可以独立建造 30MW 以上规模的地热电站，单机可达到 10MW，截止到 2007 年，我国地热发电装机容量为 32MW。目前，羊八井电站还具有很大的开发潜力，而在羊八井地热田西南45km 处的羊易地热田，也是一个亟待开发的高温地热田。另外，云南省地热资源十分丰富，如腾冲地区是中国有名的高温地热区，也是中国大陆独一无二的火山热区，地质普查显示，全区有 27 个高温地热田，在此建设万千瓦级地热电站已列入国家计划。

据 2010 年世界地热大会的统计，世界上已有 27 个国家建设了地热发电站，世界地热发电总装机容量达到 10 751MW，年发电利用 67 246GW·h。

6.2　蒸汽型地热发电

蒸汽型地热发电是把高温地热田中的干蒸汽直接引入汽轮发电机组发电。在引入发电机组前先要把蒸汽中所含的岩屑、矿粒和水滴分离出去。

这种发电方式最为简单，但干蒸汽地热资源十分有限，而且多存在于比较深的地层，开采技术难度大，其发展有一定的局限性。

蒸汽型地热发电系统又可分为背压式汽轮机发电系统和凝汽式汽轮机发电系统。

6.2.1　背压式汽轮机发电系统

这种系统主要由净化分离器和汽轮机组成，如图 6-3 所示。其工作原理为：首先把干蒸汽从蒸汽井中引出，加以净化，经过分离器分离出所含的固体杂质，然后把蒸汽通入汽轮机做功，驱动发电机发电。做功后的蒸汽可直接排入大气，也可用于工业生产中的加热过程。

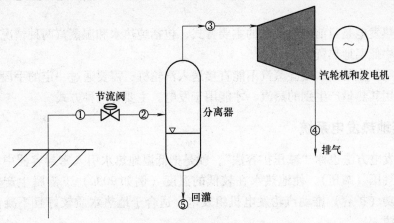

图 6-3　背压式汽轮机地热蒸汽发电系统

背压式汽轮机发电，是最简单的地热干蒸汽发电方式。这种系统大多用于地热蒸汽中不凝性气体含量很高的场合，或者综合利用于工农业生产和人民生活中。

6.2.2　凝汽式汽轮机发电系统

凝汽式汽轮机地热蒸汽发电系统如图 6-4 所示。在该系统中，蒸汽在汽轮机中急剧膨胀，做功更多。做功后的蒸汽排入混合式冷凝器，并在其中被循环水泵打入的冷却水冷却而凝结成水，然后排走。在冷凝器中，为保持很低的冷凝压力（即真空状态），常设有两台带

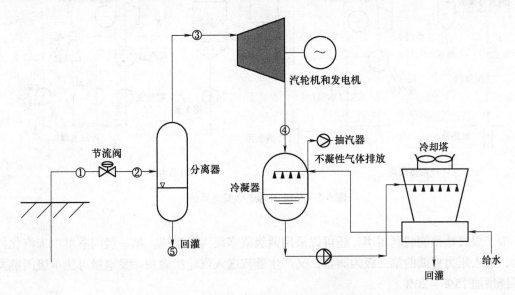

图 6-4　凝汽式汽轮机地热蒸汽发电系统

有冷却器的抽汽器，用来把由地热蒸汽带来的各种不凝性气体和外界漏入系统中的空气从冷凝器中抽走。

采用凝汽式汽轮机，可以提高蒸汽型地热电站的机组出力和发电效率，因此常被采用。

6.3　热水型地热发电

热水型地热发电是目前地热发电的主要方式，包括纯热水和湿蒸汽两种情况，适用于分布最为广泛的中低温地热资源。

低温热水层产生的热水或湿蒸汽不能直接送入汽轮机，需要通过一定的手段，把热水变成蒸汽或者利用其热量产生别的蒸汽，才能用于发电。主要有两种方式。

6.3.1　闪蒸地热发电系统

闪蒸地热发电方法也称"减压扩容法"，就是把低温地热水引入密封容器中，通过抽气降低容器内的气压（减压），使地热水在较低的温度（例如90℃）下沸腾生产蒸汽，体积膨胀的蒸汽做功（扩容）推动汽轮发电机组发电。适合于地热水质较好且不凝性气体含量较少的地热资源。

闪蒸地热发电系统，不论地热资源是湿蒸汽田还是热水田，都是直接利用地下热水所产生的水蒸气来推动汽轮机做功，得到机械能。闪蒸后剩下的热水和汽轮机中的凝结水可以供给其他热水用户利用。利用完后的热水再回罐到地层内。

湿蒸汽型和热水型单级闪蒸地热发电系统，如图6-5所示。两种形式的差别在于蒸汽的来源或形成方式。如果地热井出口的流体是湿蒸汽，则先进入汽水分离器，分离出的蒸汽送往汽轮机，分离下来的水再进入闪蒸器，得到蒸汽后送入汽轮机发电。

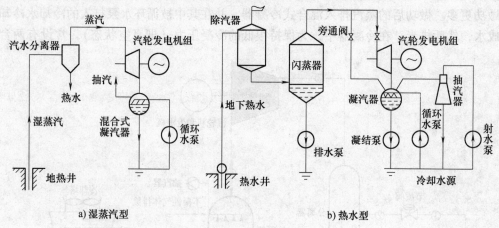

a) 湿蒸汽型　　　　　　　　　　　　　　　　　b) 热水型

图6-5　单级闪蒸地热发电系统

为了提高地热能的利用率，还可以采用两级或多级闪蒸系统。第一级闪蒸器中未汽化的热水，进入压力更低的第二级闪蒸器，又产生蒸汽送入汽轮机做功。发电量可比单级闪蒸发电系统增加15%～20%。

也可以把地热井口的全部流体，包括蒸汽、热水、不凝性气体及化学物质等，不经处理直接送进全流膨胀器中做功，然后排放或收集到凝汽器中，这样可以充分地利用地热流体的全部能量。这种系统称为全留法地热发电系统。单位净输出功率可比单级闪蒸地热发电系统和两级闪蒸地热发电系统提高 60% 和 30% 左右。不过，这种系统的设备尺寸大，容易结垢、受腐蚀，对地下热水的温度、矿化度以及不凝性气体含量等有较高的要求。

6.3.2　双循环地热发电系统

　　双循环地热发电方法也称低沸点工质法，是利用地下热水来加热某种低沸点工质，使其产生具有较高压力的蒸汽并送入汽轮机工作。其原理如图 6-6 所示。

　　双循环发电常用的低沸点工质，多为碳氢化合物或碳氟化合物，如异丁烷（常压下沸点为 -11.7℃）、正丁烷（-0.5℃）、丙烷（-42.17℃）、氯乙烷（12.4℃）和各种氟利昂，以及异丁烷和异戊烷等的混合物。一般为了满足环保要求，尽可能不用含氟的工质。

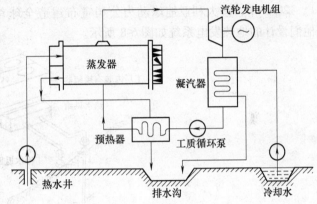

图 6-6　单级双循环地热发电系统

　　推动汽轮机做功后的蒸汽在冷凝器中凝结后，用泵把低沸点工质重新送回热交换器加热，循环使用。经过利用的地热水要回灌到地层中。

　　双循环发电系统的优点包括：①低沸点工质蒸汽压力高，设备尺寸较小，结构紧凑，成本较低；②地热水不接触发电系统，可避免关键设备的腐蚀，对成分复杂的地热资源适应性强。这是一种有效利用中温地热的发电系统。中温地热资源丰富，分布广，因此发展双循环地热发电系统很有意义。

　　低沸点工质导热性比水差，价格较高，来源有限，有些还有易燃、易爆、有毒、不稳定、对金属有腐蚀等特性，对双循环发电系统的发展有一定的影响。

　　为了提高地热资源的利用率，还可以考虑用两级双循环地热发电系统，或者采用闪蒸与双循环两级串联发电系统。

6.3.3　联合循环地热发电系统

　　20 世纪 90 年代中期，以色列奥玛特（Ormat）公司把地热蒸汽发电和地下热水发电系统整合，设计出一种新的联合循环地热发电系统，如图 6-7 所示。

　　这种系统的最大优点是：可以适用于大于 150℃ 的高温地热流体发电，经过一次发电后的流体，在并不低于 120℃ 的工况下，再进入双工质发电系统进行二次做功，这就充分利用了地热流体的热

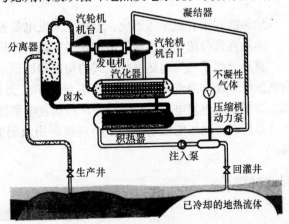

图 6-7　联合循环地热发电系统

能，既提高了发电的效率，又能将以往经过一次发电后的排放尾水进行再利用，从而大大地节约了资源。

6.4　干热岩地热发电

1970 年，美国洛斯阿拉莫斯国家实验室首先提出利用地下高温岩石发电的设想。1972 年在新墨西哥州北部开凿了两口约 4000m 的深斜井，从一口井将冷水注入干热岩体中，从另一口井取出自岩体加热产生的 240℃蒸汽，用以加热丁烷变成蒸汽推动汽轮机发电。

2005 年，澳大利亚地球动力公司宣布建造全球首座使用干热岩技术的商用地热电站，他们设计的地热发电系统如图 6-8 所示。

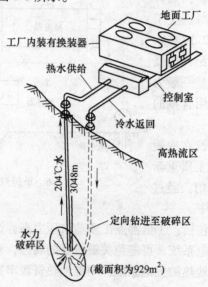

图 6-8　澳大利亚干热岩地热发电系统

小结

地热能利用有数千年历史，但用它来发电是近 100 年内的事情。

本章首先介绍了地热能资源的种类，国内地热资源的分布等基础知识。

重点介绍了三类地热发电模式的构造和原理。第一类是蒸汽型地热发电，包括背压式汽轮机发电系统和凝汽式汽轮机发电系统；第二类是热水型地热发电，包括闪蒸地热发电系统、双循环地热发电系统和联合循环地热发电系统；最后简介了干热岩地热能的发电例子。

总的说，地热能发电还处于小规模利用及研究试验阶段，距离大规模发电利用尚待时日。

阅读材料

地热发电发展现状

"2000~2013 年，全球地热能直接利用累计装机容量从 15GW 增长到了 50GW 以上，地热能发电累计装机容量从 8GW 增长到了 12.5GW。目前，全世界已有 78 个国家利用地热能进行供热、24 个国家利用地热发电。"这是《2014 年全球新能源发展报告》中披露的全球地热能发展现状。

1. 欧美占据地热能发电主要市场

美洲的地热能发电市场以美国、墨西哥和尼加拉瓜为主。受政策驱动，2013 年，美国完成了一批地热能项目建设，新增装机容量 180MW，使全国累计装机容量达到 3.4GW。除此之外，该国还有约 180 个项目正在开发过程中，装机容量为 2.5GW。

2013 年墨西哥累计装机容量已达到 1014MW。该国联邦电力委员会（CFE）在 Los Humeros 新建了一座地热能电站，装机容量为 25MW，采用的是一次闪蒸技术。

尼加拉瓜方面，Ram 电力公司 San Jacinto Tizate 项目二期工程已于 2013 年完成，使项目的总装机容量达到了 77MW。截至 2013 年年底，该国累计装机容量为 159MW。目前，在世界银行超过 1500 万美元资金的支持下，尼加拉瓜正在全国 10 个地区进行地热能发电的可行性研究。

欧洲地热能发电市场主要有意大利、德国、冰岛和土耳其。在意大利，一座 40MW 的地热能电站正在 Mount Amiata 地区建设。由于淘汰了老旧机组，2013 年，意大利的累计装机容量降到了 875MW。2012 年，该国新出台的可再生能源奖励政策确定了根据规模大小对地热能电站提供不同电价的原则。标准电价被分了 3 个等级：小于 1MW 的电站为 0.174 美元/kW·h；1MW 至 20MW 的为 0.128 美元/kW·h；大于 20MW 的为 0.11 美元/kW·h。

德国巴伐利亚建成了 3 座 5MW 的电站，另有 30MW 的项目正在建设。2011 年 6 月，新版可再生能源法（EEG）通过后，德国地热能发展的大环境得以改善，开始有资金支持示范项目建设。在过去的几年中，地热能发展虽然缓慢，但也形成了持续增长的趋势。德国为地热能发电制定了两类电价：10MW 以下的电站为 0.226 美元/kW·h；超过 10MW 的为 0.148 美元/kW·h。此外，2016 年之前建成的项目还可享受额外奖励，小规模电站的最高电价为 0.374 美元/kW·h。

冰岛正在建设 4 个新项目，其中 Reykjavik Energy 公司 50MW 的 Fuji 一次闪蒸机组已建成。由于所处的区域居民较少，该国地热能电站面临电力过剩的风险，限制了其进一步的发展。为此，电力公司已开始利用地热能发电为炼铝工业提供能源，并开展了通过海底电缆将电力传输到苏格兰的研究。

在土耳其，由于实行了新的上网电价，地热能发电项目的增长也很迅速。该国新的上网电价为 0.105 美元/kW·h，采用土耳其本国生产设备的最高为 0.132 美元/kW·h。目前，土耳其一些地热能电站已投入运营，250MW 的电站也正在建设中。

2. 亚太和非洲地热能发电紧随其后

亚太地区的地热能发电市场主要有中国、印度尼西亚、日本、菲律宾和新西兰。在中国，自 2011 年江西华电电力有限责任公司在西藏羊易建成一座 0.4MW 的地热能电站后，截至 2013 年年底，中国累计装机容量已达到 27MW，所有地热能电站均建设在西藏地区。

在印度尼西亚，地热能发电项目的进展远远落后于该国地热能发电的潜力。2013 年，其累计装机容量仍停留在 1.2GW。目前，该国政府正致力于清除地热能发展过程中的各种障碍。印度尼西亚待建项目的装机容量为 860MW，2018 年累计装机容量有望达到 2GW。其为地热能发电提供的电价为 0.097 美元/kW·h，略高于投资地热能项目的盈利门槛。

再来看看仍不活跃的日本市场。在 Wasabi 公司 2012 年建成一座 2MW 的小型电站后，日本累计装机容量一直停留在 537MW。自 2012 年福岛核泄漏事件以来，该国积极寻求替代核电的能源方案，决定克服各种困难大力发展地热能，将有助于加快该行业的发展。日本现有 4 座电站正在建设，预计到 2020 年，其地热能新增装机容量将达到 50MW。

2013 年，新西兰建成了位于 Kawerau 的地热能电站，使得全国地热能累计装机容量达到了 782MW。预计 2020 年时，该国还将有 6 个新项目建成投产，新增装机容量有望增至 250MW。

截至 2013 年年底，菲律宾地热能发电累计装机容量已达到 1.9GW，另有 1.4GW 项目计划在 2030 年前完成，总投资额或将达到 75 亿美元。

非洲地区只有肯尼亚的地热能市场发展迅速。该国 KenGen 公司投资建成兆瓦级 Eburro 电站后，又在 Olkaria 建设完成了另外 4 座 70MW 的电站，使肯尼亚累计装机容量激增到了 485MW。由于商业环境改善增强了私营开发商在东非地区投资地热能发电项目的信心，该国将有 300MW 的地热能发电项目在 2016 年前完成。

习　题

1. 地热资源从地质学角度分为几类？
2. 简介两种蒸汽型地热发电系统的原理。
3. 什么是热水型地热发电？具体分类及原理是什么？
4. 什么是干热岩地热发电？

第7章 可再生能源发电的电能储存

关键术语：

蓄电池、飞轮、超级电容器。

学过本章后，读者将能够：

了解各类储能方式；

掌握蓄电池等效电路、主要特性和充放电控制方法；

理解飞轮储能原理和结构特点；

掌握超级电容器储能原理、等效电路，了解其特点和类型。

引例

由于可再生能源发电的特点，以及电网调峰、提高电网可靠性和改善电能质量的迫切需求，电力储能系统的重要性日益凸显。图7-1是几种典型储能装置。

a) 蓄电池

b) 飞轮储能装置

c) 超级电容器

图 7-1 典型储能装置

7.1 概述

可再生能源发电中储能系统的主要作用如下：

1）平抑可再生能源发电的功率波动，改善电能质量，缓解电网调峰压力，从而降低电力系统的运行成本和碳排放。

2）降低配套输电线路容量需求，提高现有发输配用电设备的利用率。储能系统可在电力系统的负荷低谷期充电，在负荷高峰期放电，可减少相应的电源和电网建设费用。

3）增强电力系统稳定性。储能装置输出的有功功率和无功功率的迅速变化，可有效地对电力系统中的功率和频率振荡起到阻尼的作用。

4）减少旋转备用。具有电力电子接口的储能装置可迅速地增加其电能输出，可作为电力系统中的旋转功能，减少常规电力系统对旋转备用的需要。

5）降低发电煤耗、减少停电损失。实现分布式储能后，电网发生故障和检修的情况下，用户可以通过储能系统保证供电，用户用电的安全可靠性大大提高，停电次数（或时间）和停电损失大幅减少，经济效益和社会效益明显提高。

电力储能技术是将电能转换成其他形式的能量加以存储，并在需要的时候以电的形式释放。各种储能在能量、功率密度方面存在差异，其对应的应用领域也有较大区别。按照电能转换存储形式可以划分为电化学储能、机械储能、电磁储能三大类。

电化学储能主要是蓄电池储能。蓄电池有着漫长的历史，目前已经发展出包括铅酸电池、镍系电池、锂系电池以及液流电池、钠硫电池、锌空电池等类型。成熟的电化学储能技术如铅酸、镍系、锂系已经大量应用。

机械储能是指将电能转换为机械能储存，在需要使用时再重新转换为电能，主要包括：抽水蓄能、压缩空气储能、飞轮储能。

1）抽水蓄能。在电力系统中，用抽水储能电站来大规模解决负荷峰谷差。抽水蓄能在技术上成熟可靠，容量仅受到水库容量的限制。抽水蓄能必须配备上、下游两个水库，符合低谷时段利用电力系统中多余的电能，把下水库的水抽到上水库内，以势能的方式蓄能。抽水储能的释放时间可以从几个小时到几天，现在抽水储能电站的能量转换效率已经提高到了75%以上。抽水储能是目前电力系统中应用最为广泛的一种储能技术，工业国家抽水蓄能装机占比约在5% ~10%。

2）压缩空气储能。压缩空气储能电站是一种调峰用压缩空气燃气轮机发电厂，主要利用电网负荷低谷时的剩余电力驱动空气压缩机组，将空气高压压入密封的储气室中，如报废矿井、山洞、过期油气井等，在电网负荷高峰期释放压缩空气推动汽轮机发电。其燃料消耗可减少到原燃气轮机组的1/3，安全系数高，寿命长。缺点是能量密度低，并受岩层等地形条件的限制。压缩空气储能目前尚处于产业化初期，技术及经济性有待观察。

3）飞轮储能。飞轮储能利用电动机带动飞轮高速旋转，将电能转化成机械能储存起来，在需要时飞轮带动发电机发电。飞轮储能的优点是：效率可达90%以上，循环使用寿命长，无噪声，无污染，维护简单，可连续工作；其缺点是能量密度比较低，保证系统安全性方面的费用很高，在小型场合还无法体现其优势。随着新材料的应用和能量密度的提高，其下游应用逐渐成长，处于产业化初期。

电磁储能包括：超导磁体储能、超级电容器储能。

1）超导磁体储能。超导磁体储能（Superconducting Magentic Energy Storage，SMES）系统是利用超导体制成的线圈，将电网供电励磁产生的磁场能量储存起来，在需要的时候再将储存的电能释放回电网，功率输送时无需能源形式的转换。超导磁体储能具有响应速度快，转换效率高、比容量大等特点。超导储能主要受到运行环境的影响，即使是高温超导体也需要运行在液氮的温度下，目前技术还有待突破。超导磁体储能可以充分满足输配电网电压支撑、功率补偿、频率调节、提高系统稳定性和功率输送能力的要求，实现与电力系统的实时大容量能量交换和功率补偿。超导磁体储能在美国、日本、欧洲一些国家和地区的电力系统已得到初步应用，在维持电网稳定、提高输电能力和用户电能质量等方面开始发挥作用。

2）超级电容器储能。超级电容器（Super Capacitor），又叫双电层电容器（Electrical Double Layer Capacitor）、法拉电容，是通过极化电解质来储能。超级电容器根据电化学双电层理论研制而成，储能的过程不发生化学反应，因此这种储能过程是可逆的，超级电容器可以反复充放电数十万次。充电时处于理想极化状态的电极表面将吸引周围电解质溶液中的异性离子，使其附于电极表面，形成双电荷层，构成双电层电容。超级电容器紧密的电荷层间距比普通电容器电荷层距离要小得多，因而具有比普通电容器更大的容量。超级电容器储能系统的容量范围宽（从几十千瓦到几百兆瓦），放电时间跨度大（从毫秒级到小时级）。

综合以上分析，可再生能源发电中应用的各种储能技术比较见表 7-1。机械储能在大规模应用上存在地理、工期和动态响应的局限性，电磁储能存在造价高和容量限制，电化学储能方式在现代电力系统中脱颖而出，其中钠硫电池、液流电池、锂电池技术已经能够做到瞬时功率较大、持续时间长，且具有动态响应快、建设周期短、应用灵活等优点，在智能电网的背景下，前景向好。

表 7-1　各种储能技术比较

储能技术	优点	缺点	功率应用	能量应用
抽水蓄能	大容量、低成本	场地要求特殊	不可行	完全胜任
压缩空气储能	大容量、低成本	场地要求特殊、需要燃气	不可行	完全胜任
飞轮储能	大容量	低能量密度	完全胜任	经济性差
超导储能	大容量	高成本，低能量密度	完全胜任	不经济
超级电容器	长寿命，高效率	低能量密度	完全胜任	合适
铅酸电池	低投资	寿命低	完全胜任	不大实际
镍镉电池	大容量、高效率	低能量密度	完全胜任	合适
锂电池	大容量、高能量密度、高效率	高成本，需要特殊充电回路	完全胜任	经济性差
钠硫电池	大容量、高能量密度、高效率	高成本，安全顾虑	完全胜任	完全胜任
液流电池	大容量	低能量密度	合适	完全胜任

从大容量储能系统的实际应用情况看，日本、美国等国家是目前世界上储能系统应用最多的国家。从储能系统成套生产和产业化水平来看，我国尚处于起步状态，与国外先进水平相比存在不小的差距。本章将对三种典型的储能方式进行详细介绍。

7.2　蓄电池储能

7.2.1　常用蓄电池的类型

目前常用的蓄电池类型有五种，分别为：铅酸电池（Pb-acid）、镍镉电池（NiCd）、镍氢电池（NiMH）、锂离子电池（Li-ion）和锂聚合物电池（Li-polymer）。蓄电池放电时平均电压取决于各类蓄电池的电化学反应，上述五种蓄电池放电时的平均电压见表7-2。

表7-2　蓄电池放电时的平均电压

蓄电池类型	蓄电池电压/V	说明	蓄电池类型	蓄电池电压/V	说明
铅酸电池	2.0	最经济实用	锂离子电池	3.6	安全，没有锂金属
镍镉电池	1.2	具有记忆效应	锂聚合物电池	3.6	无液态电解液
镍氢电池	1.2	无镉，寿命长			

1. 铅酸电池

铅酸电池电极主要由铅及其氧化物制成，以浓度为27%～37%（质量分数）的硫酸溶液作为电解液。荷电状态下，正极主要成分为二氧化铅，负极主要成分为铅；铅酸电池在放电时，形成水和硫酸铅，水起到稀释硫酸电解液的作用，随着放电强度的减弱，电解液的密度将减小。由于铅酸电池具有运行温度适中，放电电流大，可以根据电解液密度的变化检查电池的荷电状态，具有储存性能好及成本较低等优点，目前在蓄电池生产和使用中仍保持着领先地位。

常用铅酸电池分为开口铅酸电池和阀控式密封铅酸电池（Vale-Regulated Lead Acid Battery，VRLA电池）两种。普通开口铅酸电池充电达到一定电压时发生水的电解，在电池的正极上产生氧气，在负极上产生氢气，为防止电解液中水分减少，必须经常进行补加水等日常维护。VRLA电池在结构、材料上与开口铅酸电池有所不同，它的正负极为铅-锑-钙合金隔板，隔板采用先进的多微孔超细玻璃纤维（AGM）制成。VRLA电池结构上采用紧装配、贫液设计工艺技术，整体采用ABS树脂注塑成型，充放电化学反应密封在电池壳体内进行。VRLA电池一部分数量的电解液被吸附在极片和隔板孔隙中，正极产生的氧气与负极的海绵状铅反应，使负极的一部分处于未充满状态，以此抑制负极氢气的产生，防止电解液损耗，使电池能够实现密封。VRLA电池由于自身结构上的优势，电解液的消耗量非常小，在使用寿命内不需要补充蒸馏水，所以也被称作免维护铅酸电池。VRLA电池还具有耐振、耐高温、体积小、自放电小的特点，使用寿命一般为普通铅酸电池的两倍。图7-2所示为VRLA电池的充放电原理。

为了防止在特殊情况下电池内部由于气体的聚积而增大内部压力引起电池爆炸，在设计时，又特地在电池的上盖中设置了一个安全阀，当电池内部压力达到一定值时，安全阀会自动开启，释放一定量气体降低内压后，安全阀又会自动关闭。

GEL胶体电池属于VRLA电池的一种发展分类，主要采用PVC-SiO_2隔板，在硫酸电解液添加胶凝剂，使硫酸电解液变为胶态。GEL胶体电池放电曲线平直、拐点高，比能量特别是比功率要比常规铅酸电池大20%以上，寿命一般也比常规铅酸电池长一倍左右，高温及低温特性好。

2. 镍镉电池

镍镉电池是一种非常成熟的蓄电池种类，电池的正极为镉，负极为氢氧化镍，两个电极由尼龙分割开来，非电解液为氢氧化钾。镍镉电池可重复500次以上的充放电，经济耐用。其内阻很小，可快速充电，可为负载提供大电流，而且放电时电压变化很小，是一种非常理想的直流供电电池。与其他类型的电池比较，镍镉电池可耐过充电或过放电。但是镍镉电池在充放电过程中如果处理不当，会出现严重的记忆效应，使电池容量降低；此外，镉是有毒的，不利于生态环境的保护，现正在被镍氢电池和锂电池所取代。

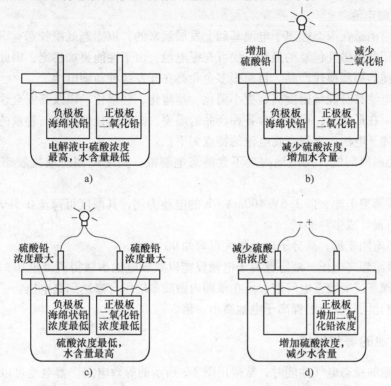

图 7-2　VRLA 电池的充放电原理

3. 镍氢电池

镍氢电池是在镍镉电池的基础上发展出来的，镍氢电池与镍镉电池在结构上的主要差别是其阳极采用了金属氢化物，不需要采用对环境影响大的镉。其电能储量比镍镉电池多30%，比镍镉电池更轻，使用寿命也更长。镍氢电池的记忆效应也要比镍镉电池小。镍氢电池的缺点是：输出峰值功率的能力较差，并具有很高的自放电率，当过度充电时容易损坏，其价格要比镍镉电池高，性能要比锂电池差。

4. 锂离子电池

锂离子电池以碳素材料为负极，以含锂的化合物作正极，电池中没有金属锂，只存在锂离子。锂离子电池的充放电过程，就是锂离子的嵌入和脱嵌过程。在充放电过程中，锂离子在正、负极之间往返嵌入/脱嵌和插入/脱插，被形象地称为"摇椅电池"。锂离子电池可分为液态锂离子电池和锂聚合物电池两种，习惯上把液态锂离子电池简称为锂离子电池，为防止混淆，后面采用锂离子电池的称谓表示液态锂离子电池概念。

锂离子电池的正极活性物质一般为锰酸锂或者钴酸锂，现在又出现了镍钴锰酸锂材料，电动车用动力电池则采用磷酸铁锂，使用电解铝箔为导体；负极活性物质为石墨，或近似石墨结构的碳，使用电解铜箔为导体。电池的隔膜为一种特殊的复合膜，可以让锂离子通过，但却不能让电子通过，电解液为溶有六氟磷酸锂的碳酸酯类溶剂。

锂离子电池能量密度大，平均输出电压高，自放电小，没有记忆效应，使用寿命长，不含有毒有害物质，被称为绿色电池。运行中，锂离子电化学反应容易受到过度充电的破坏，因此充电过程中需要提供精心设计的充电电流，并具有防止过度充电的保护设备。

5. 锂聚合物电池

锂聚合物电池是在液态锂离子电池基础上发展起来的，以固态或凝胶态有机聚合物为电解液，并采用铝塑膜做外包装的最新一代可充锂电池。由于性能更加稳定，因此它也被视为液态锂离子电池的更新换代产品。目前很多企业都在开发这种新型电池。

锂聚合物电池具有能量密度高、更小型化、超薄化、轻量化，以及高安全性和低成本等多种明显优势。在形状上，可以配合各种产品的需要，制作成任何形状与容量的电池。

相对于锂离子电池，锂聚合物电池的特点如下：

1）无电池漏液问题，其电池内部不含液态电解液，而使用固态或凝胶态的有机聚合物。

2）可制成薄型电池，以 3.6V/400mA·h 的电池为例，其厚度可薄至 0.5mm。

3）电池可设计成多种形状。

4）电池可弯曲变形，高分子电池最大可弯曲 90°左右。

5）可制成单颗高电压。液态锂离子电池仅能以数颗电池串联得到高电压，而锂聚合物电池由于使用固态或凝胶态电解液，可在单颗内做成多层组合来达到高电压。

6）容量将比同样大小的锂离子电池高出一倍。

7.2.2　蓄电池的等效电路

计算蓄电池的稳态电气性能时，常采用图 7-3 所示的等效电路。蓄电池可以看作一个内阻很小的电压源，其开路电压 E_i 随着放电量 Q_d 的增加而线性减小，内阻 R_i 随着放电量 Q_d 的增加而线性增加，开路电压和内阻与放电量的关系如下：

$$\begin{cases} E_i = E_{i0} - K_1 Q_d \\ R_i = R_0 + K_2 Q_d \end{cases} \tag{7-1}$$

式中，E_{i0} 和 R_0 分别为蓄电池充满电时的开路电压和内阻；K_1 和 K_2 为常数。

蓄电池的工作点位于负载线和蓄电池端电压特性曲线的交点 P，如图 7-4 所示。蓄电池的负载电阻 R_L 与电源内阻 R_i 相等时将获得最大的功率输出，此时最大输出功率满足

$$P_{max} = \frac{E_i^2}{4R_i} \tag{7-2}$$

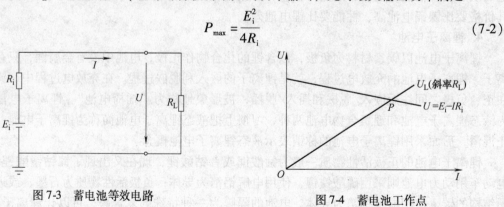

图 7-3　蓄电池等效电路　　　　　　　图 7-4　蓄电池工作点

由于开路电压和内阻随着蓄电池的放电量的变化而变化，因此蓄电池的最大输出功率

P_{max} 也相应改变。

7.2.3　蓄电池的主要特性

蓄电池的额定容量可表示为

$$C = I_d t_d \tag{7-3}$$

式中，C 为以单位 A · h 来标称的蓄电池额定容量。例如，额定容量为 20A · h 的蓄电池表示可以以 20A 电流放电 1h，或以 $20/n$（A）电流放电 nh。

蓄电池主要特性包括充电/放电电压特性、充电/放电比、内阻、充电效率，以及充电/放电总效率、运行温升、充电次数等。

1. 充电/放电电压特性

典型的镍镉电池充放电循环中的电压变化如图 7-5 所示。电池正常电压为 1.2V，当充满电时，充电电流为 0A，电压达到最大值 1.55V。当电池放电时电池电压迅速下降，达到放电稳定电压 1.2V，并保持很长时间。当电池放电到电量接近零时，电压迅速下降到 1.0V。反之，当蓄电池充电时，电池电压从 1.0V 迅速上升到充电稳态电压 1.45V，当充满电时达到最高电压 1.55V。蓄电池的充放电特性也取决于电池的充放电速率，如图 7-6 所示，其中 DOD 指放电深度（Depth Of Discharge）。

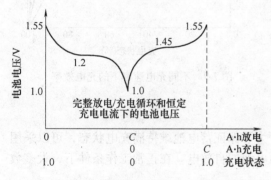

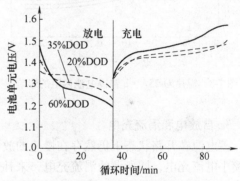

图 7-5　镍镉电池充放电循环中的电压变化　　　图 7-6　不同充放电速率下电池电压的变化

2. 充电/放电比

充电/放电比定义为保持蓄电池电量不变的前提下，输入电量与输出电量的比值。一般当蓄电池放掉一定电量时，要恢复到原先的充满状态，需要消耗更多的充电电能，此时充电/放电比将大于 1。充电/放电比不仅取决于充电和放电速率，还取决于蓄电池的运行温度，如图 7-7 所示。在 20℃ 时，充电/放电比为 1.1，即若要将蓄电池的电量恢复到放电前的满充状态，需要的电量比放电电量多 10%。

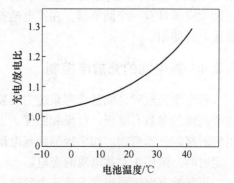

3. 内阻

蓄电池具有内阻 R_i 并在电池放电过程中消耗一部分电能，使得蓄电池的效率降低。内阻的大小和

图 7-7　温度对蓄电池充电/放电比的影响

电池容量、运行温度和蓄电池充电状态有关。蓄电池容量越大，其电极越大，内阻越小。内阻与蓄电池充电状态的关系见式（7-1），图7-8 则给出了温度对 25A·h 镍镉电池内阻的影响。

4. 充电效率

充电过程中蓄电池存储电量和输入电量的比值称为充电效率。当蓄电池的存电量为零时充电效率接近 100%，此时蓄电池基本上将所有的输入电能全部转化为了电化学能，当蓄电池的充电状态近乎满充的时候，充电效率下降为零。充电效率曲线上的拐点与充电速率有关，如图7-9 所示。由图可见，充电速率是 $C/3$ 时，蓄电池充电到 80% 时充电效率还接近 100%，而当采用快速充电，如充电速率是 $6C$ 时，则蓄电池充电到 75% 时充电效率已经降低到 50%。

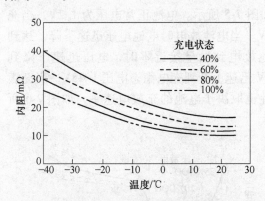

图7-8　温度对 25A·h 镍镉电池内阻的影响

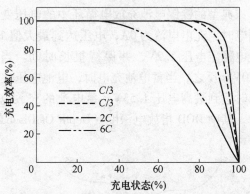

图7-9　不同充电速率下的充电效率

5. 自放电和涓流充电

蓄电池在开路状态下仍然存在慢速的放电，为了保证蓄电池维持满充电状态，可以采用连续小电流充电，即所谓的涓流充电，来补偿蓄电池的自放电。在正常工作条件下，大多数电化学反应的自放电率每天小于 1%。

当蓄电池充满电后，充电效率下降为零，再对蓄电池充电将会引起电池发热，如果在相当长的时间内以高于自放电的速率对蓄电池过充电，将会引起电池过热，从而存在电池发生爆炸的危险。另外，过充电将在电极处产生过量的气体并和极板发生摩擦，气泡高速、连续地和电极摩擦将产生过多的热量并引起电极损坏，致使蓄电池寿命缩短。因此，蓄电池的充电装置应该具有一个调节器，在蓄电池充电完成后将正常充电切换到涓流充电工作状态，以备放电时使用。

7.2.4　蓄电池的充放电控制

蓄电池充电时，能量管理系统主要监视电池的充电状态、综合健康度和安全中止标准。主要监测的参数有电压、电流和温度。当对蓄电池的所有初始状态检查完成后，蓄电池的充电定时器即开始启动。如果检测到蓄电池超过临界安全值，则充电暂停，如果故障持续超过一定时间，则停止对蓄电池的充电。

正常的充电过程包含下述三个阶段：

1）快速充电阶段：在此阶段将对蓄电池充入 80% ~ 90% 的电能。

2）渐减充电阶段：在此阶段充电速率逐渐减小，直到蓄电池充满电。

3）涓流充电阶段：当蓄电池充满电后，采用涓流充电来补充蓄电池的自放电。

自动充电和渐减充电停止的条件在蓄电池充电管理软件中预先设定，并与蓄电池的电化学反应和系统的设计参数相匹配。例如，镍镉和镍氢电池一般采用恒流充电，如图 7-10 所示。当测量到 ΔU 为负时即停止充电。而对于锂离子电池，对于过充电十分敏感，因此采用恒电压充电，使充电电流按需要逐渐减小，如图 7-11 所示。

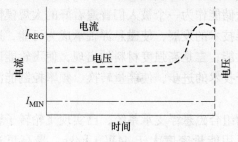

图 7-10　镍镉电池和镍氢电池的恒流充电　　　　图 7-11　锂离子电池的恒电压充电

充电是电池重复使用的重要步骤，锂离子电池的充电过程分为两个阶段：恒流快充阶段和恒压电流递减阶段。恒流快充阶段，电池电压逐步升高到电池的标准电压，随后转入恒压阶段，电压不再升高以确保不会过充，电流则随着电池电量的上升逐步减弱到设定的值，而最终完成充电。电量统计芯片通过记录放电曲线可以抽样计算出电池的电量。锂离子电池在多次使用后，放电曲线会发生改变，锂离子电池虽然不存在记忆效应，但是充、放电不当会严重影响电池性能。

充电注意事项：锂离子电池过度充放电会对正负极造成永久性损坏。过度放电导致负极碳片结构出现塌陷，而塌陷会造成充电过程中锂离子无法插入；过度充电使过多的锂离子嵌入负极碳结构，而造成其中部分锂离子再也无法释放出来。电池充电速度过快和终止电压控制点不当，会造成电池容量不足，实际是电池的部分电极活性物质没有得到充分反应就停止充电，这种充电不足的现象随着循环次数的增加而加剧。

第一次充放电，如果时间能较长（一般 3~4h 足够），那么可以使电极尽可能多地达到最高氧化态（充足电），放电（或使用）时则强制放到规定的电压，或直至自动关机，如此能激活电池使用容量。但在锂离子电池的平常使用中，不需要如此操作，可以随时根据需要充电，充电时既不必要一定充满电为止，也不需要先放电。像首次充放电那样的操作，只需要每隔 3~4 个月进行连续的 1、2 次即可。

7.3　飞轮储能

7.3.1　飞轮储能概述

飞轮储能系统作为一种储能技术已经应用到包括航空航天、电动汽车、通信、电力等领域。早在 20 世纪 70 年代，美国能源部和美国航空航天局就开始资助飞轮储能系统的应用研究，此后，英国、法国、德国、日本等工业化国家也相继投入大量的人力、物力进行飞轮储能技术的研究。在美国，风险投资的大量介入，使飞轮储能技术获得了快速发展并成功应用，2000 年左右现代飞轮储能电源商业化产品开始推广。我国对飞轮储能技术的研究起步较晚，20 世纪 90 年代中期开始，一些高校和研究院所相继对飞轮储能进行了研究，相对欧美等西方发达国家来说，我国对飞轮储能技术的核心部分的研究要落后很多。

在各种新型的储能技术中，飞轮储能具有诸多优点：储能密度大、效率高、成本低、寿命长、瞬时功率大、响应速度快、安全性能好、维护费用低、环境污染小、不受地理环境限制等，是目前最有发展前途的储能技术之一。飞轮储能作为一个被人们普遍看好的大规模储能手段，主要源于三个技术点的突破：一是磁悬浮技术的发展，使磁悬浮轴承成为可能，这样可以让摩擦阻力减到很小，能很好地实现储能供能；二是高强度材料的出现，使飞轮能以更高的速度旋转，储存更多的能量；三是电力电子技术的进步，使能量转换、频率控制能满足电力系统稳定安全运行的要求。

现代飞轮储能使用复合材料飞轮和主动、被动组合磁悬浮支承系统，已实现飞轮转子转速达 60000r/min 以上，放电深度达 75% 以上，可用能量密度大于 44W·h/kg，最高可达 944 W·h/kg。而镍氢电池的能量密度仅有 11 ~ 12 W·h/kg，放电深度最大不能超过 40%。

飞轮储能技术主要涉及以下几个方面的技术：
1）复合材料的成型与制造技术。
2）高矫顽力稀土永磁材料技术。
3）磁悬浮技术。
4）变压变频的电力电子电动机驱动技术。
5）高速电动机/发电机两用技术。

尽管目前国外已有商业化的飞轮储能电源可供使用，但仍有许多方面需要改善，特别是需要大幅降低成本和提高可靠性，只有这样才可能实现飞轮储能技术的大范围推广应用。

7.3.2　飞轮储能的原理

飞轮储能系统一般由储能飞轮、集成驱动电动机/发电机、磁悬浮支承系统、双向功率变换器、控制器及辅件构成。辅件主要包括辅助轴承、冷却系统、显示仪表、真空设备和安全容器等。飞轮储能系统的原理如图 7-12 所示。飞轮储能类似于化学电池，它有两种工作模式。

1. 充电模式

飞轮储能系统接入外部电源，闭合充电开关，则电机开始运转，吸收电能，使飞轮转子速度升高，直至达到额定转速时，由电机控制器切断与外界电源的连接。在整个充电过程中，电机作电动机运行。飞轮所储存的动能与转速的二次方和转动惯量成正比，即

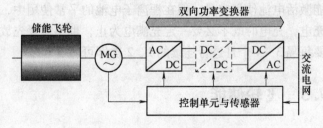

图 7-12　飞轮储能系统的原理

$$E = \frac{1}{2} J \omega^2 \tag{7-4}$$

式中，E 为飞轮储存的动能；J 为飞轮转子转动惯量；ω 为飞轮转子旋转角速度。

由式（7-4）可见，提高飞轮的储能量有两个途径：一是增加飞轮转子质量；二是提高飞轮转速。

2. 放电模式

当飞轮储能系统需要给负载供电时，高速旋转的飞轮作为原动机拖动电机发电，经功率变换器输出适用于负载的电流与电压，飞轮转速下降，直至下降到最低转速时由电机控制器停止放电。在放电过程中，电机作为发电机运行。

为了降低飞轮转子在蓄能高转速状态下的损耗，可采用磁悬浮技术，提供高速或超高速旋转机械的无接触支承，另外，将高速转子密封于密闭的真空容器中，使飞轮蓄能期间因空气摩擦造成的风损降至最低。飞轮转子在旋转时由磁力轴承实现转子的无接触支承，而保护轴承用于转子静止或者存在较大的外部扰动时的辅助支承，避免飞轮转子与定子直接相触而引发灾难性破坏。真空设备用来保持壳体内始终处于真空状态，减少转子高速运转而产生的风摩损耗。冷却系统主要负责电机和磁悬浮轴承的冷却，安全容器用于避免一旦转子产生爆裂或定子与转子相碰时发生意外。显示仪表则用来显示剩余电量和工作状态。

7.3.3　飞轮储能的结构

图 7-13 所示为一种飞轮储能结构。

由式（7-4）可知，飞轮储存的能量与其旋转速度的二次方成正比，与其转动惯量成正比。因此，提高飞轮的转速比提高飞轮的质量（或转动惯量）对增加飞轮的储能具有更加明显的效果。但是，提高飞轮转速要受飞轮材料的强度，特别是材料的拉伸强度的制约。储能密度（单位质量存储的能量）是表征储能装置性能的一个重要指标，对于结构、几何尺寸一定的飞轮储能系统而言，其储能密度 e 为

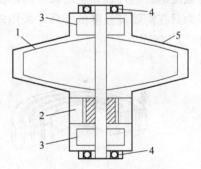

$$e = \frac{E}{m} = \frac{1}{2}\frac{J}{m}\omega^2 = k_s\frac{\sigma}{\rho} \qquad (7-5)$$

式中，m 为飞轮的质量；k_s 为飞轮形状系数；ω 为角速度；ρ 为材料的密度；σ 为材料的容许拉伸强度。

单一材料制作的飞轮，储能密度表达式中 J/m 仅

图 7-13　飞轮储能结构
1—飞轮　2—电动机/发电机　3—磁悬浮
轴承　4—辅助轴承　5—真空壳体

与飞轮结构形状有关，因此飞轮储能密度 e 和角速度二次方成正比，而角速度受飞轮材料比强度所限制。从式（7-5）来看，要想获得最大的能量存储，必须选用高比强度（σ/ρ）的材料。

飞轮的材料和结构直接影响飞轮的储能效果和安全。目前，高速飞轮基本上都采用复合材料。在纤维增强复合材料中，承受载荷的是高强度的纤维，基体的作用是保护纤维不与外界直接接触，固定纤维的位置，并将载荷传递和分散给纤维。由于纤维的强度远远高于复合材料基体的强度，因此，纤维增强复合材料的性能主要取决于纤维的强度、纤维的方向和纤维含量。表 7-3 给出了常用纤维增强复合材料与金属性能对比，不难看出，纤维增强复合材料的强度要远高于金属材料。使用复合材料制成的飞轮允许在很高的转速下安全运转，因此可极大地提高储能密度。而且一旦飞轮因强度不足产生破坏，其破坏形式不会产生像金属材料那样的块状破坏，一般呈棉絮状或颗粒状，因而复合材料飞轮的破坏力远没有金属材料大。

表7-3　常用纤维增强复合材料与金属性能对比

	密度 $\rho/(g/cm^3)$	拉伸强度 σ/GPa	比强度 $\sigma/\rho/(10^6 N \cdot m/kg)$
钢	7.8	1.0	0.13
铝合金	2.7	0.5	0.19
钛合金	4.5	1.0	0.23
环氧树脂	1.25	0.06	0.048
玻璃钢	2.0	1.1	0.55
高强碳纤维/环氧	1.45	1.5	1.06
高模碳纤维/环氧	1.6	1.1	0.69
芳纶纤维/环氧	1.4	1.4	1.02
SiC 纤维/环氧	2.4	1.1	0.46

　　飞轮在高速旋转时的切向应力大于径向应力，为了发挥复合材料纤维方向强度高的特点，避开其径向强度低的弱点，同时考虑复合材料缠绕加工工艺较复杂，不易制作形状复杂的飞轮，故飞轮转子较多地采用等厚多层圆环结构，如图7-14所示。

　　典型复合材料飞轮转子结构如图7-15所示，复合材料轮缘由内外两个环构成，外环由高强度的石墨环氧树脂组成，内环由便宜的玻璃纤维环氧树脂组成，轮毂为整块的铝合金。因为只在需要高强度的外环才采用较贵的复合材料，这样设计的复合材料飞轮具有很高的性价比。

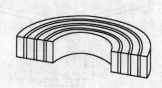

图7-14　飞轮转子的多层圆环结构

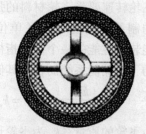

图7-15　典型复合材料飞轮转子结构

　　飞轮储能是依靠飞轮的高速旋转来储存能量的，要使飞轮在较长的待机时间内保持高速旋转，消除轴承的摩擦损耗是一个关键因素。飞轮储能研究获得进展，在很大程度上也是得益于轴承技术的不断改进。传统机械轴承的摩擦系数较大，不适宜在高速、重载的飞轮储能装置中作飞轮转子承重用，一般仅用作紧急状态时的备用轴承。磁悬浮轴承因具有高转速、无磨损、不需润滑、寿命长、动态特性可调等突出优点，特别适合应用在飞轮储能系统中。

　　飞轮转子的六个刚体自由度中，除了绕转轴旋转的一个自由度以外，其他五个自由度必须由磁悬浮轴承所控制。磁悬浮轴承是运用磁悬浮技术，凭借磁力来支撑转动体（如飞轮），使其与固定部件脱离接触而实现自由悬浮的一种高性能轴承。根据磁场性质的不同主要分为主动磁悬浮轴承和被动磁悬浮轴承两种。

1. 主动磁悬浮轴承

　　主动磁悬浮轴承包括电磁悬浮轴承和永磁偏置磁悬浮轴承。电磁悬浮轴承系统主要由转子、电磁铁、位置传感器、控制器、功率放大器组成。图 7-16 所示为一个简单的主动电磁悬浮轴承的工作原理。假设在参考设置上转子受到一个扰动并偏离其参考位置，转子位移变化的信号由传感器测出，传到控制器中，控制器计算后，输出控制信号，经过功率放大器将这一控制信号转换成控制电流，输入到电磁铁，产生电磁力，驱动转子返回到原理平衡位置，从而保证转子的稳定悬浮。

永磁偏置磁悬浮轴承是另一种主动磁悬浮轴承，它用永磁体产生的静态偏置磁场取代电磁悬浮轴承中电磁铁产生的静态偏置磁场，因此有显著降低功率放大器的功耗、减少安匝数、缩小磁轴承的体积等优点。主动磁悬浮轴承的主要缺点是结构复杂，运行不可靠，并且需要连续的能量供给，效率不够高。

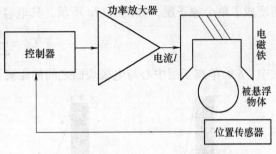

图 7-16　主动电磁悬浮轴承的工作原理

2. 被动磁悬浮轴承

目前代表性的被动磁悬浮轴承是高温超导磁悬浮轴承和永磁悬浮轴承。由高温超导体和永磁体构成的超导磁悬浮轴承利用高温超导体的磁通钉扎性和抗磁性提供一个稳定的无源磁悬浮。与主动磁悬浮轴承相比，它无需供电，也不需要复杂的位置控制系统，效率更高，并且可使轴承系统结构紧凑和小型化。高温超导磁悬浮轴承技术目前尚不成熟，且需要复杂的制冷装置，不利于装置的小型化。

近年来，稀土永磁技术发展较快，出现了许多高性能的永磁材料，如钕铁硼永磁、钐钴永磁等，采用永磁体可以制成刚度大、对称性好的永磁悬浮轴承。与主动磁悬浮轴承相比，被动磁悬浮轴承具有系统设计简单，并在无控制环节的情况下即可稳定，但是它不能产生阻尼，也即缺少像机械阻尼或像主动磁悬浮轴承那样的附加手段，因此这个系统的稳定域很小，外界干扰的小变化也会使它趋于不稳定。在实际应用中，一般采用与其他类型的轴承，如永磁偏置磁悬浮轴承、电磁悬浮轴承等相结合的方式来构成一个稳定的轴。

7.4　超级电容器储能

常规电容器将电能以静电的形式存储于电介质隔离的两个极板之间，其电容值为

$$C = \varepsilon \frac{A}{d} \tag{7-6}$$

式中，ε 为介电常数；A 为极板面积；d 为电介质厚度。

除非体积很大，普通电容器的电容量不大，因此普通电容器的电能存储密度很低。为提高电容器单位体积的电容值，超级电容器（Super Capacitor）通常为电化学电容器，也即它不仅具有电容器的性质，还具有蓄电池的性质。电容器充电时，和蓄电池一样，电荷以离子的形式存储，因此单个电容器电压只有几伏。

7.4.1　超级电容器的原理

超级电容器是建立在界面双电层理论基础上的一种全新的电容器。德国物理学家 Helmholtz 首次提出双电层模型，Hemholtz 模型认为电极表面的静电荷从溶液中吸附离子，它们在电极/溶液界面的溶液一侧离电极一定距离排成一排，形成一个电荷数量与电极表面剩余电荷数量相等而符号相反的界面层。由于界面上存在势垒，两层电荷都不能越过边界彼此中和，因而形成了双电层电容。为形成稳定的双电层，必须采用不与电解液发生反应且导电性能良好的电极材料，还应施加直流电压，促使电极和电解液界面发生极化。假设在电极的表面形成了单个原子层，如图 7-17a 所示，其电容值为

$$C_{\mathrm{H}} = \frac{A\varepsilon}{4\pi\delta} \tag{7-7}$$

式中，δ 为单离子层中心与电极表面之间的距离；A 为电极面积。

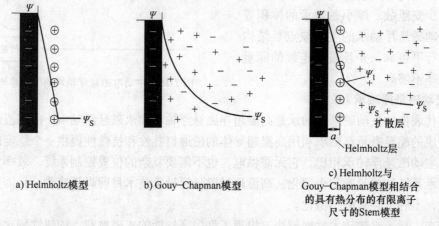

a) Helmholtz模型　　b) Gouy-Chapman模型　　c) Helmholtz 与 Gouy-Chapman模型相结合的具有热分布的有限离子尺寸的Stem模型

图 7-17　双电层电容模型

　　根据 Helmholtz 模型得到的电容值是一个定值，实际上双电层中溶液侧的离子并不会如图 7-17a 所示那样保持静止状态，而是形成紧密排列，其行为服从于由 Holtzmann 定律所描述的热振动效应，此效应的大小取决于离子和充电金属表面电荷相互作用的静电能。溶液中的离子在静电和热运动作用下分布在临近界面的液层中，即形成"扩散层"。Gouy-Chapman 模型考虑了扩散层电荷，如图 7-17b 所示，其电容值如式（7-8）表示：

$$C_{\mathrm{G}} = \frac{K}{T^{0.5}}\cosh\frac{K_1\Psi_{\mathrm{S}}}{T} \tag{7-8}$$

式中，K、K_1 为常数；T 是热力学温度；Ψ_{S} 为电势差。

　　由于将溶液中的离子当成了没有体积的点电荷，Gouy-Chapman 模型中电极表面附近电势分布和局部电场不符合实际情况，由此计算出的电容过大。1924 年，Stern 对双电层理论做了进一步发展并克服了这一问题。图 7-17c 所示的 Stern 模型中包含有一个电极表面离子吸附的紧密区域，离子中心与质点表面距离不能小于离子半径，类似于 Helmholtz 模型的紧密双电层，其电容记为 C_{H}，而在这个致密离子排列区外剩余的离子电荷密度则称为双电层的扩散区，其电容记为 C_{G}。整个双电层电容值可按式（7-9）计算：

$$\frac{1}{C} = \frac{1}{C_{\mathrm{H}}} + \frac{1}{C_{\mathrm{G}}} \tag{7-9}$$

　　式（7-9）表明整个双电层电容值是 C_{H} 和 C_{G} 之间较小的那个。这对于决定双电层的性

质及将其电容表示为电极电势和溶液离子浓度的函数关系显得相当重要。

离子吸附或氧化还原反应等可逆法拉第反应产生伪电容现象，在吸附过程中电极活性物质发生了包括电子传递的法拉第反应，但是它的充放电行为却不像电池，而更像电容。具体的现象包括储能系统的电压随充入或放出电荷量的多少而线性地变化，当对电极加一个随时间线性变化的外电压，可以观察到一个近乎常量的充放电电流。为区别于双电层电容，这种电化学现象命名为准电容（Pseudocapacitance）。在电化学过程中会出现两种类型准电容。一种为吸附型准电容，以氢离子于铂电极表面的吸附反应最为典型，但由于氢离子吸附反应电位范围很窄（$0.3 \sim 0.4V$），该种准电容实用价值不大。另一种为氧化还原型准电容，在RuO_2电极/H_2SO_4界面上发生的法拉第反应所产生的准电容就是该种类型。正因为准电容的存在提供了一种提高电化学电容器比电容的渠道，金属氧化物、氮化物和聚合物作为电化学电容电极活性物质正成为研究的新热点。

超级电容器的等效电路模型对超级电容器储能系统的分析和设计非常重要，工程用等效电路模型应该能够尽可能多地反映其内部物理结构特点，具有足够的准确度，而且模型中的参数应该容易测量。超级电容器实际上是一种复杂的阻容网络，每一支路都具有各自的电阻、电容以及相应的特性时间常数。这就导致超级电容器的存储容量与荷电状态、电压等级、放置时间、甚至放电电流的大小有关。基于超级电容器复杂的物理特性，采用分布式参数描述超级电容器的数学模型比较适宜，如图 7-18a 所示。但是这个模型 RC 支路太多，模型参数辨识复杂，而且这个模型没有考虑漏电流对超级电容器的长期影响。

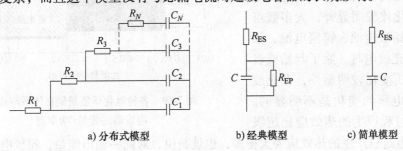

a) 分布式模型　　　　　　b) 经典模型　　　　c) 简单模型

图 7-18　超级电容器的等效电路

在模拟、分析和设计中，集总参数电路模型简单方便，因此在有些要求不十分精确的工程应用中，超级电容器可采用如图 7-18b 所示的简化等效电路，在超级电容器储能应用中，也称此模型为经典模型，主要用于原理性分析。该模型将超级电容器等效为一个理想电容器 C 与一个阻值较小的电阻（等效串联阻抗 R_{ES}）相串联，同时与一个阻值较大的电阻（等效并联阻抗 R_{EP}）相并联的结构。由于 R_{ES} 的存在，充、放电过程中能效不再为 1。充放电时，电流流经 R_{ES} 会产生能耗并引起超级电容器发热。在放电过程中，由于电阻 R_{ES} 的分压作用，减少了超级电容器放电电压范围，尤其在大电流放电过程中，R_{ES} 会消耗较大的功率与能量，降低超级电容器实际可用的有效储能率。等效并联电阻 R_{EP} 在超级电容器长时间处于静态储能状态时，以漏电流的形式产生静态损耗。

图 7-18c 所示串联 RC 电路是超级电容器模型中最简单的一种等效电路模型，R_{ES} 是等效串联电阻，C 是理想电容。在超级电容器的充放电过程中，R_{ES} 是一个非常重要的参数，它不仅表征了超级电容器内部的发热损耗，而且在向负载放电时将随着电流的大小变化引起不

同的压降，对超级电容器的最大放电电流有所约束。但是这个模型只考虑了超级电容器的瞬时动态响应，不能完全符合超级电容器的电气特性，因此不适合在复杂的应用系统中采用。

7.4.2　超级电容器的特点和类型

普通电容器是以电荷分离的形式储存静电能，而电化学超级电容器是借助于高比表面积的多孔电极，通过电解液界面的充电将电荷分离来储存于界面双电层中，它与普通电容器相比具有较高的质量能量密度和体积能量密度。对于一定尺寸的超级电容器，其电容值约为同样尺寸的普通电容器电容值的 10^4 倍，并由此得名。但它与电池相比，其能量密度只有电池能量密度的 $1/4 \sim 1/3$。

图 7-19 所示为各种电化学能量储存体系与普通电容器的能量/功率谱。图中表明，超级电容器的比功率远大于电池的比功率，但其比能量则小于电池的比能量，而大于普通电容器的比能量。

超级电容器的充放电曲线与电池有明显的差别。前者在充放电时，因单位电极表面上电荷的增加或减少，其端电压随之上升或下降。而电池充放电时，只有锂离子电池在充放电过程中，由于锂离子的嵌入和脱嵌，电池端电压变化比较明显外，大多数可充电电池（铅酸电池、镍镉电池、镍氢电池等）充放电时，除了起始或者终了时端电压变化较明显外，在充放电过程中端电压的变化是不明显的。电池充放电过程产生的热效应比超级

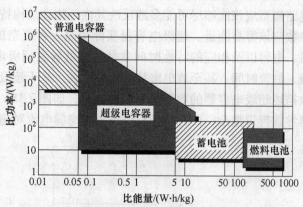

图 7-19　各种电化学能量储存体系与普通电容器的能量/功率谱

电容器充放电过程产生的热效应要大得多，也就是说，对同一输出能量，超级电容器产生的热量远小于电池产生的热量，因此超级电容器充放电的能量利用率比电池要高得多。

由于超级电容器电化学双电层电容的充放电过程无化学反应，具有高度的可逆性，它具有电池无可比拟的高倍率充放电特性，可快速充电，几秒到几十秒即可充满。而电池在充放电过程中，因电极上发生电化学反应，电极活性物质的化学组成与结构发生变化，不仅高倍率充放电受到限制，而且其充放电循环寿命最多只有数千次。电池的循环寿命还依赖于充放电率、温度等因素。而电化学双电层电容器或氧化还原准电容器在适当的条件下，充放电循环寿命可高达数十万次乃至一百万次。超级电容器工作的温度范围也较宽，可达 $-40 \sim +85$℃，特殊类型可以得到更宽使用温度。超级电容器同时还具有存储和使用寿命长，原材料容易获取，生产成本低等优点。因此，正吸引着越来越多的关注，应用也日益广泛。

超级电容器是由大面积的电极、电解质和可渗透离子的隔离层组成，结构如图 7-20 所示。电极和电解质可采用多种不同的材料和形式，根据不同的原理、电极和电解质材料可将超级电容器分成不同类型。

按原理可分为双电层型超级电容器和准电容型超级电容器（也称伪电容型、赝电容型超级电容器）。

双电层型超级电容器，包括：

1）活性碳电极材料，采用了高比表面积的活性炭材料经过成型制备电极。

2）碳纤维电极材料，采用布、毡等活性炭纤维成型材料，经金属喷涂或熔融浸渍增强其导电性制备电极。

3）碳气凝胶电极材料，采用各种含碳前驱材料制备凝胶，经过炭化活化得到电极材料。

4）碳纳米管电极材料，碳纳米管具有极好的中孔性能和导电性，采用高比表面积的碳纳米管材料，可以制得非常优良的超级电容器电极。

准电容型超级电容器，包括：

1）金属氧化物电极材料，包括 NiO_x、MnO_2、V_2O_5 等，由金属氧化物作为正极材料，活性炭作为负极材料可制备成准电容型超级电容器。

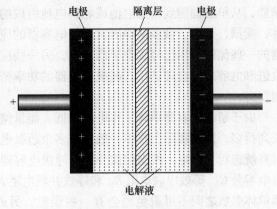

图 7-20　超级电容器结构

2）导电聚合物电极材料，包括 PPY、PTH、PAni、PAS、PFPT 等，经 P 型或 N 型或 P/N 型掺杂制取电极，可将聚合物电极材料作为双极或单极制备而成准电容型超级电容器。

准电容型超级电容器具有非常高的能量密度，特别是聚合物作为双极的超级电容器。但是目前除 NiO_x 型外，其他类型多处于研究阶段，还没有实现产业化。

按电极材料类型可以分为平板型超级电容器和绕卷型超级电容器。

1）平板型超级电容器。在扣式体系中多采用平板状和圆片状的电极，由多对电极隔离叠合而成，多用于制作小容量低功率型超级电容器，另外也有多层叠片串联组合而成的高压大功率超级电容器产品，可以达到 300V 以上的工作电压。

2）绕卷型超级电容器。采用活性电极材料涂覆在集流体上，经过绕制得到，这类电容器通常具有更大的电容量和更高的功率密度。

按电解质类型可以分为水性电解质超级电容器和有机电解质超级电容器。

水性电解质，包括以下几类：

1）酸性电解质，多采用 36%（质量分数）的 H_2SO_4 水溶液作为电解质。

2）碱性电解质，通常采用 KOH、NaOH 等强碱作为电解质，水作为溶剂。

3）中性电解质，通常采用 KCl、NaCl 等盐作为电解质，水作为溶剂，多用于氧化物电极材料的电解液。

有机电解质，通常采用以 $LiClO_4$ 为典型代表的锂盐、$TEABF_4$ 作为典型代表的季铵盐作为电解质，采用 PC、ACN、GBL、THL 等作为有机溶剂，采用该类电解质可以获得 2 倍于水性电解质的工作电压，可以得到更高的能量密度。

另外还可以分为：

1）液体电解质超级电容器，多数超级电容器电解质均为液态。

2）固体电解质超级电容器，随着锂离子电池固态电解质的发展，凝胶电解质和 PEO 等固体电解质应用于超级电容器的研究也随之出现。

7.4.3　超级电容器的应用

超级电容器作为产品已趋于成熟，其应用范围也不断地拓展，在家用电器、仪器设备、电动汽车、航天发射、军事装备等领域都具有较好的应用前景。从小容量到较大规模的电力储能，从单独储能到与蓄电池或燃料电池组成的混合储能，超级电容器都展示出特有的优越性。美国、日本、俄罗斯等国对超级电容器的应用进行了卓有成效的研究，目前，超级电容器的一些储能应用已经实现了商业化，另一些应用正处于研究或试用阶段，随着电极材料的改进和电解质的合理选用，超级电容器的功率密度和能量密度逐步提高，其应用前景更为广阔。

由于超级电容器单体工作电压较低，能量储存系统的实际电压要比单个超级电容器的电压高得多，因此实际工作中一般是由多个超级电容器以串联组合的方式工作，作为一个模组对系统进行充放电。根据前面介绍的超级电容器等效模型可知，影响超级电容器使用的参数有电容量 C、等效串联电阻 R_{ES} 和等效并联电阻 R_{EP}。由于制造误差等原因，不同的超级电容器单体参数之间不可避免地会有一些误差，另外，这些参数还受使用温度分布等影响。以 Maxwell 公司生产的功率型超级电容器为例，其标称电容量可以从 650F 到 3000F 不等，但是其实际电容值的容差在（-5%，+20%）之间，另外，尽管其工作的温度范围较宽，但是参数受温度的影响也比较大。

串联电容器中电容和电阻的分散性将使串联电容器中电压的分布不均，出现电容器串中某些单体出现过电压，而某些单体仍然欠电压。超级电容器过电压将导致电解液分解，加速超级电容器容量的衰减，甚至局部电压有可能高于电解质的击穿电压而导致电容器的损坏，因此必须立即停止充电。以两个额定电压为 2.5V、电容量分别为 C_1 和 C_2 的超级电容器串联使用为例，设 d_1 和 d_2 分别为 C_1 和 C_2 的相对差值的百分比值，则 C_1 和 C_2 可表示为

$$C_1 = C \frac{d_1 + 100}{100}, \quad C_2 = C \frac{d_2 + 100}{100} \tag{7-10}$$

式中，C 为电容器的标称值。

因单个电容器的电压为 2.5V，则当电容器充满电后串联电容器的总电压为 5V，如果初始电压为零，则有

$$U_{C_1} = \frac{d_2 + 100}{d_1 + d_2 + 200} U, \quad U_{C_2} = \frac{d_1 + 100}{d_1 + d_2 + 200} U \tag{7-11}$$

式中，U_{C_1} 和 U_{C_2} 分别为电容器 C_1 和 C_2 充满电后的电压；U 为总的电压。

设电容器标称值 C 为 1000F，根据式（7-10）和式（7-11）可考虑几种极端情况：第一种情况为 C_1 和 C_2 均为参考值，即 $d_1 = d_2 = 0\%$；第二种情况为 $d_1 = -5\%$，$d_2 = +20\%$ 的情况，即 $C_1 = 950F$，$C_2 = 1200F$；第三种情况为 $d_1 = d_2 = -5\%$ 的情况，即 $C_1 = C_2 = 950F$。该系统所存储的能量见表 7-4。当 $d_1 = d_2 = 0\%$ 时，系统所存储的能量为 6.25kJ。当 $d_1 = -5\%$，$d_2 = +20\%$ 时，电压在串联电容上的分布不相等，为了避免充电时某个电容过电压，当串联回路中某个电容器达到其最大值时应马上停止充电，在这种情况下，C_1 上的电压为 2.5V，而 C_2 上的电压只有 1.98V，总电压为 4.48V，此时尽管 C_2 存在正偏差，系统所存储的能量比理想情况低 15%。表 7-4 中，第三种情况为串联电路中全部由相等负偏差容量超级电容器构成的情况，即 $d_1 = d_2 = -5\%$，此时由于每个电容器上的电压都可以达到额定值，

即使由于电容量负偏差导致系统所存储的能量比 6.25kJ 低，但还比第二种情况高 11%。因此在超级电容器中需要采用电压均衡电路迫使串联回路中每个电容器上的电压都达到额定值，让每个电容器上所存储的能量达到最大可能的数值。

表 7-4　电压平衡和存储能量

电压和能量	$d_1 = d_2 = 0$	$d_1 = -5\%$，$d_2 = +20\%$	$d_1 = d_2 = -5\%$
U/V	5	4.48	5
U_{C1}/V	2.5	2.5	2.5
U_{C2}/V	2.5	1.98	2.5
E/J	6250	5321	5938

　　基于串联电池的均压电路可以衍生出串联超级电容器组的电压均衡电路，但是与电池均压电路不同的是：

　　1）超级电容器单体电压低，仅为 1~3V 之间，比锂电池电压还低，因此，在高压应用场合，超级电容器串联的个数比蓄电池串联的个数要多得多，因而均衡电路的复杂程度也比较高。

　　2）电池的充放电速率比较低，串联电池的均衡速度较慢，所需均衡功率小。而超级电容器的充放电速率高，因此均衡速度要求很快而且均衡功率大。

　　常用的能量消耗型电压均衡电路有电阻分压、稳压管、开关电阻、DC-DC 变换器、动态均压和飞渡电容器等。

　　电阻分压法是利用与电容并联的电阻来分压，其基本原理如图 7-21a 所示，通过在每只超级电容器两端并联一只电阻来补偿并联内阻的差别，减小漏电流的差异，进而减小电压偏差。但电阻分压法存在能量损耗大的缺点，降低了整个系统的能量利用率。这种方法适用于小电流充电的场合，长期均压的效果较好。

　　稳压管法是为减小电压均衡电路的能量损耗，在每个串联的超级电容器上并联一个稳压管，如图 7-21b 所示。稳压管的击穿电压为电容器的额定电压，因此充电时只要每个电容器上的电压不超过稳压管的击穿电压，就没有能量损耗，但当许多电容器的电压超过稳压管的击穿电压时，能量损耗也非常大。这种方法具有电路结构简单、成本低、维护方便等优点。缺点是稳压管击穿时充电能量消耗在稳压管上，

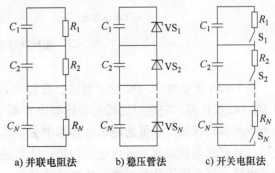

图 7-21　能量消耗型电压均衡电路

造成稳压管发热严重，储能系统的效率降低，能量利用率很低；而且稳压管的击穿电压精度低，分散性差，会造成均压电路的工作可靠性不高。这种方法适用于充电功率非常小的场合。

　　开关电阻法的基本原理如图 7-21c 所示，当电容器两端的电压超过预设参考值时，比较器触发开关 S 闭合，电流就经过旁路电阻和开关 S 流过，减缓或阻止了电容器电压的继续上

升。根据电容器容量的分散性和充电电流的大小来确定一个最优的预设电压值，通过采用合适的旁路电阻值，使电容器的储存能量和效率都达到极大值。这种方法简单实用，在实际工程上应用最多，EPCOS、Maxwell、Nesscap 等公司的超级电容器模块都安装了这种均压装置。这种方法比稳压管法控制灵活，可根据充电电流的大小设定旁路电阻，同时还具有电压监控精度高、均衡效果好、可靠性高等优点。缺点是耗费能量、电阻发热量大。这种方法也适用于充电功率小的场合。

并联电阻法、稳压管法和开关电阻法都属于能量消耗型均压方法，虽然这些方法结构简单、成本低廉，但是造成能量浪费，发热严重。而能量转移型电压均衡电路通过储能元件电感、电容或反激式变压器将能量从端电压较高的超级电容器单元转移至端电压较低的超级电容器单元，以实现均压，如飞渡电容法、DC-DC 变换器法。该类方法均压速度快，在电压均衡过程中只消耗少量的能量。

典型的飞渡电容法的工作原理如图 7-22a 所示，利用多个容量很小的普通电容器作为中间储能单元，将电压高的超级电容器中的一部分能量转移到电压低的超级电容器中。这种方法均压速度快，提高了模块电压的一致性，在小功率应用场合具有较好的应用前景。但当相邻超级电容器电压差很小时，整个超级电容器模块的均压速度将下降。

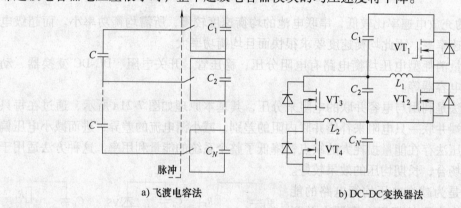

a) 飞渡电容法　　　　　　　　　　b) DC-DC变换器法

图 7-22　能量转移型电压均衡电路

图 7-22b 所示为 DC-DC 变换器法，在每两个相邻超级电容器之间都连接一个 Buck/Boost 型 DC-DC 变换器，它通过比较相邻超级电容器之间的电压，将电压高的超级电容器的能量通过变换器转移到电压低的超级电容器中去。这种方法的优点是：能量损耗低，电压均衡速度快，对充放电状态都可进行电压均衡。缺点是：当串联的单体电容器数目较多时，需要大量的电感、开关管等功率器件，控制系统复杂，成本高。这种方法适用于充放电功率高的场合，能量转移型电压均衡电路需实时检测每个超级电容器的端电压，通过判断各超级电容器端电压的高低来控制开关管的导通和关断。当超级电容器组的串联个数较多时，电压检测和控制电路变得庞大而复杂，成本也随之增加，可靠性降低。

小结

由于可再生能源发电的特点，以及电网调峰、提高电网可靠性和改善电能质量的迫切需求，电力储能系统的重要性日益凸显。本章首先介绍了常用的三大类储能形式，分别为电化学储能、机械储能、电磁储能。

针对电化学储能中的蓄电池储能，机械储能中的飞轮储能，电磁储能中的超级电容器储能，本章作了详尽的介绍，这三种储能方式颇具代表性，也是各自储能类型中应用较多、有前途的储能方式。

蓄电池历史悠久，不过根据其材料不同，其新型材料蓄电池也处在快速发展中。结合蓄电池等效电路，对蓄电池的主要特性、充放电控制原理等进行了讨论。

飞轮储能是近年来新出现的颇具前景的机械储能方式。介绍了飞轮储能的储能原理和结构。

超级电容器储能发展也较快，介绍了其储能原理、等效电路，以及储能工作特点和类型、应用简况等。

阅读材料
超级电容器发展现状及前景

超级电容器在可再生能源领域并不是一个陌生的名词。实际上，超级电容器已在该领域发展了几十年，虽然它的应用形式同蓄电池不同，但在实际应用上却总被蓄电池取代，此外还面临成本高、技术难度大的劣势。然而，超级电容器在技术上一旦取得突破，将对可再生能源产业的发展产生极大的推动力。因此，尽管研发过程困难重重，但攻克它的意义却很重大。

超级电容器从诞生到现在，已经历了三十多年的发展历程。目前，微型超级电容器在小型机械设备上得到广泛应用，例如，计算机内存系统、照相机、音频设备和间歇性用电的辅助设施。而大尺寸的柱状超级电容器则多被用于汽车领域和自然能源采集上，并可预见在该两大领域的未来市场上，超级电容器有着巨大的发展潜力。

使用寿命久、环境适应力强、高充放电效率、高能量密度，这是超级电容器的四大显著特点，这也使它成为当今世界最值得研究的课题之一。目前，超级电容器的主要研究国为中、日、韩、法、德、加、美。从制造规模和技术水平来看，亚洲暂时领先。

然而，超级电容器的研发工作一直笼罩在蓄电池（主要为镍氢电池、锂电池）的阴影之下。镍氢电池和锂电池的开发因为可以获得来自政府和大投资商的巨额资金支持，技术交流获得极大推动，也更容易聚焦全世界的目光。相比之下，超级电容器却很难得到雄厚的资金支持，技术的进步和发展也就受到很大程度的制约。另外，超级电容器成本高、能量密度低的现状也与锂电池形成鲜明对比，这使它在很多领域备受冷落。

尽管超级电容器已发展多年，但实际生产厂家的数量却很少。一部分厂商面对超级电容器技术上发育不完全的现状，不敢轻易投资，采取观望策略，期待市场能出现一个涉足此领域并获得成功的例子。另外一部分厂商则坚信，只要超级电容器的生产成本实现大幅下降，仅以当前它的快速充放电特性，就可实现快速普及。美国超级电容器生产商 EEStor 就属于后者。

20 世纪 90 年代，美国超级电容器生产商 EEStor 为改变超级电容器的市场现状，曾用好几年的时间将大量财力物力投向如何提高超级电容能量密度的研发上，期望能通过自身技术让超级电容器在生产和应用方面上升到一个新的台阶。

当时，EEStor 争取到了巨额的研发资金，还与电动汽车电机提供商 ZENN 公司达成了战略合作。然而，多名参与此项研究的科学家最后得出了令人遗憾的结论：我们很想打破超级电容器的市场僵局，但现有技术无法实现这一目标。世界超级电容器先驱之一——EEStor，在领域内建立的里程碑式研发项目最终以失败告终。

尽管超级电容器的制作成本每年都在以低于 10% 的比例减少，但这项技术依然不能在运输行业和可再生能源储能方面扩大生产规模。相比蓄电池领域，超级电容器的技术过于落后。

毋庸置疑，超级电容器凭借自身使用寿命久、高充放电效率等显著特点，只要找准自身发展的合适土壤，未来发展潜力巨大。

就未来十年的发展而言，超级电容器将是运输行业和可再生能源储能的重要组成部分。在运输行业中，新能源汽车工业已成为当今最热门的话题之一。作为汽车领域的高新技术，新能源汽车要尽可能保持同传统汽车相同的性能，还要减少对石油等有限资源的使用量，这是其问世的根本目标。要实现这一目标，必然需要用于储存能量的辅助设施来实现，而超级电容器就是其中一个重要的组成部分。

今天，全世界各行各业都在享受可再生能源发电带来的益处。未来，可再生能源应用市场巨大，其中，辅助设施必然是这一市场中的一个集市。超级电容器就是这个集市上的一类重要商品。

如前所述，蓄电池与超级电容器各有利弊，为了集两者的优点于一身，工程师们试图发明两者的混合体—"超级电池"（Battery-Ultracapacitor）。超级电池的主要特点为：低成本、高能量密度、高能量存储、循环使用寿命长、环境适应能力强。而工程师们的首要任务是要攻克高能量密度这一关口，因为一旦解决了能量密度这一难题，超级电池就可替代高成本、大功率超级电容器，以及现有蓄电池而在运输行业和可再生能源采集方面的应用。

将理想中的超级电池呈现给世人，这个过程必然是漫长的。但是，一些公司已经加入到研发这项技术的队伍中，并且已经生产出了超级电池的雏形。虽然起步阶段的超级电池循环寿命短、能量密度低，但相比超级电容器的成长经历，超级电池的未来也许要明朗得多。

习　题

1. 简述电能储存的类型。
2. 简述常用蓄电池储能的类型和原理。
3. 简述蓄电池的主要特性。
4. 飞轮储能的原理是什么？并简述它的充/放电模式。
5. 简述超级电容器的原理，与普通电容器的主要区别在哪里？

参 考 文 献

[1] 朱永强. 新能源与分布式发电技术 [M]. 北京：北京大学出版社，2010.

[2] 惠晶. 新能源发电与控制技术 [M]. 2版. 北京：机械工业出版社，2012.

[3] 姚兴佳，宋俊. 风力发电机组原理与应用 [M]. 2版. 北京：机械工业出版社，2011.

[4] 王志新. 海上风力发电技术 [M]. 北京：机械工业出版社，2013.

[5] 冯垛生. 太阳能发电原理与应用 [M]. 北京：人民邮电出版社，2007.

[6] 翟庆志. 电机与新能源发电技术 [M]. 北京：中国农业大学出版社，2011.

[7] 姚兴佳，刘国喜，朱家玲，等. 可再生能源及其发电技术 [M]. 北京：科学出版社，2010.

[8] 徐大平，柳亦兵，吕跃刚. 风力发电原理 [M]. 北京：机械工业出版社，2011.

[9] 何道清，何涛，丁宏林. 太阳能光伏发电系统原理与应用技术 [M]. 北京：化学工业出版社，2012.

[10] 孙冠群，蔡慧，李璟，等. 控制电机与特种电机 [M]. 北京：清华大学出版社，2012.

[11] 杜雄，李珊瑚，刘义平，等. 直驱风力发电故障穿越控制方法综述 [J]. 电力自动化设备，2013，33 (3): 129-135.

[12] 北京市建设委员会. 新能源与可再生能源利用技术 [M]. 北京：冶金工业出版社，2006.

[13] 徐炜，陈甫林. 新能源概述 [M]. 杭州：浙江科学技术出版社，2009.

[14] 摩根. 新能源 [M]. 北京：中国青年出版社，2005.

[15] 陈枫楠，沈镭. 中国太阳能光伏产业的区域差异及其原因分析 [J]. 应用基础与工程科学学报，2012，20 (9): 108-118.

[16] 刘健，赵树仁，张小庆. 中国配电自动化的进展及若干建议 [J]. 电力系统自动化，2012，36 (19): 6-10.

[17] 中国农机工业风能设备分会. 2012年我国小型风力发电行业发展报告 [R]. 2012.

[18] 温家良，吴锐，彭畅，等. 直流电网在中国的应用前景分析 [J]. 中国电机工程学报，2012，32 (13): 7-13.

[19] 李建林，徐少华. 直接驱动型风力发电系统低电压穿越控制策略 [J]. 电力自动化设备，2012，32 (1): 29-33.

[20] 王伟，吴犇，金科，等. 太阳能光伏/市电联合供电系统 [J]. 电工技术学报，2012，27 (10): 249-253.

[21] 秦岭，谢少军，杨晨，等. 太阳能电池的动态模型和动态特性 [J]. 中国电机工程学报，2013，33 (7): 19-27.

[22] 张艳霞，童锐，赵杰，等. 双馈风电机组暂态特性分析及低电压穿越方案 [J]. 电力系统自动化，2013，37 (6): 7-12.

[23] 赵亮，王勤辉，Klein E，等. 生物质电站燃料供应系统物流模型建立与仿真 [J]. 农业工程学报，2013，29 (1): 180-188.

[24] 马勇，由世洲，张亮，等. 漂浮式潮流能发电装置振动与波浪响应试验研究 [J]. 振动与冲击，2013，32 (2): 14-17.

[25] 陈杰，龚春英，陈家伟，等. 两种风力机动态模拟方法的比较 [J]. 电工技术学报，2012，27 (10): 79-85.

[26] 汪宁渤，马彦宏，丁坤，等. 酒泉风电基地脱网事故频发的原因分析 [J]. 电力系统自动化，2012，36 (19): 42-46.

[27] 陈丽欢，李毅念，丁为民，等. 基于作业成本法的秸秆直燃发电物流成本分析 [J]. 农业工程学报，2012，28（4）：199-203.

[28] 马宏伟，许烈，李永东. 基于直接虚功率控制的双馈风电系统并网方法 [J]. 中国电机工程学报，2013，33（3）：99-107.

[29] 张坤，吴建东，毛承雄，等. 基于模糊算法的风电储能系统的优化控制 [J]. 电工技术学报，2012，27（10）：235-241.

[30] 沈强，姚炎明，何勇. 基于灰色多层次综合评判模型的生物质能开发方案优选 [J]. 农业工程学报，2012，28（17）：179-185.

[31] 唐西胜，邓卫，李宁宁，等. 基于储能的可再生能源微网运行控制技术 [J]. 电力自动化设备，2012，32（3）：99-104.

[32] 冬雷，张新宇，黄晓江，等. 基于超级电容器储能的直驱风电系统并网性能分析 [J]. 北京理工大学学报，2012，32（7）：709-714.

[33] 张坤，黎春涅，毛承雄，等. 基于超级电容器-蓄电池复合储能的直驱风力发电系统的功率控制策略 [J]. 中国电机工程学报，2012，32（25）：99-110.

[34] 宋保维，丁文俊，毛昭勇. 基于波浪能的海洋浮标发电系统 [J]. 机械工程学报，2012，48（12）：139-143.

[35] 徐怀颖，张宝生. 环渤海及京津地区油田地热能利用的前景 [J]. 中国石油大学学报，2012，36（4）：182-185.

[36] 姚骏，陈西寅，夏先锋，等. 含飞轮储能单元的永磁直驱风电系统低电压穿越控制策略 [J]. 电力系统自动化，2012，36（13）：38-44.

[37] 陈炜，艾欣，吴涛，等. 光伏并网发电系统对电网的影响研究综述 [J]. 电力自动化设备，2013，33（2）：26-33.

[38] 徐林，阮新波，张步涵，等. 风光蓄互补发电系统容量的改进优化配置方法 [J]. 中国电机工程学报，2012，32（25）：88-99.

[39] 刘霞，江全元. 风光储混合系统的协调优化控制 [J]. 电力系统自动化，2012，36（14）：95-100.

[40] 雍静，徐欣，曾礼强，等. 低压直流供电系统研究综述 [J]. 中国电机工程学报，2013，33（7）：42-53.

[41] BoHU, Yuto NONAKA, Ryuichi YOKOYAMA. Influence of Large-scale Grid-connected Photovoltaic System on Distribution Networks [J]. Automation of Electric Power Systems, 2012, 36 (3): 33-38.

[42] 唐长亮，戴兴建，王健，等. 20kW/1kWh 飞轮储能系统轴系动力学分析与试验研究 [J]. 振动与冲击，2013，32（1）：38-42.

[43] Lin Liu, Guodong Li, Han Luo. A novel analysis model of China's new energy talents [J]. Renewable Energy, 2013, 58: 21-27.

[44] 吴张华，罗二仓，李海冰，等. 1kW 碟式太阳能行波热声发电系统 [J]. 工程热物理学报，2012，33（1）：19-22.

[45] 孙冠群，孟庆海，王斌锐，等. 基于最大功率点与最小损耗点跟踪的光伏水泵系统效率优化 [J]. 农业工程学报，2013，29（11）：61-70.

[46] 李伟，李世超，王丹. 太阳能光伏发电风险评价 [J]. 农业工程学报，2011，27（增1）：176-180.